超宽带射频系统工程

Ultra-wideband RF System Engineering

[德] Thomas Zwick Werner Wiesbeck Jens Timmermann Grzegorz Adamiuk 主编

许雄 韩慧 牛凤梁 汪亚 王涛 译

曾勇虎 审校

国防工业出版社

·北京·

著作权合同登记 图字：军-2020-005 号

图书在版编目（CIP）数据

超宽带射频系统工程/（德）托马斯·兹维克（Thomas Zwick）等主编；许雄等译. —北京：国防工业出版社，2020.11

书名原文：Ultra-wideband RF System Engineering

ISBN 978-7-118-12212-1

Ⅰ. ①超… Ⅱ. ①托… ②许… Ⅲ. ①超宽带技术—射频系统—系统工程 Ⅳ. ①TN926 ②TH703

中国版本图书馆 CIP 数据核字（2020）第 194517 号

※

国防工業出版社 出版发行

（北京市海淀区紫竹院南路 23 号 邮政编码 100048）

北京虎彩文化传播有限公司印刷

新华书店经售

*

开本 710×1000 1/16 印张 11½ 字数 216 千字

2020 年 12 月第 1 版第 1 次印刷 印数 1—1000 册 **定价** 158.00 元

（本书如有印装错误，我社负责调换）

国防书店：（010）88540777 发行邮购：（010）88540776

发行传真：（010）88540755 发行业务：（010）88540717

译 者 序

超宽带射频技术是一种新型的无线电技术,具有对信道衰落不敏感、数据传输速率高、发射信号功率谱密度低、低截获能力、强抗干扰能力、系统复杂度低、制造成本低并可以提供很高的定位精度等优点。超宽带射频系统在军事领域具有非常好的需求，其中超宽带通信系统可以广泛应用于战车通信、战术手持电台和组网通信、超视距地波通信、无人机空地数据链和无线标签识别等方面。同时，超宽带系统在障碍规避雷达、入侵探测雷达、反隐身雷达、穿墙/地成像探测雷达和雷达目标识别等领域具有天然优势；此外，其在精密地理测量和无线电引信等方面也具有广阔应用前景。

早在 20 世纪 60 年代，国际上便开始了超宽带射频技术的基础研究，并在之后的 20 多年内，主要将超宽带射频技术用于军事用途。美国国防部已开发出数十种超宽带射频系统，包括战场防窃听网络等。自 20 世纪 90 年代开始，超宽带因其种种优点展现了其在无线电通信方面的巨大潜力，逐渐成为无线电研究的热门和焦点。许多大公司开始涉及超宽带射频技术的研发，并将各类消费电子设备高速互连，以满足消费者对短距无线通信小型化、低成本、低功耗、高速率等要求。超宽带射频技术的发展也引起了电气和电子工程师协会（IEEE）和美国联邦宽带通信委员会（FCC）的重视，国际学术界对超宽带射频技术的研究也越来越深入。国内对超宽带射频技术的研究处于发展阶段，尚未形成规模应用，目前主要集中于超宽带雷达、通信系统和超宽带天线设计等方面，现已出版的相关同类书目较少，能够涉及超宽带系统工程方方面面的集大成者更是寥寥无几。

Ultra-wideband RF System Engineering 一书是基于 Thomas Zwick 和 Werner Wiesbeck 等在超宽带领域多年的成果积累和顶级造诣著作而成，其思想严谨，内容真实详尽。全书对超宽带射频系统工程体系进行了全面系统的论述，包括由基础概念、技术原理、数学推导和实现细节到实际应用的各个环节，使本书成为难得的超宽带射频系统工程领域集大成的著作。尤其是实际应用部分在全书中占据了相当大的篇幅，对超宽带射频技术在通信、定位、雷达、成像和医学等方面的应用，结合丰富的实例数据做了十分科学具体的分析。而且在超宽

带天线阵列和单片微波集成电路等方面也有专门深入的论述，弥补了国内相关著作的空白。本书集综合性、系统性和权威性于一体，对相关科研和工程技术人员在超宽带射频系统工程方面的学习研究具有很强的指导意义，对超宽带射频系统领域的武器装备研发具有很高的参考价值。同时也可作为电子科学与技术、信息与通信工程等相关学科专业的硕士、博士研究生的学习教材。

有鉴于此，在国家安全重大基础研究 613319 项目的牵引下，为满足研究需求并方便学习参考，项目管理办公室在国防工业出版社的指导和装备科技译著出版基金的资助下，积极组织电子信息系统复杂电磁环境效应国家重点实验室的相关科研人员对原著进行了紧张有序的翻译工作。在翻译过程中，戴幻尧、郝晓军、李丹阳、郃宁、冯润明、吴若无、陈翔、李坤等同志相继参加了部分内容的研讨、翻译、作图、编辑和校对等重要工作，在此表示中心感谢！

由于译者水平有限，翻译文稿难免有不贴切或错误之处，敬请广大读者们见谅。

译　者

2019 年 10 月　于洛阳

前　　言

对于从事超宽带技术领域工作的许多科学家和工程师来说，利用宽瞬时带宽信号的想法来自 FCC 3.1～10.6GHz 这个频带宽度的授权。但是，如果回顾历史，会发现第一次人造电磁波就是由电火花产生，尤其是电磁研究里非常著名的，那个于 19 世纪 80 年代验证了电磁波的传播速度、极化和与物质的相互作用的赫兹，以及在德国卡尔斯鲁厄理工学院用麦克斯韦方程来对这些波的准确描述。在此之前，电磁波仅能以前面提到的电火花方式产生，因而是超宽带的。

在 20 世纪 20 年代，超宽带因其占用了太多的频谱而被限制，主要是军事应用方面。直到 1992 年，Leopold Felsen、Lawrence Carin 和 Henry Bertoni 在布鲁克林组织了一次关于超宽带短脉冲电磁学的会议，德国高频技术与电子学研究所参与并被此次会议的主题吸引，于是加入这一领域的研究。

在这次会议之后，许多同事纷纷进入这个超宽带领域，一个真正的超宽带团队建立了起来。从那时起，在我们研究所，许多毕业生和硕士生，以及博士生候选人，一直在超宽带及其在雷达、通信、定位和医疗等不同应用领域工作。在此期间，形成了超宽带电磁学、组件和系统工程的详细知识。当然，部分经过挑选的论文发表在世界主要会议和知名期刊上，但大多数详细结果都记录在各种内部报告中，并保存在我们的实验室里。2010 年，慕尼黑工业大学的 Peter Russer 教授鼓励我们将这些丰富的资料编写成一本书，使其可以与整个社会共享。于是，我们从超宽带工程方面的最新研究成果里精选了一些内容，希望在这个具有广阔前景的领域中能够帮助读者理解和开发各自的超宽带系统，并激发新的想法以做进一步的研究。

作者

目　　录

第1章　引言 ……1

1.1　UWB信号的定义……1

1.2　国际上的法规……2

第2章　UWB无线传播基础 ……5

2.1　UWB无线信道的描述……5

2.1.1　时域和频域……6

2.1.2　频域UWB信道……7

2.1.3　时域UWB信道……8

2.2　UWB传播信道建模……10

2.2.1　双路径模型……11

2.2.2　UWB信道模型的射线追踪……13

2.2.3　衰减……16

2.3　UWB射频系统及器件特性参数……17

2.3.1　无线信道的延迟扩展……18

2.3.2　包络的峰值……19

2.3.3　包络宽度……19

2.3.4　响铃……19

2.3.5　瞬态增益……20

2.3.6　频域增益……20

2.3.7　群延迟……20

2.3.8　保真度……21

2.4　脉冲无线电与正交频分复用……22

2.5　UWB脉冲波形和脉冲波形生成……23

2.5.1　经典脉冲形状……23

2.5.2　最佳脉冲形状……25

2.6　调制和编码……26

2.6.1 开关键控 …… 26
2.6.2 脉冲位置调制 …… 26
2.6.3 正交脉冲调制 …… 28
2.7 跳时 …… 28
2.7.1 生成跳时码 …… 29
2.8 基本发射机架构 …… 30
2.9 基本接收机架构 …… 31
2.9.1 用于开关键控和脉冲位置调制的相干接收器 …… 31
2.9.2 用于脉冲位置调制的非相干接收机 …… 32
2.9.3 正交调制接收机 …… 33
第3章 UWB天线 …… 34
3.1 UWB天线测量方法 …… 34
3.1.1 校准法和替代法 …… 35
3.1.2 双天线法 …… 36
3.1.3 三天线法 …… 37
3.1.4 采用一个标准参考天线的直接测量 …… 39
3.1.5 时域验证 …… 40
3.2 UWB发射天线设计 …… 41
3.2.1 UWB天线原理 …… 41
3.2.2 行波天线 …… 42
3.2.3 频率无关的天线 …… 44
3.2.4 自补偿天线 …… 46
3.2.5 多谐振天线 …… 48
3.2.6 电小尺寸天线 …… 50
3.3 UWB天线系统 …… 53
3.4 极化分集天线 …… 54
3.4.1 UWB极化分集天线的要求 …… 54
3.4.2 设计案例1：双极化行波天线 …… 55
3.4.3 设计案例2：具有正交极化自消除的双极化天线 …… 56
3.4.4 频率无关的180°功率分配器 …… 61
3.5 UWB天线在医学上的应用 …… 63
3.5.1 人体组织节点性能的分析 …… 64
3.5.2 UWB人体天线 …… 66
3.5.3 UWB人体天线的特性研究 …… 68

第 4 章 UWB 天线阵列 ······ 71
4.1 UWB 系统中的阵列因子 ······ 71
4.1.1 频域中的阵列因子 ······ 71
4.1.2 时域中的阵列因子 ······ 74
4.1.3 波束位移 ······ 76
4.1.4 实数 UWB 阵列的辐射特性 ······ 78
4.2 UWB 振幅单脉冲天线阵列 ······ 80

第 5 章 单片集成电路 UWB 收发机 ······ 87
5.1 脉冲无线电收发机要求 ······ 87
5.1.1 室内信道要求 ······ 87
5.1.2 室内定位的定时准确性 ······ 88
5.1.3 示例研究 ······ 88
5.1.4 对电路设计的影响 ······ 89
5.2 脉冲生成 ······ 90
5.2.1 概念 ······ 90
5.2.2 全数字脉冲合成 ······ 90
5.2.3 上变频方法 ······ 92
5.3 脉冲检波 ······ 95
5.3.1 带宽相关设计折中 ······ 95
5.3.2 检波概念 ······ 95
5.3.3 能量检测原理 ······ 96
5.3.4 互相关原理 ······ 97
5.3.5 传输参考方案 ······ 100
5.3.6 比较 ······ 100
5.4 RF 前端组件 ······ 101
5.4.1 低噪声放大器 ······ 101
5.4.2 功率放大器 ······ 102
5.5 单片集成电路 ······ 104

第 6 章 UWB 应用 ······ 107
6.1 UWB 通信 ······ 107
6.1.1 系统组件建模 ······ 107
6.1.2 调制与编码 ······ 108
6.1.3 不同系统设置的性能——系统分析 ······ 112

6.1.4 相干解调的性能 …… 117
6.1.5 实际收发机实现 …… 120
6.2 UWB 定位 …… 126
6.2.1 UWB 系统的定位技术 …… 126
6.2.2 UWB 定位系统设计步骤 …… 130
6.2.3 基于到达时间差的 UWB 定位的实例结果 …… 137
6.2.4 从定位到跟踪 …… 139
6.3 UWB 雷达 …… 140
6.3.1 UWB 信号保真度 …… 141
6.3.2 UWB 脉冲雷达测量方案 …… 142
6.3.3 极化超宽带雷达校准 …… 143
6.3.4 校准步骤 …… 147
6.4 UWB 成像 …… 149
6.4.1 UWB 成像概述 …… 149
6.4.2 全极化 UWB 室内成像系统的测量设置 …… 150
6.4.3 图像重建算法 …… 151
6.4.4 全极化 UWB 成像系统的性能 …… 153
6.5 UWB 医疗应用 …… 157

主要缩略语 …… 159

参考文献 …… 162

编著者 …… 173

感谢 …… 174

第1章　引　　言

本书主要讲述了超宽带（UWB）射频系统。在模拟射频前端，相对较高的带宽和不高的绝对带宽对射频系统设计提出了新的挑战。因此，我们专注于低频范围 1～10GHz，全世界都在研究这一范围内各种不同的系统概念。由研究人员和公司设想的典型应用列举如下：

（1）高数据速率、短距离应用。典型的便携式设备和为消费家用电子产品或基础设施的接入点建成天线系统。

（2）低数据率、范围更广，最终结合测距中的应用。小型便携设备（也可做穿戴系统等）与用于基础设施接入的天线系统相结合的技术。

（3）低数据率和高用户数（传感器网络），典型小型集成天线。

（4）与天线阵列相结合的诊断医学、雷达系统成像。

（5）定位为工业、医疗和商业应用。

（6）高分辨率雷达的各种应用（如地雷探测、穿墙成像、材料检验）。

本章描述了 UWB 信号的定义和相关规定。

1.1　UWB 信号的定义

超宽带信号是瞬时带宽 B 满足下述条件的信号，即

$$B \geqslant 500\text{MHz} \tag{1.1}$$

或者是相对（部分）带宽 B_r 高于 20%的信号[46]。相对带宽的定义为

$$B_r = \frac{f_u - f_l}{f_c} \tag{1.2}$$

式中：f_u、f_l 为功率谱密度低于其最大值 10dB 的高频和低频；f_c 为中心频率：

$$f_c = \frac{f_u + f_l}{2} \tag{1.3}$$

1.2 国际上的法规

UWB 设备的最大发射电平是由特定的 UWB 法规定义的。不同的国家已经发布了法规（如国家频率计划），其中包括以下几点：

（1）UWB 技术的应用（室内、室外、便携式、固定安装式）；

（2）分配的频率范围；

（3）最大发射电平：关于等效全向辐射功率（EIRP）的功率谱密度（PSD）；

（4）减轻（减少）因 UWB 设备而可能产生干扰的技术。

UWB 法规已在美国、欧洲、日本、韩国、新加坡和中国发布。美国联邦通信委员会（FCC）是全球第一个发布 UWB 法规的组织，并于 2002 年 2 月发布[46]。根据 FCC 的规定，UWB 室内应用的可用频率范围为 3.1～10.6GHz。发射的限制请参见表 1.1。

表 1.1 美国 FCC 法规：室内应用的 PSD 限制[46]

频率范围/GHz	PSD/（dBm/MHz）
<0.96	−41.3
0.96～1.61	−75.3
1.61～1.99	−53.3
1.99～3.1	−51.3
3.1～10.6	−41.3
>10.6	−51.3

在欧洲，UWB 法规自 2006 年 3 月起生效[44]。它们描述了室内应用的各个级别。欧洲的（技术）可把频率范围分为两个波段：4.2～4.8GHz 和 6～8.5GHz。然而，第一波段有一些限制，即必须使用改善技术。如果没有改善，要求是−70dBm/MHz，而不是−41.3dBm/MHz。表 1.2 总结了欧洲电子通信委员会（ECC）规定的室内应用时的 PSD 限制。

表 1.2 ECC 法规：室内应用时的 PSD 限制[44]

频率范围/GHz	PSD/（dBm/MHz）
<1.6	−90.0
1.6～2.7	−85.0
2.7～3.4	−70.0
3.4～3.8	−80.0

（续表）

频率范围/GHz	PSD/（dBm/MHz）
3.8～4.2	−70.0
4.2～4.8	−70.0/−41.3
4.8～6.0	−70
6.0～8.5	−41.3
8.5～10.6	−65
>10.6	−85

为了保证完整性，表 1.3 列出了已发布 UWB 法规的所有国家中技术上可用的频率范围。在任意情况下，最大发射水平为−41.3dBm/MHz。UWB 信号呈现出超大的带宽，它可以用来实现非常高的数据速率（大于 100Mb/s），还可以应用于超精细时间分辨率（应用在定位和成像中）。然而，人们必须考虑到发射的总功率必须非常低，以满足监管方面的要求：如果在 3.1～10.6GHz 之间的功率谱密度限制到−41.3dBm/MHz 时，在 FCC 标准下总发射功率仅为 0.56mW。对于欧洲标准，该值甚至会更小。因此，商用 UWB 传输仅限于短距离应用。为了开发技术上可用的 UWB 频率范围，可以使用两种不同的方法。

方法 1：基于超短脉冲进行传输，覆盖了超宽的带宽（也称为脉冲无线电）；

方法 2：基于正交频分复用（OFDM）进行传输，其中总 UWB 带宽被划分（或被开发）为一系列宽带 OFDM 信道。

表 1.3 具有 UWB 法规国家的技术上可用频率范围[16,34,41]

国家	第一频率范围/GHz	第二频率范围/GHz
美国	3.1～10.6	—
欧洲	4.2～4.8	6.0～8.5
日本	3.4～4.8	7.25～10.25
韩国	3.1～4.8	7.2～10.2
新加坡	4.2～4.8	6.0～9.0
中国	4.2～4.8	6.0～9.0

就方法 1 而言，要求应用在技术上可用的频率范围内显示几乎恒定频谱的脉冲，以便在发射规则上最大限度地提高信号的整体功率。另外，具有成本效益的解决方案可能采用容易产生的经典脉冲形状，但在利用频谱掩模方面效率不高（因此降低了信噪比且性能减弱）。容易产生的脉冲形状，是高斯单脉冲或其衍生物的一种。一般来说，脉冲无线电传输不使用载波，这意味着信号通

过 UWB 天线直接辐射。因此，与传统的窄带收发机相比，脉冲无线电具有降低复杂度的潜力。

就方法 2 而言，可以更有效地利用频谱掩模。另外，OFDM 传输在信号处理方面会增加复杂性。与脉冲无线电传输相比，由于增加信号处理而使总的功率消耗可能更高。这两种方法之间的选择取决于应用，并且应根据具体案例进行分析。

第 2 章　UWB 无线传播基础

UWB 是一个总称，主要是指系统瞬时射频频谱具有非常大的绝对带宽（B_a > 500MHz）或非常大的相对带宽（B_r=2（f_u−f_i）/（f_u + f_i）>0.2）。在这一定义下，没有定义特殊用途、应用和特殊调制，但它意味着系统的组件必须能够处理这个宽频谱。如前所述，在第 1 章提到的射频前端，总体上是带来了相对带宽的新挑战，而在此主要讨论系统非常大的相对带宽。本章提供了一种 UWB 无线信道的数学描述，包括天线和模拟前端的 UWB 性能的度量，也包括频域（FD）和时域（TD）的无线电信道。本章介绍了两种开发超宽带的方法：短脉冲在基带中的传输（脉冲无线电传输），以及通过多载波技术的传输（称为正交频分复用（OFDM））。对于脉冲无线电，首先介绍了最常见的脉冲形状以及产生它们的方法；最后，讲述了调制和编码技术，以及基本的发射机和接收机结构。UWB 链路与天线特性坐标系如图 2.1 所示。

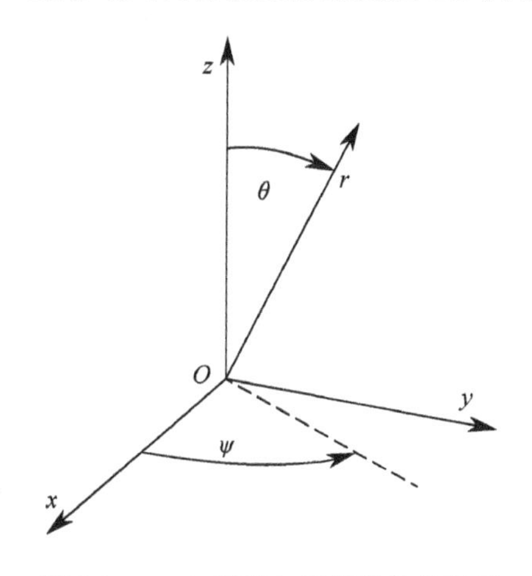

图 2.1　UWB 链路与天线特性坐标系

2.1　UWB 无线信道的描述

通常，窄带系统在频域中进行描述。在所考虑的带宽上假设特征参数是恒定的。由于 UWB 系统需要考虑较大的相对带宽，那么必须考虑天线的频率相关特性和信道的频率相关特性。另外，UWB 系统通常是基于脉冲技术实现的，所以也可以用时域表示[154]，因此系统对频域和时域表示都有要求。

2.1.1 时域和频域

超宽带信号可以同时在 TD 和 FD 中描述。在 TD 中，信号为时间的函数。信号通过在 TD 的傅里叶变换得到 FD 表示，称为频谱；TD 表示可以通过该频谱的逆傅里叶变换得到。TD 中连续复杂的信号 $f(t)(\Re\mapsto C;t\mapsto f(t))$必须满足下列条件：

$$\int\left|f\left(t\right)\right|\mathrm{d}t<\infty \tag{2.1}$$

这一情况表明信号是可积分的，通常是实际信号的情形。傅里叶变换定义为

$$F\left(f\left(t\right)\right)=F\left(\omega\right)=\int_{-\infty}^{\infty}f\left(t\right)\cdot\mathrm{e}^{-\mathrm{j}\omega t}\mathrm{d}t \tag{2.2}$$

式中：$\omega=2\pi f$，f 为频率。

逆傅里叶变换定义为

$$F^{-1}\left(F\left(\omega\right)\right)=f\left(t\right)=\frac{1}{2\pi}\int_{-\infty}^{\infty}F\left(\omega\right)\cdot\mathrm{e}^{\mathrm{j}\omega t}\mathrm{d}t \tag{2.3}$$

信号的功率谱密度（PSD）可以由平方谱的绝对值得到。PSD 的单位是 W/Hz。在 UWB 应用中，通常用 dBm/MHz 表示，其中 0dBm=1mW。例如，利用 PSD 来检查信号是否适合分配的频率掩码。

在 TD 或 FD 中有多种描述信号的方法，如在 FD 中群延迟与频率的关系可表示为

$$\tau_{\mathrm{g}}=-\frac{1}{2\pi}\cdot\frac{\mathrm{d}\varphi\left(f\right)}{\mathrm{d}f} \tag{2.4}$$

式中：$\varphi(f)$为频谱相位；f 为信号频率。

通常恒定的群延迟意味着线性相位行为。在 TD 中的信号测量的方法是测量脉冲宽度和脉冲重复时间。

除了 UWB 信号外，还可以在 TD 和 FD 中分别描述 UWB 组件（如天线、滤波器）和 UWB 传播信道。在 FD 中，行为由一个复杂的传递函数（振幅和相位信息）来定义。FD 信号的逆傅里叶变换对应了 TD 中的脉冲响应。例如，FD 中一个常量函数与 $f\in\Re$（等于平坦频谱）对应于 TD 中 $t=0$ 时的脉冲。任何系统组件在 FD 中的频带限制都能造成脉冲的展宽并导致信号失真。

2.3 节中提供了关于 TD 和 FD 方法的详细定义。进一步的信息也可以在关于 UWB 基础的书中找到[120,141]。

起初，探索 UWB 时域短脉冲调制方案，补充了已知频域正弦载波系统，产生了许多新的令人兴奋的话题。调制的范围变得更宽，而且宽带频域调制方案已经显示出它们的优点。在时域和频域之间，也存在诸如直接序列扩频调制方案和基于宽带载波的 OFDM 信号的解决方案，它们在时域上类似于通带脉冲。根据调制方案和应用，射频组件必须以 TD、FD 或甚至两者为特征。为了检查信号是否与分配的频谱掩码兼容，有必要在 FD 中进行表述。

2.1.2　频域 UWB 信道

对于 FD 的描述，假设发射天线是用 f 频率下的连续波信号激励的。FD 链路描述的相关参数如下：

（1）发射信号幅度 $U_{\mathrm{Tx}}(f)$ (V)；

（2）接收信号幅度 $U_{\mathrm{Rx}}(f)$ (V)；

（3）距离天线 r 处的辐射场强 $E_{\mathrm{Tx}}(f, r, \theta_{\mathrm{Tx}}, \psi_{\mathrm{Tx}})$ (V/m)；

（4）发射天线的传递函数 $H_{\mathrm{Tx}}(f, \theta_{\mathrm{Tx}}, \psi_{\mathrm{Tx}})$ (m)；

（5）接收天线的传递函数 $H_{\mathrm{Rx}}(f, \theta_{\mathrm{Rx}}, \psi_{\mathrm{Rx}})$ (m)；

（6）发射天线的特征阻抗 $Z_{\mathrm{C,Tx}}(f)$ (Ω)；

（7）接收天线的特征阻抗 $Z_{\mathrm{C,Rx}}(f)$ (Ω)；

（8）天线增益 $G(f, \theta, \psi)$；

（9）Tx-Rx 天线的距离 r_{TxRx} (m)。

天线的传递函数是一个具有两个正交极化分量且随频率变化的二维矢量，它等于天线有效高度，单位为 m[157]。特征天线阻抗定义了大气反射系数。$H_{\mathrm{Tx}}(f, \theta_{\mathrm{Tx}}, \psi_{\mathrm{Tx}})$为发射天线的传递函数，与发射信号 $U_{\mathrm{Tx}}(f)$和辐射场强度 $E_{\mathrm{Tx}}(f, r)$有关：

$$\frac{\boldsymbol{E}_{\mathrm{Tx}}(f,r)}{\sqrt{Z_0}}=\frac{\mathrm{e}^{-\mathrm{j}\omega t/c_0}}{2\pi r c_0}\boldsymbol{H}_{\mathrm{Tx}}(f,\theta_{\mathrm{Tx}},\psi_{\mathrm{Tx}})\cdot\mathrm{j}\omega\frac{U_{\mathrm{Tx}}(f)}{\sqrt{Z_{\mathrm{C,Tx}}}} \tag{2.5}$$

根据接收天线的传递函数 $H_{\mathrm{Tx}}(f, \theta_{\mathrm{Tx}}, \psi_{\mathrm{Tx}})$，接收信号幅度 $U_{\mathrm{Rx}}(f)$与入射场 $E_{\mathrm{Rx}}(f, r)$（在频域中）相关：

$$\frac{U_{\mathrm{Rx}}(f)}{\sqrt{Z_{\mathrm{C,Rx}}}}=\boldsymbol{H}_{\mathrm{Rx}}^{\mathrm{T}}(f,\theta_{\mathrm{Rx}},\psi_{\mathrm{Rx}})\cdot\frac{\boldsymbol{E}_{\mathrm{Tx}}(f,r_{\mathrm{TxRx}})}{\sqrt{Z_0}} \tag{2.6}$$

式中：$\boldsymbol{H}_{\mathrm{Rx}}^{\mathrm{T}}$ 为 $\boldsymbol{H}_{\mathrm{Rx}}$ 的转置矩阵。

LoS 自由空间 UWB 传播链路的总解析描述为

$$\frac{U_{\mathrm{Rx}}(f)}{\sqrt{Z_{\mathrm{C,Rx}}}}=\boldsymbol{H}_{\mathrm{Rx}}^{\mathrm{T}}\left(f,\theta_{\mathrm{Rx}},\psi_{\mathrm{Rx}}\right)\cdot\frac{\mathrm{e}^{-\mathrm{j}\omega r_{\mathrm{TxRx}}/c_0}}{2\pi r_{\mathrm{TxRx}}c_0}\boldsymbol{H}_{\mathrm{Tx}}\left(f,\theta_{\mathrm{Tx}},\psi_{\mathrm{Tx}}\right)\cdot\mathrm{j}\omega\frac{U_{\mathrm{Tx}}(f)}{\sqrt{Z_{\mathrm{C,Tx}}}}\tag{2.7}$$

根据这些参数，图 2.2 中就可以显示出 Tx-Rx 自由空间 UWB 链路，在频域描述中，连续子系统参数相乘，小图用符号表示了链接贡献的典型影响。简述了初始啁啾及其导数。因为天线是互易的，所以它们的传递函数也是互易的。因此，天线的传递函数 H_{ant} 可用于在通道的两端；然而，相对于坐标系统的信号流的方向需要加以考虑（见式（2.6）转置矩阵 $\boldsymbol{H}_{\mathrm{Rx}}$）。如上所述，在 Tx 和 Rx 传递函数中包含两个正交极化分量。在窄带系统中，辐射角度 θ 和 ψ 只影响信号的极化、幅度和相位，而在 UWB 系统中也影响整个与频率有关的信号特征。

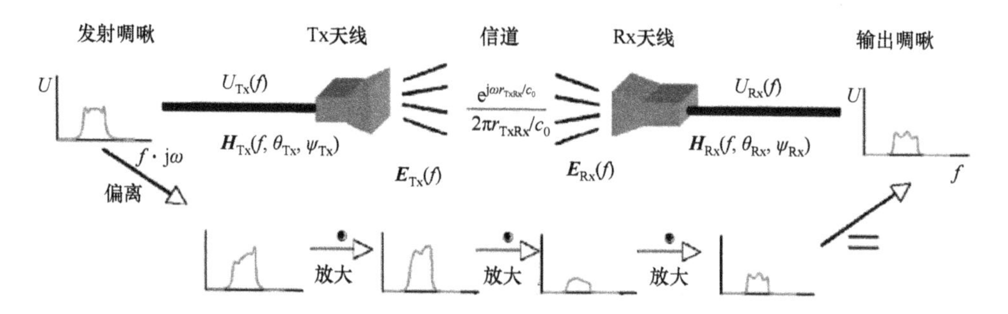

图 2.2　自由空间频域 UWB 系统链路级特性研究（©2009 IEEE，经许可转载自文献[179]）

对于复杂散射环境（如室内）中的 UWB 链路，必须将多径传播的影响添加到式（2.7）中。多径无线信道可以通过与频率有关的全极化信道传输矩阵 $\boldsymbol{H}_{\mathrm{pc}}(f,\theta_{\mathrm{Tx}},\psi_{\mathrm{Tx}},\theta_{\mathrm{Rx}},\psi_{\mathrm{Rx}})$进行描述。然后，对多径 UWB 传输链路的总解析可以描述为

$$\frac{U_{\mathrm{Rx}}(f)}{\sqrt{Z_{\mathrm{C,Rx}}}}=\int_{\theta_{\mathrm{Tx}}=0}^{\pi}\int_{\psi_{\mathrm{Tx}}=0}^{2\pi}\int_{\theta_{\mathrm{Rx}}=0}^{\pi}\int_{\psi_{\mathrm{Rx}}=0}^{2\pi}\Big[\boldsymbol{H}_{\mathrm{Rx}}^{\mathrm{T}}\left(f,\theta_{\mathrm{Rx}},\psi_{\mathrm{Rx}}\right)$$
$$\cdot\boldsymbol{H}_{\mathrm{PC}}\left(f,\theta_{\mathrm{Tx}},\psi_{\mathrm{Tx}},\theta_{\mathrm{Rx}},\psi_{\mathrm{Rx}}\right)\cdot\boldsymbol{H}_{\mathrm{Tx}}\left(f,\theta_{\mathrm{Tx}},\psi_{\mathrm{Tx}}\right)\Big]\mathrm{d}\theta_{\mathrm{TX}}\mathrm{d}\varphi_{\mathrm{TX}}\mathrm{d}\theta_{\mathrm{RX}}\mathrm{d}\varphi_{\mathrm{RX}}\cdot\mathrm{j}\omega\frac{U_{\mathrm{Tx}}(f)}{\sqrt{Z_{\mathrm{C,Tx}}}}\tag{2.8}$$

2.1.3　时域 UWB 信道

就时域描述而言，假设发射天线是用狄拉克脉冲激励的。UWB 时域链路

相关参数如下：

（1）发射信号幅度 $u_{Tx}(t)$ (V)；

（2）接收信号幅度 $u_{Rx}(t)$ (V)；

（3）发射天线的脉冲响应 $h_{Tx}(t, \theta_{Tx}, \psi_{Tx})$ (m/s)；

（4）接收天线的脉冲响应 $h_{Rx}(t, \theta_{Rx}, \psi_{Rx})$ (m/s)；

（5）在位置 r 处的辐射场强 $e(t, r, \theta_{Tx}, \psi_{Tx})$ (V/m)；

（6）Tx-Rx 天线的距离 r_{TxRx} (m)。

天线的瞬态脉冲响应取决于时间，也取决于偏离角 θ_{Tx}、ψ_{Tx}，各自的到达角 θ_{Rx}，ψ_{Rx} 和极化角[159]。

由于天线不是在所有方向都发射相同的脉冲，这可能会导致 UWB 通信和雷达中的严重问题。例如，在多径环境下，系统描述中包括天线的角行为是很重要的，那是因为所有发射或接收的路径通过了天线特征加权，并且导致接收电压 u_{Rx} (t)不同的时域特性（如极化、振幅、相位和延迟）。图 2.3 所示为自由空间时域链路级方案，用符号表示了链路贡献的典型影响，描述了初始脉冲及其导数。

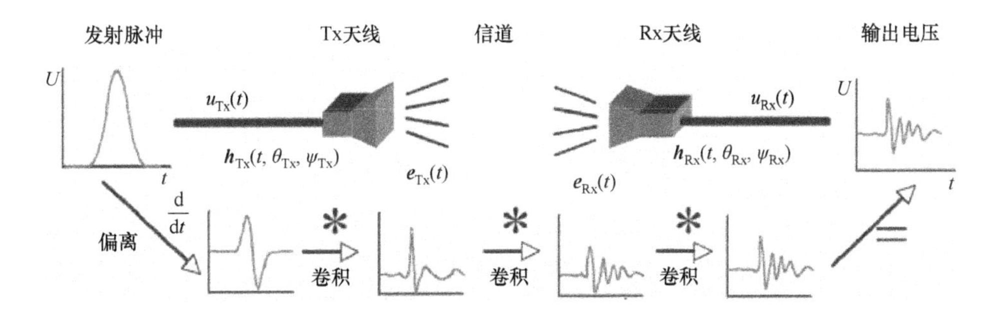

图 2.3　自由空间时域 UWB 系统链路级特性研究（©2009 IEEE，经许可转载自文献[179]）

由于天线不辐射直流信号，那么任何天线都能区分辐射信号。和式（2.5）、式（2.7）类似，LoS 自由空间时域链路可以表示为

$$\frac{\boldsymbol{e}_{Tx}(t,\boldsymbol{r})}{\sqrt{Z_0}} = \frac{\delta\left(t-\frac{r}{c_0}\right)}{2\pi r_{TxRx}c_0} * \boldsymbol{h}_{Tx}(t,\theta_{Tx},\psi_{Tx}) * \frac{\partial}{\partial t}\frac{u_{Tx}(t)}{\sqrt{Z_{C,Tx}}} \tag{2.9}$$

$$\frac{u_{Rx}(t)}{\sqrt{Z_{C,Tx}}} = \boldsymbol{h}_{Rx}^{T}(t,\theta_{Rx},\psi_{Rx}) * \frac{\delta\left(t-\frac{r_{TxRx}}{c_0}\right)}{2\pi r_{TxRx}c_0} * \boldsymbol{h}_{Tx}(t,\theta_{Tx},\psi_{Tx}) * \frac{\partial}{\partial t}\frac{u_{Tx}(t)}{\sqrt{Z_{C,Tx}}} \tag{2.10}$$

FD 中的基本乘法运算对应 TD 中的卷积。式（2.9）描述了距离 r 处的辐射场强 $\boldsymbol{e}_{\mathrm{Tx}}(t, r)$与激励电压 $u_{\mathrm{Tx}}(t)$和发射天线瞬态响应 $\boldsymbol{h}_{\mathrm{Tx}}(t, \theta_{\mathrm{Tx}}, \psi_{\mathrm{Tx}})$ 的关系[45]。在式（2.10）中，只考虑了自由空间 LoS 传播（Tx 和 Rx 之间的视距），同时天线的瞬态响应函数 h_{ant} 是相互的，所以可以应用在 Tx 或 Rx 中，但是必须考虑相对于坐标系的信号流的方向。天线是任意无线系统的重要组成部分，在系统设计的所有步骤中都必须仔细考虑天线的性能。对于 UWB 脉冲系统来说，这是至关重要的。在复杂散射环境中式（2.10）可以扩展到式（2.8）。

2.2 UWB 传播信道建模

为了精确计算两个天线在给定情况下的电波传播，其中一个天线需要先用数值方法求解麦克斯韦方程。可以使用有限差分时域解，具体方法可以在文献[163]中找到。由于场景大小和波长之间的比例太大，消耗大量的时间和内存，因此关注所有的场景几乎是不可能的。所以，通常使用近似的传播信道模型：几何光学[23]，其中每个发射机和接收机之间的传播路径，包括所有的反射、衍射、传输和散射过程，都由多径分量建模，通常称为“射线”。式（2.8）转变为

$$\frac{U_{\mathrm{Rx}}(f)}{\sqrt{Z_{\mathrm{C,Rx}}}}=\sum_{n=1}^{N}\boldsymbol{H}_{\mathrm{Rx}}^{\mathrm{T}}\left(f,\theta_{\mathrm{Rx},n},\psi_{\mathrm{Rx},n}\right)\cdot\boldsymbol{H}_{\mathrm{PC},n}(f)\mathrm{e}^{\mathrm{j}\omega r_{\mathrm{TxRx},n}/c_0}$$
$$\cdot\boldsymbol{H}_{\mathrm{Tx}}\left(f,\theta_{\mathrm{Tx},n},\psi_{\mathrm{Tx},n}\right)\Big]\cdot\mathrm{j}\omega\frac{U_{\mathrm{Tx}}(f)}{\sqrt{Z_{\mathrm{C,Tx}}}} \tag{2.11}$$

式中：N 为离散多径分量的数量；n 为多径分量指数；$r_{\mathrm{TxRx},n}$ 为多径分量的路径总长度；$\theta_{\mathrm{Tx},n}$，$\psi_{\mathrm{Tx},n}$ 为多径分量的发射方向；$\theta_{\mathrm{Rx},n}$，$\psi_{\mathrm{Rx},n}$ 为多径分量的接收方向；$\boldsymbol{H}_{\mathrm{PC},n}(f)$为与频率有关的全极化信道传输矩阵的 n 次多径分量。

在没有其他相关的多径分量的情况下，除了视距（LoS）通道，信号的衰减可以由单 LoS 路径的自由空间衰减来确定（式（2.7））。假设各向同性天线的自由空间衰减 $L_{\mathrm{FS}}(f)$在频率 f 下可由 Friis 方程描述，即

$$L_{\mathrm{FS}}(f)=\left(\frac{\lambda}{4\pi r_{\mathrm{TxRx}}}\right)^2\sim\frac{1}{f^2} \tag{2.12}$$

式中：r_{TxRx} 为 Tx 和 Rx 之间的距离。

根据文献[138]，UWB 自由空间传播的上限和下限频率 f_{l} 和 f_{u} 之间的总衰

减分别用扩展 Friis 方程近似，即

$$L_{\mathrm{FS,UBW}} = \frac{c_0^2}{\left(4\pi r_{\mathrm{TxRx}}\right)^2 f_{\mathrm{i}} f_{\mathrm{u}}} \tag{2.13}$$

如果 LoS 路径衰减或阻塞以及其他多径分量有一个相当大的场强，则需要更复杂的传播信道模型。最简单的传播模型，一般情况下只描述发射机和接收机之间的路径损耗，主要基于式（2.7）LoS 路径的经验以及来自文献[108]测量的一些额外参数。这些模型的准确度最低。它们既不考虑实际环境，也不考虑多径分量的个体延迟。特别是在 UWB 中，后者变得非常重要，因为高信号带宽导致了优异的时间分辨率。因此，不同传播路径延迟的微小差异可能会对 UWB 信号产生影响。

比经验模型更复杂的是随机性和确定性传播模型。随机性传播模型允许产生实际传播信道，但不适合特定环境；实例见文献[109,194]。然而，确定性传播模型首先要寻找发射机和接收机之间所有相关的传播路径，然后通过几何光学计算它们对信道的贡献。关于混合确定–随机的 UWB 传播模型的实例见文献[72]。下面，讨论确定性传播模型的特例：双路径模型。之后，给出一般射线追踪法。

2.2.1 双路径模型

在给定频率下，信道可以通过双路径模型来进行建模，其中第一路径是发射机和接收机之间的直接路径；第二路径通常来自地面反射（图 2.4）。考虑到诸如地面反射系数 $\gamma e^{j\phi}$、发射机高度 h_{Tx} 和接收机高度 h_{Rx} 等参数，给定频率下用 dB 表示的路径损耗 L 作为距离的函数描述[55,148]，有

$$L = -10\lg\left[\left(\frac{\lambda}{4\pi r_{\mathrm{TxRx}}}\right)^2 \left\{1+\gamma^2+2\gamma\cos\left(\frac{2\pi\Delta l}{\lambda}+\phi\right)\right\}\right] \tag{2.14}$$

式中：Δl 为直达波和反射波之间的路径长度之差。

在图 2.5 中，在 5.8GHz 频率下，将两个路径模型的路径损耗与自由空间进行比较。由于两波的叠加，路径损耗作为距离的函数在 $\Delta l<\lambda/2$ 处显示强衰落，其距离低于断点处。图中显示，由于两个波的干涉，路径损耗的包络线每 10 倍距离增加 20 dB，在距离断点以上的大距离上每 10 倍距离增加 40 dB。两个路径模型可以近似成信道，因此在操作窄带宽的系统时，当前区域具有非常低的接收功率。

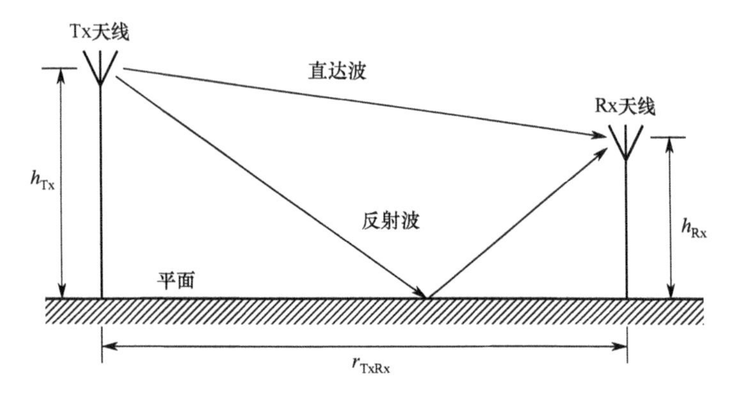

图 2.4 双路径模型

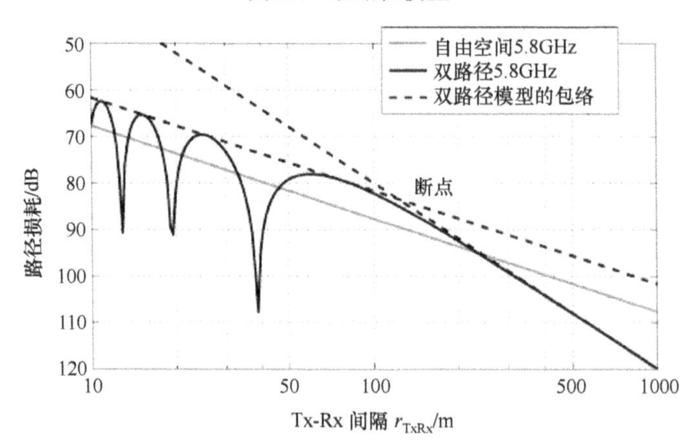

图 2.5 窄带宽双路径模型的路径损耗（h_{Tx}=1m，h_{Rx}=1m，理想接地：$\gamma=1$，$\phi=\pi$）

在考虑了给定频率下的双路径模型后，给出了其对 UWB 情形的推广。文献[148]中表明，对 f_i 和 f_u 有贡献的 UWB 信号衰减，可估计为

$$L_{UBW} = -10\lg\left[\frac{1}{f_u - f_i}\int_{f_i}^{f_u}\left(\frac{c_0}{4\pi f r_{TxRx}}\right)^2 \cdot\left\{1+\gamma^2+2\gamma\cos\left(\frac{2\pi f\,\Delta l}{c_0}+\phi\right)\right\}df\right] \tag{2.15}$$

如果 $r_{TxRx} \gg h_{Tx}, h_{Rx}$ 这时，有

$$\Delta l \approx \frac{2h_{Tx}h_{Rx}}{r_{TxRx}} \tag{2.16}$$

图 2.6 所示为 UWB 双路径模型相对于距离变化趋势。该图表明，与窄带双路径模型趋势相比，不存在任何强衰落的凹陷。

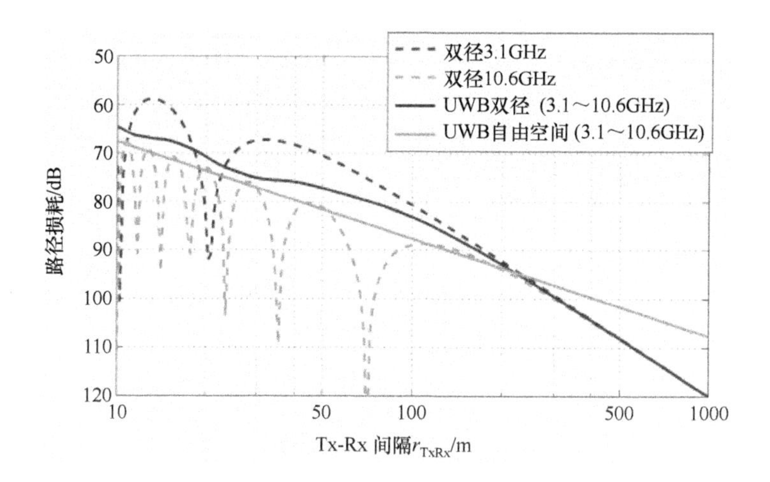

图 2.6 UWB 双路径模型的路径损耗（$h_{Tx}=1$ m，$h_{Rx}=1$ m，理想接地：$\gamma=1$，$\phi=\pi$）

2.2.2 UWB 信道模型的射线追踪

迄今为止所描述的信道模型不考虑典型无线场景的特定环境，即无线电波从发射机到接收机在各种路径上传播。更多实际的确定性模型也考虑了由给定场景中波的反射、透射、散射和衍射引起的多径传播效应。这就产生了二维甚至三维的信道模型，描述了其在给定频率下的传播。通过将超宽带细分成一组组的频率，可以模拟超宽带传播。对于式（2.11）中所有相关的多径分量 N，全极化信道传输矩阵 $\boldsymbol{H}_{PC,n}(f)$由信道模型确定，取决于前面所解释的基于几何光学的频率 f。每个多径分量的几何迹线都是用射线追踪法确定的，这种方法也是计算机图形学中常用的方法。更多信息见文献[51,55]。

为了可视化信道和天线在 UWB 情况下的效果，下面给出了基于射线追踪模型的模拟结果。图 2.7 所示为一个典型的室内场景。多边形模型描述了一个实验室场景，包括家具（桌子、橱柜）和铁器物体（仪器、桌腿）。物体的物理性质是由其复介电常数 ε、磁导率 μ 和表面粗糙度 σ 的标准差建模的。表 2.1 所列为物体的物理参数。为了描述超宽带室内信道，复杂的传输系数是由一大组 2.5～12.5GHz 的频率决定，其频率步进宽度为 6.25MHz。这允许根据式（2.11）来确定与频率有关的 UWB 传播链路。然后，由此产生的信道传递函数，包括天线效应，被集成到系统模拟器中。此处使用的射线追踪原理的详细描述参见文献[51]。图 2.7 中，定义了一个 Tx 和 9 种不同的 LoS Rx 位置（11～33），发射机和接收机放置在离地面 2m 的高度。天线的指向如图 2.8 所示，图中地面平行于室内的地板。为了分别研究信道和天线的影响，探索了两种不同情况。

表 2.1　室内通道物体的特性

物体	ε_r	μ_r	σ_r/mm
墙壁	5–j0.1	1	1
仪器、桌腿	1–j10^9	10	0.01
家具	2.5–j0.1	1	0

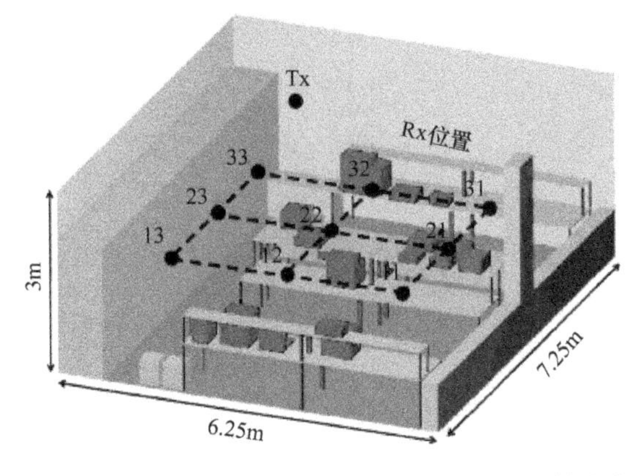

图 2.7　室内实验室场景（©2010 KIT 科学出版社，经许可转载自文献[168]）

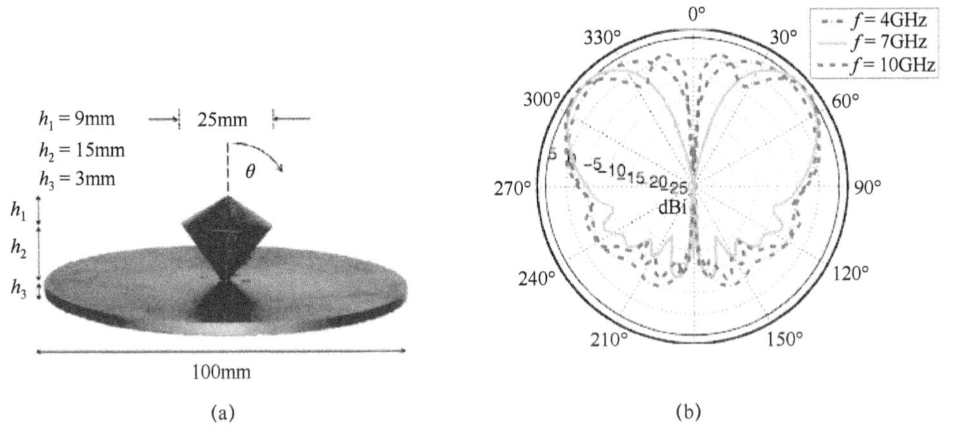

图 2.8　单极锥天线的特性

（(a) ©2009 德古意特出版社，经许可转载自文献[169]；(b) ©2010 KIT 科学出版社，经许可转载自文献[168]）

首先讨论天线效应。关闭所有多径（除了 LoS 路径），激活天线模型。由此产生的自由空间 UWB 信道的传输行为，包括天线效应，如图 2.9（a）所示。理论上，根据式（2.12）可知自由空间衰减导致频率每 10 倍距离衰减 20dB，这一主要行为也可以在图 2.9（a）中得出。然而，天线不完整的的特性导致一些附加的频率发生相关变化。相关的群延迟 τ_g 见图 2.9（b）。可以看出，由于制造公差的存在，天线使相关频率范围内的群时延变化约为 1ns。群延迟的平均值与 Tx 和 Rx 之间的物理距离有关，也和模拟滤波器和天线引入的延迟有关。

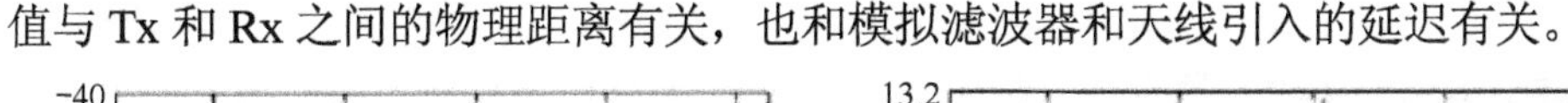

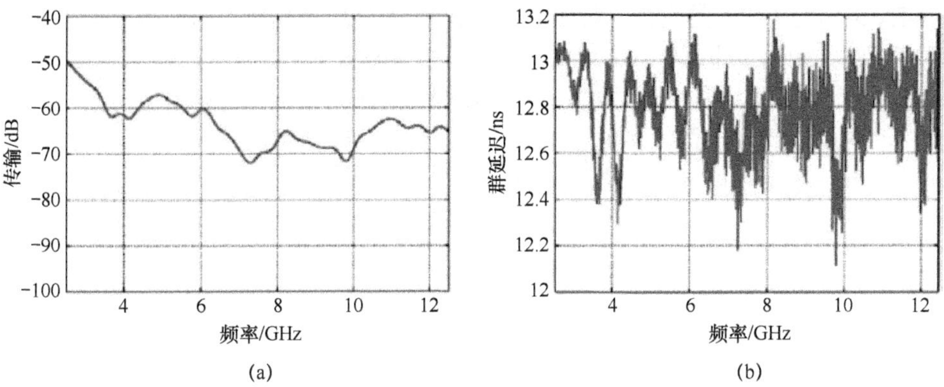

图 2.9　（a）频域中包括天线效应的自由空间信道和（b）相关的群延迟
（©2010 KIT 科学出版社，经许可转载自文献[168]）

在第二步中，考虑射线追踪法发现的多径贡献，天线响应保持活跃状态。多径 UWB 信道的传输行为，包括天线效应，如图 2.10（a）所示。图 2.10（b）所示为典型的群延迟行为。图 2.9（a）和 2.10（a）表明了多径导致衰减曲线进一步扭曲。在几个等间隔的频率中，衰减强烈地增加。这是除了 LoS 路径之外存在第二个强传播路径的明显标志。这具有与双路径模型描述相同的行为。图 2.9（b）和 2.10（b）中群延迟行为的比较表明多径信道导致了大的群延迟变化，大约达到 10 ns 的程度。这种变化是模拟滤波器群延迟变化的 10 倍，这再次指出了为什么天线行为在 UWB 系统中是非常关键的。由于 Tx-Rx 距离不同，图 2.9（b）和 2.10（b）中的群延迟平均值略有不同。

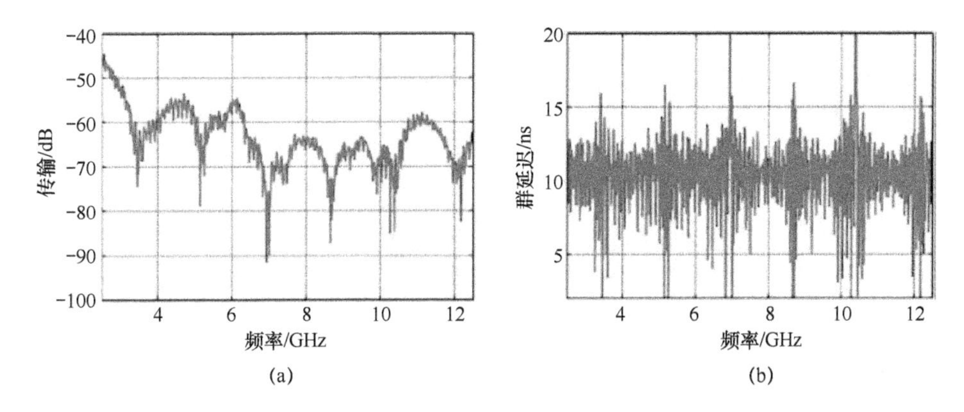

图 2.10　（a）包括频域中的天线效应在内的多径信道和（b）相关的群延迟
（©2010 KIT 科学出版社，经许可转载自文献[168]）

图 2.11（a）所示为 UWB 多径信道的性质，包括用功率延迟分布（PDP）表

示的天线效应。图中显示了各个路径相对于到达时间的分布和功率。该图给出了 Tx-Rx 距离为 3.57m 的集合，对应于 LoS 路径有 11.9 ns 延迟。由于模拟滤波器和物理天线共增加了约为 1ns 的进一步延迟，在图中最强的路径大约在 13 ns 后发生。在图 2.11（b）中，与 UWB 自由空间模型和 UWB 双路径模型做对比，根据距离得到所有的射线追踪结果。因此，从图 2.7 的 Rx 位置可以模拟被研究的 LoS 射线追踪通道，这里忽略天线的影响，以便只对信道行为进行比较。最佳的导电表面表示最强反射时，UWB 双路径信道模型参数是$\gamma e^{j\phi}=-1$，以及射线追踪场景的高度 $h_{Tx}=h_{Rx}=2$ m。图 2.11（b）表明，对于金属反射而言，射线追踪 UWB 信道模型的衰减介于自由空间模型和双路径模型之间。这是有道理的，因为第二条路径的物理反射系数不可能总是 1（绝对值），而是 0～1。这意味着在只有两条强路径的 LoS 场景中，实际的 UWB 衰减介于自由空间模型和金属反射的双路径模型之间。2.2.3 介绍主要的衰减特性。基于射线追踪的 UWB 信道模型（通过比较仿真和测量数据）的详细验证，可以参见文献[135]。而且，文献[135]还验证了扩展的 FDTD/射线追踪模型，但由于其复杂性没有应用在这里。

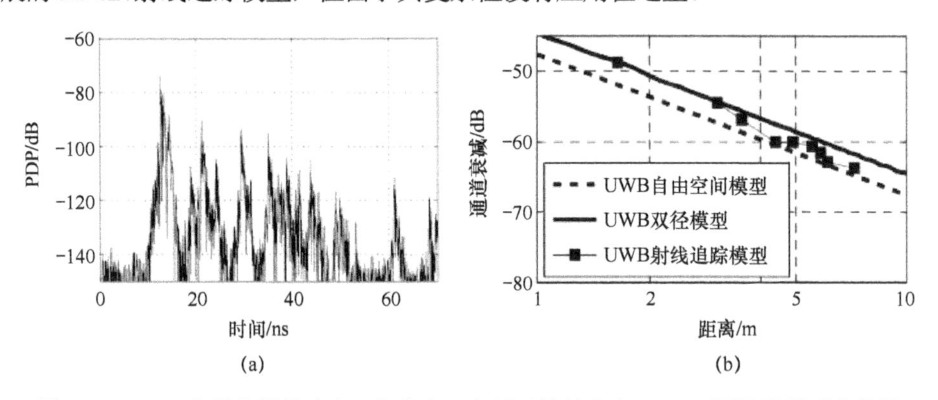

图 2.11 （a）多径信道的功率延迟分布，包括天线效应和（b）不同信道模型中信道衰减与距离的关系（©2010 KIT 科学出版社，经许可转载自文献[168]）

2.2.3 衰减

多径传播导致接收功率剧烈变化，这种效应称为衰减，当信号在给定频率下相互干扰时，以及相同信号由于多径传播而从不同方向到达接收器时，就会发生这种现象。根据信号之间的相对相位，它们可以相互抵消，如同用于双路径时的模型，这就导致了衰减凹陷，在这种情况下，由于信号的信噪比不足，接收机可能不再能够解调信号。空间衰减意味着信号的功率在给定位置上变化很大。由于时间相关的多种传播条件，衰减特性也可能随时间而变化。一般来说，衰减是一种不想要的效果。当信号的带宽增加时，总接收功率的衰减变弱，这是因为衰减凹陷的位置随频率而变化。换句话说，信号的相位随频率而变化，所以在某些频率上，信号在它们积累的其他频率上互相抵消。在较宽的频率范围内进行平均，可以降低衰减。图 2.12 所示为室内环境中的两种总接收功率（(a) 20MHz 带宽的 WLAN 信号；(b) 7.5GHz 带宽的 UWB 信号)。可以看出，UWB 信号的功率分布更加均匀。UWB 信号受衰减影响小的事实是 UWB 技术优于传统窄带技术的一个重要优势。

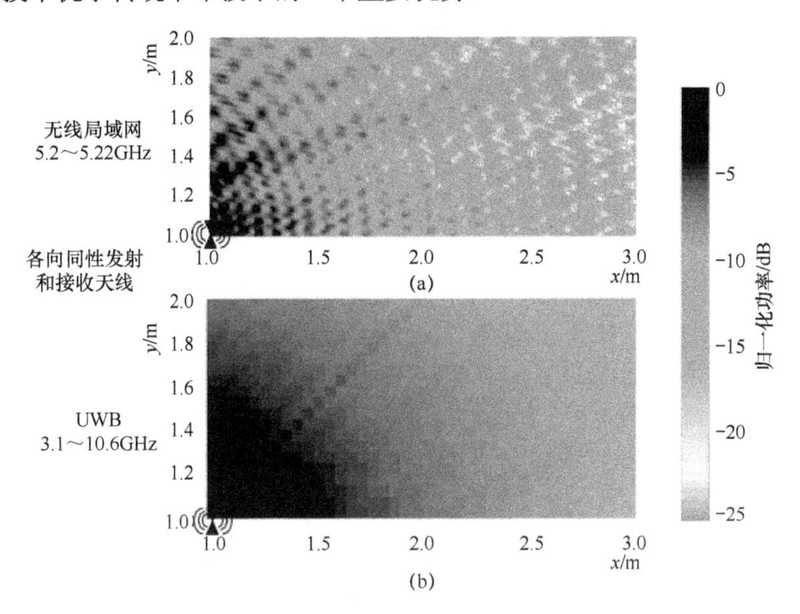

图 2.12　基于射线追踪模拟，在有损房间中 UWB 信号与 WLAN 信号的功率分配

2.3　UWB 射频系统及器件特性参数

图 2.13 所示为典型的 UWB 无线电系统的功能模块。在 UWB 系统中，不仅必须考虑与频率有关的无线信道，而且还要考虑所有其他器件。经典的窄带射频系统理论将射频系统的特性及其模块视为只有很小的带宽，且通常被认为是与频率无关的。相对于经典理论而言，对工作在超宽频率范围上的射频系统模块的表征需要新的特殊参量和表示（天线见文献[149,154]）。

图 2.13　无线电系统的功能模块

从式（2.8）中可以直接看到，天线和信道对式（2.8）来说是系统中最关键的组件。输入到 UWB 天线的脉冲要受到微分、色散、辐射和损耗（介质/电阻）的影响。除了熟知的辐射模式外，还必须仔细考虑与频率有关的天线可能

随发射或接收角度而变化。因此，接下来对 UWB 系统参数的说明主要以天线为例，但下面给出的所有参数也可以应用于所有其他系统组件，如放大器和滤波器。由于天线的互易性，本节中省略了 Tx 和 Rx 指标，考虑了时域和频域。根据其应用，必须选择相关的时域和（或）频域。一般来说，前向傅里叶变换指的是从频域切换到时域的操作，而后向则反之。

信道或天线的完整特性，包括频率关系，可以用线性系统理论来描述。特点是采用前述的时域脉冲响应 $\boldsymbol{h}(t, \theta_{\mathrm{Tx}}, \psi_{\mathrm{Tx}})$或频域传递函数 $\boldsymbol{H}(f, \theta_{\mathrm{Tx}}, \psi_{\mathrm{Tx}})$进行表示，二者分别包含天线辐射或接收的全部信息。通过分析信号处理中常用的希尔伯特变换　来计算分析脉冲响应，可以分析天线的色散：

$$h^{+}(t)=\left(h(t)+\mathrm{j}\quad\{h(t)\}\right) \tag{2.17}$$

解析脉冲响应的包络$|h^{+}(t)|$集中了能量随时间的分布，是天线色散的直接表征。测量天线的脉冲响应 $h(t)$的典型例子与$|h^{+}(t)|$如图 2.14 所示，给定极化和辐射方向(θ, ψ)。图 2.11（a）给出了典型的平方信道脉冲响应（功率延迟曲线）。下面介绍最重要的 TD 和 FD 参数。请注意，所有的天线参数都是取决于极化和空间坐标(r,θ,ψ)。特定天线的例子在本书后面给出。

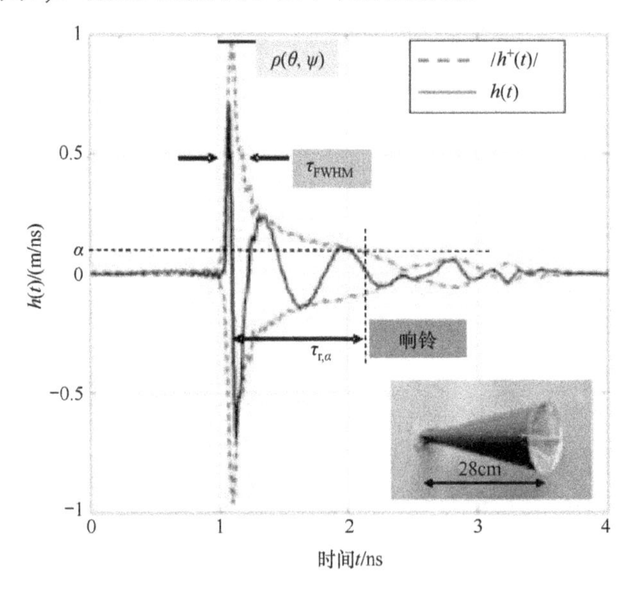

图 2.14　通过时域瞬态响应表征天线（在喇叭天线中）（©2009 IEEE，经许可转载自文献[179]）

2.3.1　无线信道的延迟扩展

参数延迟扩展 τ_{DS} 用于测量无线信道的多径特性。功率延迟剖面（通道脉冲响应的绝对平方）的二次矩为

$$\tau_{\mathrm{DS}}=\sqrt{\frac{\int_0^{\infty}\left(\tau-\overline{\tau}_{\mathrm{D}}\right)^2\left|h^{+}(\tau)\right|^2\mathrm{d}\tau}{\int_0^{\infty}\left|h^{+}(\tau)\right|^2\mathrm{d}\tau}}\tag{2.18}$$

平均延迟时间为

$$\overline{\tau}_{\mathrm{D}}=\frac{\int_0^{\infty}\tau^2\left|h^{+}(\tau)\right|^2\mathrm{d}\tau}{\int_0^{\infty}\left|h^{+}(\tau)\right|^2\mathrm{d}\tau}\tag{2.19}$$

原则上，也可以使用在先前定义的延迟扩展来描述除传播信道外所有其他系统组件的频散特性，但对天线和其他前端组件，通常定义一组不同的参数（见包络宽度和响铃部分）。

2.3.2　包络的峰值

解析包络$|h^{+}(t)|$的峰值 $p(\theta,\psi)$是天线时域瞬态响应包络最强峰值中最大值的测量值（图 2.14），其数学定义为

$$p(\theta,\psi)=\max_t\left|h^{+}(t,\theta,\psi)\right|\tag{2.20}$$

式中：p 的单位为 m/s。峰值 $p(\theta,\psi)$ 越高越好。

2.3.3　包络宽度

包络宽度表示辐射脉冲的扩展，其定义是解析包络$|h^{+}(t)|$幅值的半高宽(FWHM)，其解析表达式定义为

$$\tau_{\mathrm{FWHM}}=t_2\Big|_{\left|h^{+}(t_1)\right|=p/2}-t_1\Big|_{t_1<t_2,\left|h^{+}(t_2)\right|=p/2}\tag{2.21}$$

包络的宽度不应超过特定值（通常在 FCC UWB 系统中为几百皮秒），以确保高数据率通信和高分辨率雷达的应用。

2.3.4　响铃

UWB 天线的响铃是不可取的，通常是由天线中的能量存储或多次反射而引起的共振态所导致。它导致主峰后的辐射脉冲振荡。响铃的持续时间 τ_{r} 定义为包络从峰值 $p(\theta,\psi)$下降至低于某一下限 $\alpha\cdot p(\theta,\psi)$的时间，测量方法如下：

$$\tau_{\mathrm{r},\alpha}=t_2\Big|_{\left|h^{+}(t_2)\right|=p/2}-t_1\Big|_{t_1<t_2,\left|h^{+}(t_1)\right|=\alpha p}\tag{2.22}$$

通常，指定 0.1～0.25 之间的值。对 UWB 天线的响铃持续时间 τ_{r} 应足够

小至忽略不计，即小于几个包络的宽度（τ_{FWHM}）。在响铃中所包含的能量是没有用的，它远低于峰值 $p(\theta,\psi)$。在 UWB 天线中，它可以通过吸波材料等来消除。

2.3.5 瞬态增益

瞬态增益 $g_{\mathrm{T}}(\theta,\psi)$ 是测量的积分值，这时在发射天线的情形下，表征天线辐射给定波形 $u(t)$ 或 $U(f)$ 的能力：

$$g_{\mathrm{T}}(\theta,\psi)=\frac{\left\|h(t,\theta,\psi)\cdot\dfrac{\mathrm{d}u(t)}{\mathrm{d}t}\right\|^2}{\left\|\sqrt{\pi}c_0u(t)\right\|^2}=\frac{\left\|H(\omega,\theta,\psi)\,\mathrm{j}\omega U(f)\right\|^2}{\left\|\sqrt{\pi}c_0U(f)\right\|^2} \tag{2.23}$$

其中，标准定义为

$$\|f(x)\|=\int_{-\infty}^{\infty}|f(x)|\mathrm{d}x \tag{2.24}$$

2.3.6 频域增益

频域增益定义为窄带系统中的增益，它可以通过天线传递函数计算出来，但是与频率有关：

$$G(f,\theta,\psi)=\frac{4\pi f^2}{c_0^2}|H(f,\theta,\psi)|^2 \tag{2.25}$$

注意，在天线中，传递函数乘以 f^2 是很重要的。在脉冲辐射期，整个带宽几乎是同时覆盖的。因此，需要一个单一的实体来表示特定方向的辐射功率总量，这一参数可以是包络的峰值（图 2.14）。然而，为了连接到更普遍的实体，平均增益 $G_{\mathrm{m}}(\theta,\psi)$ 在指定的带宽下定义为

$$G_{\mathrm{m}}(\theta,\psi)=\frac{1}{f_{\mathrm{u}}-f_{\mathrm{i}}}\int_{f}^{f_{\mathrm{u}}}G(f,\theta,\psi)\mathrm{d}f \tag{2.26}$$

其中，在所考虑频率范围内，f_{i} 为较低的截止频率，f_{u} 为较高的截止频率。

2.3.7 群延迟

如 2.2.2 节所述，天线的群延迟 $\tau_{\mathrm{g}}(\omega)$ 在 UWB 系统中起到重要作用。在 FD 中定义为

$$\tau_{\mathrm{g}}(\omega)=-\frac{\mathrm{d}\varphi(\omega)}{\mathrm{d}\omega}=-\frac{\mathrm{d}\varphi(f)}{2\pi\mathrm{d}f} \tag{2.27}$$

式中：$\varphi(f)$ 为频率相关的辐射信号相位。

平均群延迟 $\overline{\tau}_{\mathrm{g}}$ 为整个 UWB 频率范围的单值，有

$$\overline{\tau}_{g}(\omega)=\frac{1}{\omega_2-\omega_1}\int_{\omega_1}^{\omega_2}\tau_{g}(\omega)\mathrm{d}\omega \tag{2.28}$$

一个非失真结构可以用一个恒定的群延迟来表征，即在相关频率范围内的线性相位。群延迟的非线性反映了器件的谐振特性，它影响该结构存储能量的能力，并导致天线脉冲响应 $h(t)$的响铃和振荡[82]。持续群延迟需测量平均群延迟 $\overline{\tau}_{g}$ 的偏差，表现为相对群延迟：

$$\tau_{g,rel}(\omega)=\tau_{g}(\omega)-\overline{\tau}_{g} \tag{2.29}$$

频率范围为 3～11GHz 的 Vivaldi 天线和对数周期天线相对群延迟的例子如图 2.15 所示。在非谐振结构的 Vivaldi 天线里，全频段中，相对群延迟只有微弱的和缓慢的振荡。然而，在全频段对数周期天线的相对群延迟表现出强烈和急剧的振荡，导致一个天线脉冲响应 $h_{Log\text{-}Per}(t)$的振荡。对于这种天线，群延迟取决于频率，即较低的频率表现出较高的相对群延迟。这种现象是由与频率有关的辐射相位中心引起的。

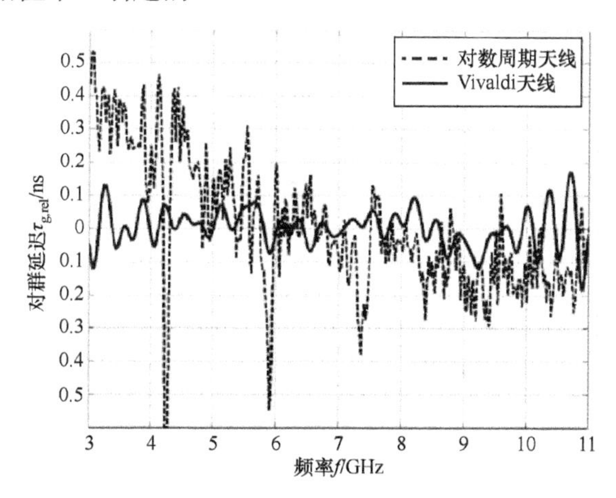

图 2.15 Vivaldi 天线和对数周期天线的相对群延迟 $\tau_{g,rel}(f)$（©2009 IHRE，经许可转载自文献[179]）

2.3.8 保真度

从麦克斯韦方程组可以看出，天线辐射的信号是由天线上激励电流的分布引起的。在窄带应用中，可以假设这种电流分布在频率上是恒定的，从而得出给定的恒定辐射特性。而且，传输的正弦信号保持正弦形状的电流，可以很容易地检测到任何方向的辐射。对于工作在超宽带时域时，情况通常不是这样。在宽带宽上，电流分布的变化导致辐射信号在方向上的变化。加之辐射时电流分化了（见麦克斯韦方程）。该信号相对于原始信号或主波束方向的参考信号而言失真了。这种现象对大多数时域脉冲 UWB 应用有重大影响。由于辐射方向通常是未知的，或在多径情况下也没有一个离散的辐射方向，失真不能在系统中进行补偿。保真度通常作为失真的度量，可根据信号电压 $u(t)$与参考信号 $u_{\text{ref}}(t)$的关系定义为[125]

$$F = \max_{\tau} \int_{-\infty}^{\infty} \frac{u(t+\tau) \cdot u_{\text{ref}}(t)}{\left\|u(t)\right\|_2 \cdot \left\|u_{\text{ref}}(t)\right\|_2} \mathrm{d}t \tag{2.30}$$

式中：$\|\ \|_2$ 表示 2 范数。

在天线研究中，保真度需要定义为 θ、ψ 方向的辐射脉冲与参考脉冲的相关性：

$$F(\theta,\psi) = \max_{\tau} \int_{-\infty}^{\infty} \frac{h^{+}(t+\tau,\theta,\psi) \cdot h_{\text{ref}}^{+}(t)}{\left\|h^{+}(t,\theta,\psi)\right\|_2 \cdot \left\|h_{\text{ref}}^{+}(t)\right\|_2} \mathrm{d}t \tag{2.31}$$

在某些情况下，主波束方向的辐射脉冲用作参考[124]。在所有方向上具有相同脉冲的理想天线的保真度 $F=1$。在雷达和通信应用中，高保真度是至关重要的，即 $F>0.8$，否则，由于与模板或参考信号的相关性不够，无法检测到期望信号。结合上述峰值辐射 $\rho(\theta, \psi)$（见式（2.20）），这两个量共同定义接收脉冲信号的质量。如果这两个量都很小，系统就会受到损害。

2.4 脉冲无线电与正交频分复用

从原理上讲，在低 GHz 频率范围内有两种方法分配的超宽带宽。第一种方法是，在时域中使用超短脉冲，其中脉冲持续时间大约为几百皮秒到纳秒，这与频域中的超宽带信号相对应，其调制脉冲是通过超宽带天线发射，而且基带中没有载波，不需要对载波频率进行上转换，该方法也称为脉冲无线电（IR），并将在本书后面进行讨论。第二种方法是，细化分配超宽带宽为一组的多个宽带信道，其中每个宽带信道中心频率定义了一个子载波，调制每个子载波的载波信号彼此正交，通道之间不需要保护频带，这种方法被称为 OFDM 传输[144]。

关于 OFDM 的重要特征是，其正交性避免了宽带信道之间的串扰。由于不需要大防护频带，因而可以实现高频谱效率。在干扰或与频率相关的失真的情况下，相对于 IR 而言 OFDM 其优点是能够抵消受影响的信道，从而可能只有部分数据丢失。在 IR 中，完整的脉冲形状发生失真，则可能无法正确解调接收到的信号。由于 OFDM 是基于具有专用子载波的正交信号进行传输的，因此发射机和接收机之间的频率同步必须非常精确，频率偏移会使正交性失真，从而影响性能。例如，由于多普勒频移，在移动的发射机或接收机中发生频率偏移，加之多径传播，这可能会限制 OFDM 的高速传输性能。正交性可以通过在接收机处使用 FFT 算法，以及在发射机处使用 IFFT 算法来实现。这就需要增加信号处理的工作，因此需要较高的功耗。这是 OFDM 用于有限功率资源的 UWB 通信（如移动设备中的电池）时的一个缺点。须牢记的是，受 FCC 限制，总发射功率必须保持在 0.5mW 以下。因此，挖掘基带和信号处理方面的低功耗潜力也是特别重要的。

IR 的优点：①结构简单；②具有使用简单的模拟元件产生基本脉冲形状的能力。缺点：带宽的利用限制，然而这可以通过模拟或数字脉冲整形电路来改进。OFDM 能很好地利用带宽，然而，这需要增加信号处理的工作和功率消耗，可能与基于有限功率资源的移动设备不兼容。最后，同样重要的是，在较低的太赫兹波段对超宽带频带有进一步分配，这可以通过将超宽带信号转换为适合的载波频率来进行利用[80]。

2.5 UWB 脉冲波形和脉冲波形生成

2.5.1 经典脉冲形状

IR 的原理是直接在基带中传输信号。由于载波不存在，脉冲形状必须覆盖几个 GHz 的带宽。辐射信号必须满足频谱可调节，最好是充分利用其来达到最大辐射功率。关于给定规定的效率为 η 的 UWB 信号， 通过在相关频率范围内积分功率谱密度（PSD）并将该项除以最大分配功率进行计算。考虑到 FCC 限制，有

$$\eta=\frac{\int_{3.1\text{GHz}}^{10.6\text{GHz}}\text{PSD}(f)\mathrm{d}f}{\int_{3.1\text{GHz}}^{10.6\text{GHz}}\text{PSD}_{\text{Reg}}(f)\mathrm{d}f}=\frac{\int_{3.1\text{GHz}}^{10.6\text{GHz}}\text{PSD}(f)\mathrm{d}f}{10^{\frac{-41.3}{10}}\frac{\text{mW}}{\text{MHz}}7.5\text{GHz}}=\frac{\int_{3.1\text{GHz}}^{10.6\text{GHz}}\text{PSD}(f)\mathrm{d}f}{0.555\text{mW}}\tag{2.32}$$

这种效率也被称为标准化有效信号功率（NESP）。由于 UWB 信号在时域上非常短，因此其目标是产生以迅速上升和下降时间为特征的脉冲。这可以通过使用诸如雪崩晶体管、阶跃恢复二极管、隧道二极管和非线性传输线等非线性元件的模拟电路来实现[141,143]。在 CMOS 技术中完全集成的脉冲形状发生器详见文献[19]。

以下段落更详细地考虑了用于脉冲形状生成的两个非线性分量。

（1）雪崩晶体管利用雪崩效应。载流子通过外部电压加速，击中价电子并将价电子从其结合中除去。价电子升高到导带，这意味着有剩余的电子空穴对存在。加速的载流子不发生复合，而是停留在导带中，并且进一步撞击引入导带中的价电子。导带中载流子的数量迅速增加（类似雪崩）。这种效应可以用于脉冲非常短的上升时间的实现[107]。

（2）阶跃恢复二极管（SRD）。经过掺杂使少数载流子寿命比普通二极管大，这带来了载流子的保存。当电压在 SRD 中从正反转为负时，二极管在两个方向上传导的时间很短。因此其输出电压为负。当所有的电荷被移除时，二极管会直接阻塞（产生一个阻塞区），这表示输出电压上升到零。这些机制导致输出时的脉冲很短。脉冲宽度和脉冲信号可以通过一根短传输线来控制[40,81,141]。

模拟脉冲生成的优点是简单和低成本[180]。由这个原理所产生的脉冲看起来类似于高斯函数或它的衍生物之一[43]。由于时域中高斯形状的傅里叶变换会形成频域中的高斯形状（因此是不平坦的），这意味着频谱限制没有被完全地利用。图 2.16 所示为高斯脉冲的一阶导数（也称为高斯单脉冲）在时域和频域功率谱密度与中心频率在 6.85GHz 的频率域，这是 FCC 规定的可用频带的中心。从图 2.16 中可以看出，频谱限制不仅是被低效应用，还被破坏了。为了避免这种违规行为，有以下几种措施可以采用。

（1）降低功率直至所有频谱都低于限制水平。人们必须衰减高斯单脉冲约 25dB，但会使效率降低到不可接受的水平。

（2）高斯单脉冲与 Tx 天线之前的 Tx 滤波器一起结合使用。该滤波器用于在 3.1～10.6GHz 频率范围内确保足够的衰减，以使限制不违反相关规则。辐射脉冲的效率适中，滤波后的脉冲形状不再是原来的高斯单脉冲。原则上来讲，可以在 FD 中设计最佳的滤波器响应以很好地适应发射限制，但是必须仔细研究它对时域行为的影响（如具有较大的包络宽度和更高响铃）。

（3）相对于高斯脉冲的高阶导数，产生对应的脉冲形状。可以看出，高斯脉冲的五（或更高）阶导数与 FCC 遮罩非常匹配，因此不需要额外的滤波器。文献[30,31]中具有脉冲波形发生器的设计，这一发生器产生高斯脉冲的五阶导数。然而，与滤波的高斯单脉冲相比，脉冲的效率更低。图 2.17 所示为高斯脉冲的六阶导数（6 个零交叉点）的近似值，该图还展示了采样时间为 17.86ps 的采样值。所得脉冲在 3.1～10.6GHz 的相关频率范围内显示效率 η 为 43.3%。

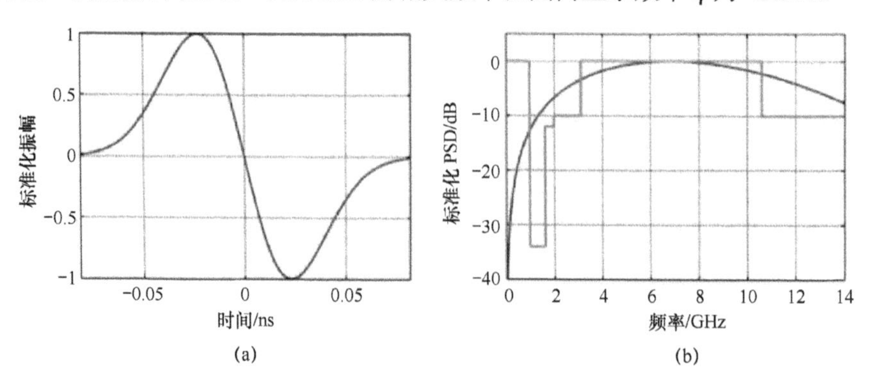

图 2.16 在时域和频域的高斯单循环与 FCC 调节（©2010 KIT 科学出版社，经许可转载自文献[168]）

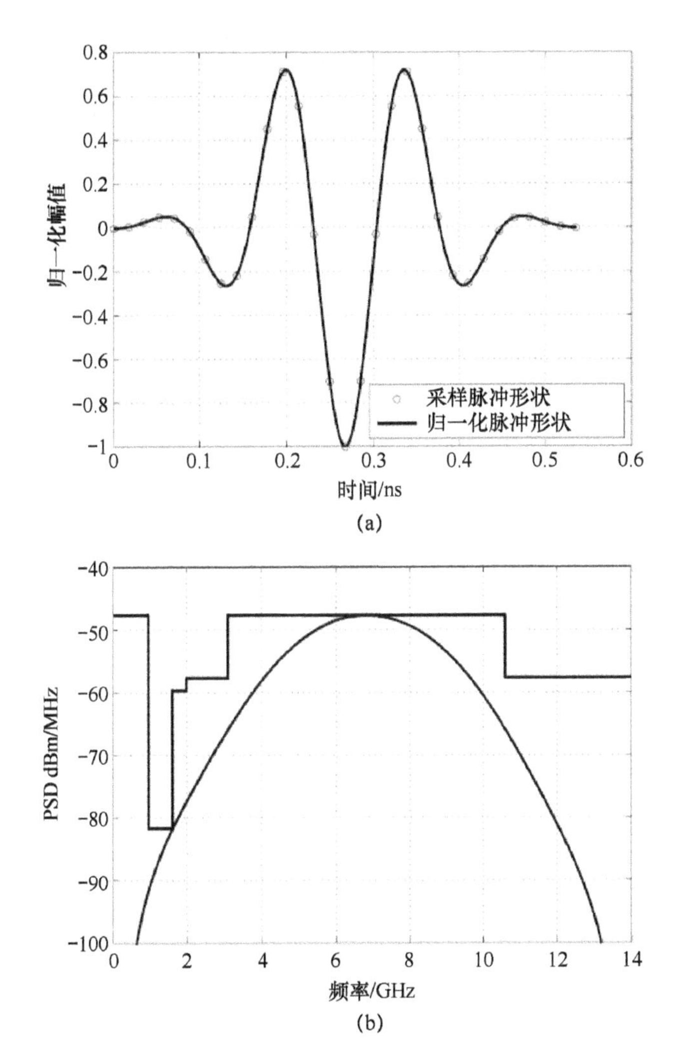

图 2.17　(a) 在时域中逼近高斯脉冲六阶导数的近似值，由高斯脉冲（无导数）与正弦函数相乘得到和（b）与发射限制相比的脉冲功率谱密度（©2010 KIT 科学出版社，经许可转载自文献[168]）

2.5.2　最佳脉冲形状

通过不同阶数（导数）的高斯脉冲组合，可以提高效率[191]。这要求模拟产生多个脉冲并以合适的方式组合，但会增加复杂度和成本。另一种可能性是以数字方式产生最佳脉冲形状，然后通过数字/模拟转换器（DAC）将这些脉冲转换成模拟域，然后通过发射天线发射信号。数学上说，这只要将频谱限制转换到时域即可。然而，由于带宽较大，DAC 必须具有巨大的采样率。这再次导致成本和功耗的增加，由此与 UWB 做为省电系统的想法相悖[177]。也可以通过有限脉冲响应（FIR）滤波器来操作经典脉冲形状（由模拟方式产生的脉冲），从而使脉冲的效率最佳。虽然最佳 FIR 系数是由数字滤波方法确定的，但其可以以模拟方式实现，因而不需要超高速的 DAC。延迟线可以由微处理器编程，基脉冲可以通过系数进行加权[17]，这样皮秒的分辨率就可以实现。

2.6 调制和编码

下面考虑的事情是以 IR 传输为基础的。在调制和编码之前，通过采用固定脉冲重复时间 t 定义脉冲的位置，生成 UWB 信号。然而，为了携带信息，需要进行调制和编码，所以时域上的 N_p 脉冲可以表示一个位。重要的调制技术有脉冲位置调制（PPM）、特殊情况下开关键控（OOK）的脉冲幅度调制（PAM）、二进制相移键控（BPSK）以及正交脉冲调制（OPM）。下面章节集中探讨 OOK、PPM 和 OPM（PPM 能提供良好的频谱特性，OOK 可以很容易实现，OPM 具有提高数据速率的潜力）。

2.6.1 开关键控

开关键控（OOK）表示在由脉冲重复时间 T 定义的位置处，脉冲被接通（如果位值为 1）或关闭（如果位值为 0），用于调制数据，其原理如图 2.18 所示。

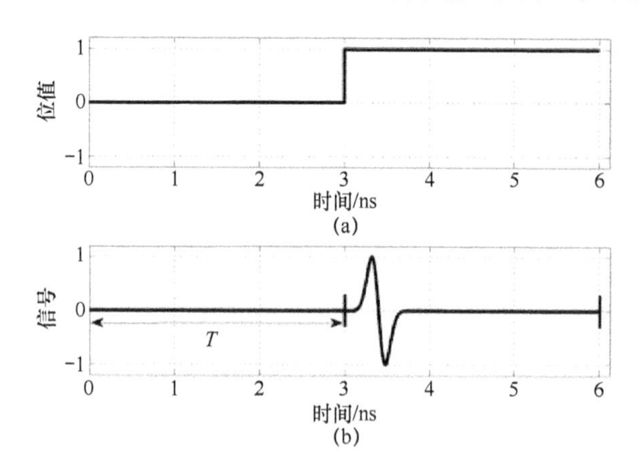

图 2.18 OOK 调制原理（©2010 KIT 科学出版社，经许可转载自文献[168]）

2.6.2 脉冲位置调制

脉冲位置调制（PPM）意味着在时域中，脉冲处在由脉冲重复时间 T 定义的位置处或在相对于该位置的具有恒定时移 T_{PPM}（PPM 偏移）的位置处。例如，二进制 0 是由没有偏移的脉冲表示的；而相应的，二进制 1 会引入偏移量。图 2.19 所示为在每比特 1 个脉冲的情况下，即 $N_{\mathrm{p}}=1$ 时 PPM 的原理，其中 T_{p} 表示脉冲的持续时间。为了避免符号间干扰（ISI），PPM 偏移受 $T_{\mathrm{PPM}}< T$ 的限制。小的脉冲重复时间 T 可以实现高数据速率。然而，如果 T 十分小，约等于（甚至小于）信道的延迟扩展 τ_{DS}（见 2.3.1 节），可能会发生符号间干扰[182]。除了信道的延迟扩展之外，尽管这种影响通常受信道主导，但也必须考虑天线和前端组件的响铃。为此，需要考虑 T 的下限。在室内信道中，τ_{DS} 的典型值在 10 ns 范围内[87]。

PPM 偏移影响了能量误码率 BER 的性能以及噪声功率谱密度比（E_{b}/N_0）。为优化性能，T_{PPM} 需要被优化。在 AWGN 信道和相干检测的情况下，必须使二进制 1 和二进制 0 之间的脉冲间的互相关函数最小化。将 $p(t)$表示为无 PPM 偏移的脉冲形状，互相关函数 $r_{\mathrm{CCF}}(T_{\mathrm{PPM}})$为

$$r_{\mathrm{CCF}}\left(T_{\mathrm{PPM}}\right)=\int_{-T/2}^{T/2} p(t)\cdot p\left(t-T_{\mathrm{PPM}}\right)\mathrm{d}t \tag{2.33}$$

最小值为[118]

$$\frac{\mathrm{d}}{\mathrm{d}T_{\mathrm{PPM}}} r_{\mathrm{CCF}}\left(T_{\mathrm{PPM}}\right)=0 \tag{2.34}$$

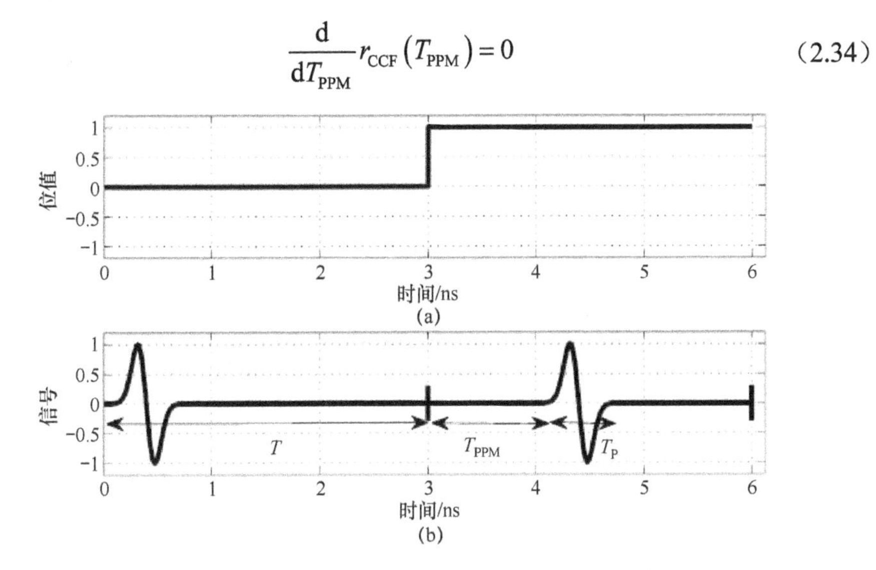

图 2.19　PPM 的原理（©2010 KIT 科学出版社，经许可转载自文献[168]）

假设经典的高斯单脉冲定义为

$$p(t)=-\frac{At}{\sigma^2}\mathrm{e}^{-\frac{t^2}{2\sigma^2}} \tag{2.35}$$

以及式（2.34）中的一些近似，使得 $T_{\mathrm{PPM}}=0.38985\cdot T_{\mathrm{p}}$，其中 T_{p} 是脉冲的持续

时间[118]。式（2.35）中，A 是幅度归一化常数，σ 与脉冲宽度有关。在文献[43]中进行了更精确的计算，得到 $0.5408 \cdot T_p$。简而言之，在 AWGN 信道中，最优的 PPM 偏移是脉冲形状的函数[43]。

2.6.3 正交脉冲调制

对于 OOK 和 PPM 的经典调制方案的信号，每个脉冲仅携带 1 位的信息（也可以用 N_p 个脉冲表示 1 位信息），而正交脉冲调制（OPM）的每个脉冲可携带多个位。OPM 利用了一组 N_{ortho}（如 2,4,8,16,32，…）不同的正交脉冲形状来实现，其中每个脉冲代表特定序列 $\log_2 N_{ortho}$（如 1,2,3,4,5，…）位。不同的脉冲形状设置在由脉冲重复时间 T 定义的位置。图 2.20 表示脉冲 $N_p = 4$ 的 OPM 原理。这一图像还显示了脉冲重复时间 T。OPM 中，T 必须大于或等于脉冲持续时间。在图 2.20 中，T 与最大化数据速率的脉冲计数器相同。相比于 OOK 和 PPM，数据速率随因子 $\log_2 N_{ortho}$ 而增加。接收端的正确解调也要求接收的脉冲形状相互正交：即在持续时间 T 内，两种不同脉冲形状乘积的积分为零，才能实现正确的位重构。实际上，该正交性可能会受到信道和硬件缺陷的影响。

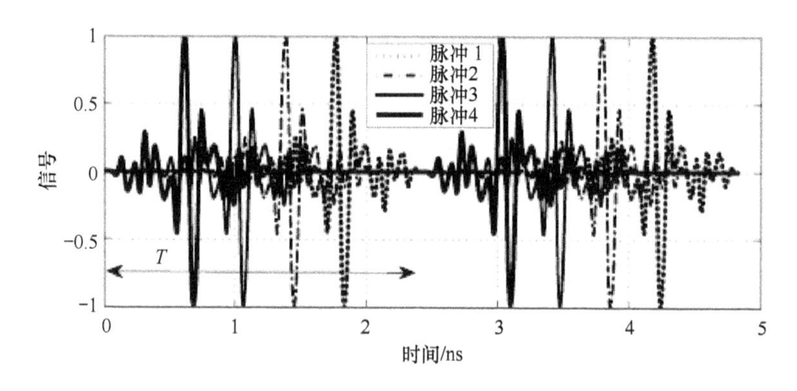

图 2.20 OPM 原理（©2010 KIT 科学出版社，经许可转载自文献[168]）

2.7 跳时

在没有调制的情况下，时域中的超宽带信号由周期性 T 的脉冲组成。通常，在时域中为 T 的周期性导致具有离散线的频谱，其离散线以距离 $\Delta f = 1/T$ 分开。未调制的 UWB 信号表明，频域中的分立能量峰值会违反给定的频谱限制。数据调制降低了信号在时域上的强周期性，但在大多数情况下，这将不足以在相关频率范围内实现平滑的频谱（如假设在 FCC 限制下，频谱为 3.1～

10.6GHz）。通过在脉冲标称位置引入伪随机定时偏移，可以使得频谱更平坦。伪随机偏移的产生可以通过跳时来实现。在这种情况下，T 分为 N_{TH} 个时隙，并且其码元定义了在哪个时隙必须设置调制脉冲。跳时长度（TH）的时隙 T_{TH} 为

$$T_{TH} = \frac{T}{N_{TH}} \tag{2.36}$$

通常，N_{TH} 是 2 的幂（如 2,4,8,16,32，…），N_{TH} 的增加会使频域变得更平滑。

当使用 PPM 时，TH 编码的约束条件为

$$T_{TH} < T_{PPM} + T_P \tag{2.37}$$

随机偏移也可以通过两步法实现：首先，将脉冲重复时间细分为少量时隙，并且如上所述选择某个时隙（粗 TH 码元）；然后，第二个码元（精细 TH 码元）在这个位置周围引入很小的偏移量。脉冲像抖动一样在标称位置周围抖动，从而致使频率域的平坦度很高。功率谱密度作为调制和 TH 编码的函数，其详细分析可见文献[121,180]。

2.7.1 生成跳时码

用于 TH 编码的码元易于实现，并应形成平面频谱。实用黄金代码和最大长度代码（也称作 m 序列）较为合适[111]。以下的考虑假设为 m 序列。TH 代码的实现是基于原始多项式的 m 位移位寄存器，如图 2.21 所示。m 位移位寄存器生成 2^m-1 个不同的不包括零向量的代码。移位寄存器中的一系列 m 个 0 被排除在外，因为这一状态不能生成其他状态。3 位移位寄存器产生的代码 010 可通过 $0 \cdot 2^0 + 1 \cdot 2^1 + 0 \cdot 2^2 = 2$ 个时隙偏移调制脉冲的位置。每个脉冲重复时间的 TH 时隙的总数称为 N_{TH}，有

$$N_{TH} = 2^m \tag{2.38}$$

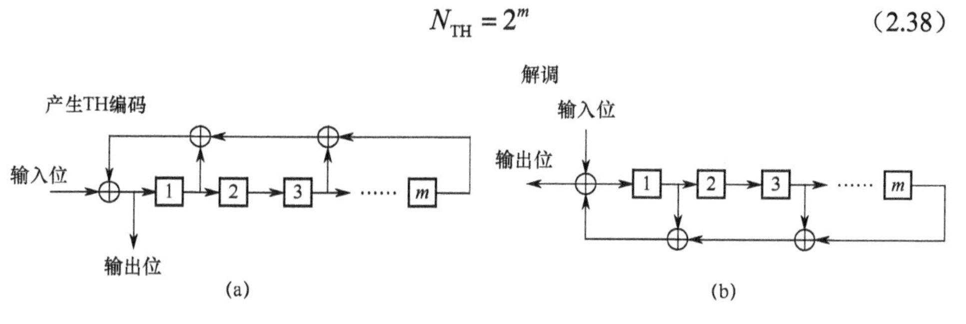

图 2.21 通过 Tx 侧的移位寄存器生成 TH 码，在 Rx 侧进行解调（©2010 KIT 科学出版社，经许可转载自文献[168]）

图 2.22 所示为 PPM 调制信号，包括时域中的 TH 编码，位值为 1。TH 编码也可用于通过码元分离不同的用户。

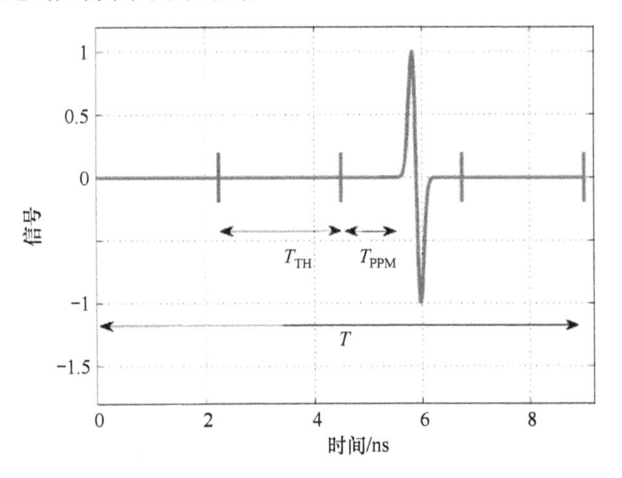

图 2.22 PPM 调制信号（包括 TH 编码的超宽带脉冲，假设位值为 1 和 TH 编码为 010）（©2010 KIT 科学出版社，经许可转载自文献[168]）

2.8 基本发射机架构

脉冲无线电传输的发射机模型如图 2.23 所示，脉冲重复时间由时钟振荡器产生。在时域中，PPM 或 TH 编码需要将脉冲设置为计时与偏移量的关系，这可以通过可编程延迟线来实现。最后，脉冲发生器在时域中产生超宽带脉冲，在定义的时间标记中由 Tx 天线进行辐射。

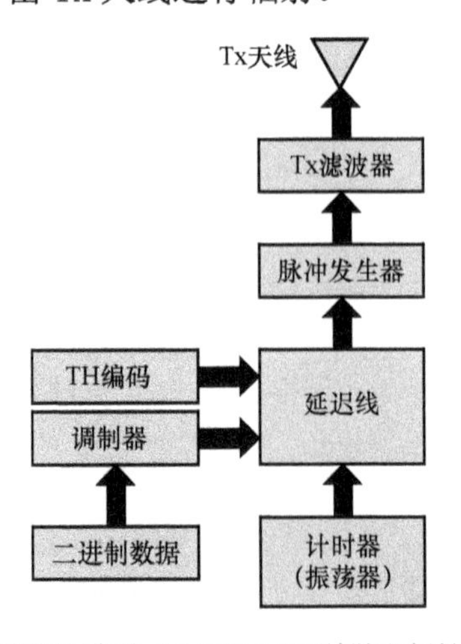

图 2.23 脉冲无线电传输的发射机模型（©2010 KIT 科学出版社，经许可转载自文献[168]）

2.9 基本接收机架构

UWB 信号可以通过相干和非相干的方法进行解调，可见文献[139,141,161]，下面进行简要介绍。一般来说，适合的解调方案取决于应用、硬件特性以及成本、复杂性和性能之间的平衡。

2.9.1 用于开关键控和脉冲位置调制的相干接收器

相干解调要求很好的同步性，这增加了复杂性及对高稳定性振荡器的要求。与 AWGN 信道中的非相干解调相比，这使性能得到更好地提升[141]。OOK 或 PPM 的相干接收机的原理如图 2.24 所示。主要的接收信号 $y_{\text{Rx}}(t)$与已知的参考信号（也称为模板信号）相乘。该乘积沿时间进行积分，其中总积分时间对应位持续时间。经过采样保持(S/H)电路后，阈值检测器执行比特判定。

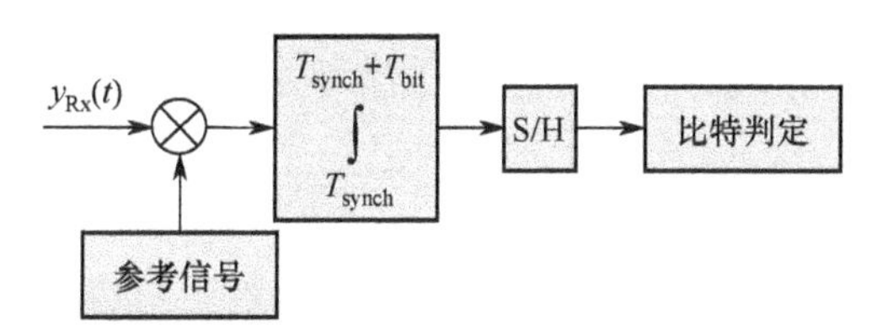

图 2.24 相干接收机（©2010 KIT 科学出版社，经许可转载自文献[168]）

下面单独详细分析一下 PPM。接收信号与同步参考信号（也称为模板信号）相乘，并在位持续时间上进行积分。如果用 N 个脉冲来表示位，则位持续时间为 NT。将积分的结果与位决策零处的阈值进行比较。在复位成零后，重复该过程直至所有位被解调。为了更好理解，下面给出关于参考信号的一些解释。参考信号（也称为模板脉冲）的脉冲形状是二进制 0 和 1 的信号之间的差分信号。理想情况下，差分信号应以失真的接收信号为基础，使得 SNR 最大。然而，这将需要系统传递函数的知识，因此增加了复杂性。所以，对于模板脉冲常用的方法是使用未失真的脉冲形状。模板脉冲必须为脉冲重复时间 T 的倍数。在 Tx 处附加 TH 编码的情况下，码元也必须在 Rx 处是已知的。之后模板脉冲通过被 TH 码定义的位值进一步延迟。图 2.25 使用 $T_{\text{PPM}}>T_{\text{p}}$ 的高斯单周期脉冲形状，可能接收 PPM 调制信号，其中 T_{p} 是高斯单周期的持续时间。在 PPM 的情况下，模板信号包括原始脉冲本身以及原脉冲的延迟（由于 T_{p}）和倒转形式，在图 2.25（b）中可以看出这一点。较低的曲线由乘法、积分与时间的关系，以及位持续后的零复位产生。可以清楚地看到，复位前的积分值是正的或负的这决定了比特判定。即使接收到的信号在噪声中消失，比特判定的理想阈值仍然为零。在这种情况下，复位前的值一般在零左右但不为零，会导致系统性能变差。

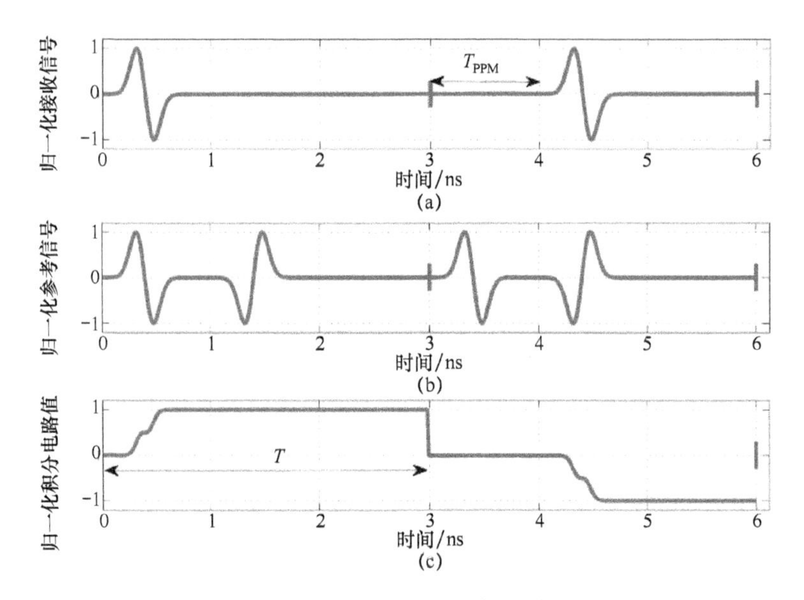

图 2.25 PPM 情况下的相干解调原理（©2010 KIT 科学出版社，经许可转载自文献[168]）

2.9.2 用于脉冲位置调制的非相干接收机

一种利用非相干接收机检测 PPM 调制信号的可行方法是检测时选择具有最大能量的时隙[129,140,162]，该非相干接收机如图 2.26 所示，与相干解调相反，这里没有模板信号。相反，接收信号是平方和积分的。由于二进制信息在时间位置上存储，所以将脉冲重复时间划分为一组时隙，并找出包含最大信号能量的时隙。例如，没有 PPM 偏移时，在第一时隙内发现最大能量，而 PPM 的存在使最大能量转移到另一个时隙。

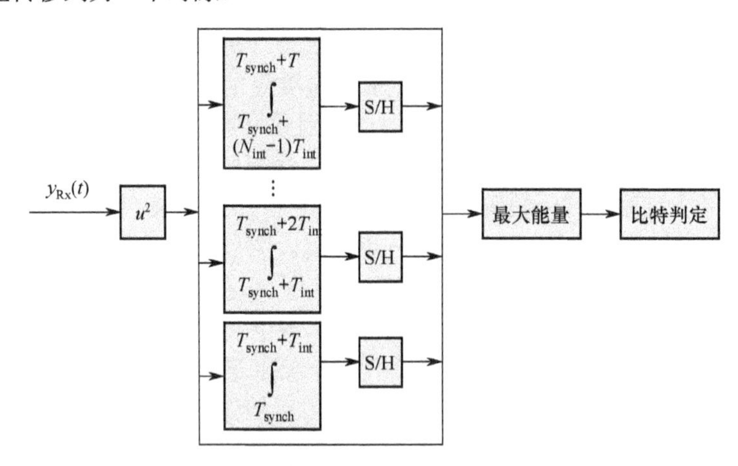

图 2.26 用于 PPM 的非相干接收机：检测最大积分器值（最大化方法）（©2010 KIT 科学出版社，经许可转载自文献[168]）

2.9.3 正交调制接收机

利用 N_{ortho} 正交脉冲调制的接收机如图 2.27 所示。这里，所接收的信号与 N_{ortho}（如 8 个）个不同的模板脉冲相关，其中每个模板脉冲表示具有 $\log_2 N_{ortho}$ 位（如 2 位）的不同位序列。最后，将产生最大相关系数的模板脉冲用于比特判定。

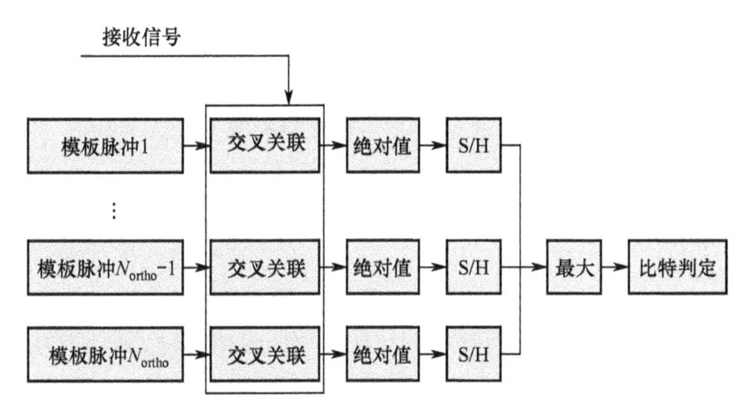

图 2.27 采用 N_{ortho} 正交脉冲调制的接收机（©2010 KIT 科学出版社，经许可转载自文献[168]）

第3章　UWB天线

3.1　UWB天线测量方法

使用网络分析仪测量天线的传递函数应该在天线的远场进行，过程中应采用一些专用设备，并进行标校。对于相同极化或正交极化天线传递函数的测量，标校是非常重要的，这样可以保证传递函数相位信息的稳定和一致。这些方法进一步充实了标准天线的测量方法[68]。通过对时域脉冲信号传递函数的测量，并应用快速脉冲发生器和示波器对测量结果进行验证，表明了本章所述方法有效。

测量的先决条件是应当具备一套稳定的测量装置，且最好在微波暗室内进行，这样可以降低在测量过程中墙面反射带来的影响。如果反射波不能避免，可以考虑通过时间门技术选择出需要的有用信号。延迟时间的考虑要综合墙壁及底板等反射信号的路径长度来决定。如果预期信号的时间延迟 τ_r 甚至 τ_{FWHM} 与反射信号的延迟时间发生重叠，那么待测天线（AUT）的脉冲响应 h_{AUT} 就不能够精确测量。此外，如果希望脉冲响应估计 h_{AUT} 与测试距离无关，则测量必须在待测天线的远场进行。根据频域的远场标准 $r > (2D^2)/\lambda$（依据文献[24]）采用最高频率进行计算，即最小波长值计算。脉冲响应测量的天线近场范围仍待明确，但这似乎是电磁理论中针对测量值的远–近场变换的直接应用。此外，测量频率与时间采样率必须满足香农定理，以免因信号失真而破坏测量结果。最后，同样重要的是，测量装置的动态范围需大于预期信号的变化范围，并且测试夹具必须足够稳定，以使测量的角分辨率具有可重复性。

典型的天线测量系统配置如图 3.1 所示，其测试的参考天线和被测天线之间的距离为 r_{TxRx}= 2.64 m。天线旋转的轴线必须与天线辐射中心重合。否则，脉冲响应将会由于偏角而额外增加一个延迟偏移量。

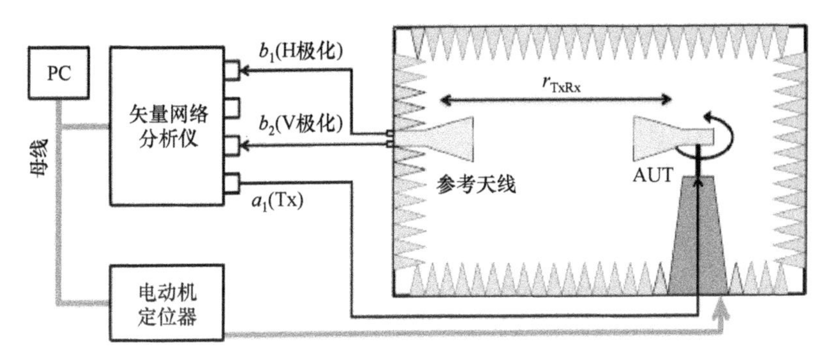

图 3.1 典型的天线测量系统配置

3.1.1 校准法和替代法

天线测量有两种校准方法：一是通过未知天线来校准的绝对测量方法（例如，两个相同但未知的天线或三个不相同的未知天线）；二是将已知的标准天线作为未知天线参考的替代测量方法（参见文献[67]中关于天线增益测量方法）。使用替代测量方法时，必须应用绝对测量的方法以获得标准天线校准时所需的数据（也称为“黄金设备”）。

一般的测量装置如图 3.1 所示。上述配置只能测量天线辐射。对于天线输入端的反射系数 S_{11} 可用标准网络分析仪测量。天线传输参数的测量可以参照系统传输特性 $S_{21,\text{sys}}$，$S_{21,\text{sys}}$ 可以通过连接辐射天线与接收天线的馈电端口而直接获得。天线传输系数 S_{21} 的计算公式为

$$S_{21}=\frac{S_{21,\text{raw}}}{S_{21,\text{sys}}} \tag{3.1}$$

为了获得良好的测量结果，系统 $S_{21,\text{sys}}$ 参数的幅度应当平坦且相位呈线性。只要接收天线端口能够很好地与 50Ω 的传输线匹配，那么接收天线和接收机之间的多次反射就不用考虑。

替代法采用已知的标准天线，在测量频率范围内，天线极化传递函数 $H_{\text{gold,co}}$ 已知，用于接收的参考天线没有上述要求。测量时，首先将“黄金设备”放在 AUT 的位置上，测量原始的传输系数 $S_{21,\text{gold,raw}}$。然后，利用同一设置测量 AUT，并根据式（3.2）计算 AUT 的传递函数：

$$H_{\text{AUT,co}}=\frac{S_{21,\text{AUT,raw}}}{S_{21,\text{gold,sys}}}H_{\text{gold,co}} \tag{3.2}$$

对于标准天线的选择，在测量频率范围内，优先选择具有平坦传递函数的标准天线。如果其频谱过于凸凹，那么将会导致测量结果的失真。

3.1.2 双天线法

以下描述了用于测量天线脉冲响应的基本双天线法。采用两个同类型和同工艺制造的天线，在相同极化且主波束对准条件下进行传输。对于正交极化分量的测量以及补偿需要将天线旋转 90°角后进行二次测量。考虑到天线相同，且正交极化分量很弱，并且可能受到测试夹具的影响，极化矩阵的测量通常难度较大。

基于式（2.7）和式（2.10），收、发天线的传输可以根据文献[158]进行如下建模：

$$S_{21}(f)=\frac{U_{\mathrm{Rx}}(f)}{U_{\mathrm{Tx}}(f)}=\sqrt{\frac{Z_{\mathrm{C,Rx}}}{Z_{\mathrm{C,Tx}}}}\cdot\frac{\mathrm{e}^{-\mathrm{j}\omega r_{\mathrm{TxRx}}/c_0}}{2\pi r_{\mathrm{TxRx}}c_0}\cdot\mathrm{j}\omega\boldsymbol{H}_{\mathrm{Rx}}^{\mathrm{T}}(f,\theta_{\mathrm{Rx}},\psi_{\mathrm{Rx}})\cdot\boldsymbol{H}_{\mathrm{Tx}}(f,\theta_{\mathrm{Tx}},\psi_{\mathrm{Tx}}) \tag{3.3}$$

$$s_{21}(t)=\sqrt{\frac{Z_{\mathrm{C,Rx}}}{Z_{\mathrm{C,Tx}}}}\cdot\frac{\delta\left(t-\frac{r_{\mathrm{TxRx}}}{c_0}\right)}{2\pi r_{\mathrm{TxRx}}c_0}*\frac{\partial}{\partial t}\boldsymbol{h}_{\mathrm{Rx}}^{\mathrm{T}}(t,\theta_{\mathrm{Rx}},\psi_{\mathrm{Rx}})*\boldsymbol{h}_{\mathrm{Tx}}(t,\theta_{\mathrm{Tx}},\psi_{\mathrm{Tx}}) \tag{3.4}$$

需要注意的是，天线传递函数 $\boldsymbol{H}$ 及其瞬态响应函数 $\boldsymbol{h}$ 分别出现于其各自的球坐标系中。

1. 无正交极化补偿的双天线法

由于收、发天线极化相同，中心对准，且 $Z_{\mathrm{C,Tx}} = Z_{\mathrm{C,Rx}}$，式（3.3）中表达式可简化为[151]

$$S_{21}=\frac{\mathrm{e}^{-\mathrm{j}\omega r/c_0}}{2\pi r_{\mathrm{TxRx}}c_0}\mathrm{j}\omega\boldsymbol{H}_{\mathrm{ref,co}}^{2}(\theta_{\mathrm{mb}},\psi_{\mathrm{mb}}) \tag{3.5}$$

式中：θ_{mb}、ψ_{mb} 为两个天线的主波束方向。

需要强调的是，天线端口的失配会自动地被计算在内，因为网络分析仪的测量将特性阻抗 Z_{C} 固定成了测量系统的特性阻抗，通常为 50Ω。利用该表达式，计算的两个相同天线的传递函数如下：

$$H_{\mathrm{ref,co}}(\theta_{\mathrm{mb}},\psi_{\mathrm{mb}})=\sqrt{\frac{2\pi r_{\mathrm{TxRx}}c_0}{\mathrm{j}\omega}S_{21}\exp(\mathrm{j}\omega r_{\mathrm{TxRx}}/c_0)} \tag{3.6}$$

需要注意的是，对于平方根的计算，有必要独立出相位 $\phi(\omega)$分量，$\sqrt{z}=\sqrt{|z|}\exp(\mathrm{j}\phi(\omega)/2)$。

频域到时域的转换是通过逆离散傅里叶变换[98]实现的，即

$$h_{\mathrm{ref,co}}^{+}(k\Delta t)=\frac{1}{N\Delta t}\sum_{n=0}^{N-1}H_{\mathrm{F}}(k\Delta f)H_{\mathrm{ref,co}}^{+}(n\Delta f)\cdot\exp\left(\frac{\mathrm{j}2\pi kn}{N}\right) \tag{3.7}$$

$$h_{\text{ref}}(k\Delta t)=\Re\left\{h^{+}(k\Delta t)\right\} \tag{3.8}$$

实际测试得到的都是正频率数值。式（3.7）中的解析脉冲响应 $h^{+}_{\text{ref,co}}(k\Delta t)$非常复杂。利用式（3.8）中希尔伯特变换，通过解析信号的实部就可以得到天线的脉冲响应 $h_{\text{ref}}(k\Delta t)$。需要注意的是，解析信号 $H^{+}_{\text{ref,co}}(n\Delta f)$的频谱只能是正值，因此振幅加倍。测量的频率范围是根据可用参考天线的频带来选择的，并且在所有测量中保持相同。

2. 正交极化补偿的双天线法

为达到正交极化补偿的目的，进行了两次测量：首先，两个相同的天线采用相同极化进行测量，得到结果 $S_{21,\text{co}}$；其次，两个天线中的一个绕主波束轴线旋转90°后进行测量，然后得到了正交极化下的传输 $S_{21,\text{x}}$。应用式（3.3），得

$$S_{21,\text{co}}=\gamma\left(H_{\text{co}}^{2}-H_{\text{x}}^{2}\right) \tag{3.9}$$

$$S_{21,\text{co}}=-2\gamma H_{\text{co}}H_{\text{x}} \tag{3.10}$$

有

$$\gamma=\sqrt{\frac{Z_{\text{C,Rx}}}{Z_{\text{C,Tx}}}}\frac{\exp\left(-\text{j}\omega r_{\text{TxRx}}/c_{0}\right)}{2\pi r_{\text{TxRx}}c_{0}}\text{j}\omega \tag{3.11}$$

这一方程组得到了 H_{co} 和 H_{x}，即

$$H_{\text{co}}=\sqrt{\frac{S_{21,\text{co}}}{\gamma}\left(1+\sqrt{1+\frac{S_{21,\text{x}}^{2}}{S_{21,\text{co}}^{2}}}\right)} \tag{3.12}$$

$$H_{\text{x}}=-\frac{S_{21,\text{x}}}{2\gamma H_{\text{co}}} \tag{3.13}$$

3.1.3 三天线法

三天线法能够直接测量天线传递函数，而不需要假设两个天线相同。然而，这一过程中所有的天线工作频段都需要涵盖测量的频率范围。这意味着它们的传递函数不应有凹口。当其传递函数确定后，根据 3.1.1 节，它们可以被用作参考天线或黄金设备。

1. 无正交极化补偿的三天线法

对于无正交极化补偿的三天线法，在相同极化测试中，天线传递函数以 $H_{\text{co},1}$、$H_{\text{co},2}$ 和 $H_{\text{co},3}$ 进行命名。从天线 i 到天线 j 的校准传递函数由 S_{ji} 给出。为了计算天线传递函数，测量了传输 S_{21}、S_{31} 和 S_{23}。使用式（3.11）得到 γ，这些传输的建模如下：

$$\begin{cases} \dfrac{S_{21,\mathrm{x}}}{\gamma_{21}} = H_{\mathrm{co},2} H_{\mathrm{co},1} \\ \dfrac{S_{31,\mathrm{x}}}{\gamma_{31}} = H_{\mathrm{co},3} H_{\mathrm{co},1} \\ \dfrac{S_{23,\mathrm{x}}}{\gamma_{23}} = H_{\mathrm{co},2} H_{\mathrm{co},3} \end{cases} \tag{3.14}$$

其中

$$\gamma_{ij} = \sqrt{\frac{Z_{\mathrm{C,Rx}}}{Z_{\mathrm{C,Tx}}}} \frac{\exp\left(-\mathrm{j}\omega r_{\mathrm{TxRx},ij}/c_0\right)}{2\pi r_{\mathrm{TxRx},ij} c_0} \mathrm{j}\omega$$

由式（3.14）可以得到 $H_{\mathrm{co},i}$：

$$\begin{cases} H_{\mathrm{co},1} = \dfrac{S_{21} S_{31} \gamma_{23}}{S_{23} \gamma_{21} \gamma_{31}} \\ H_{\mathrm{co},2} = \dfrac{S_{21} S_{23} \gamma_{31}}{S_{31} \gamma_{21} \gamma_{23}} \\ H_{\mathrm{co},3} = \dfrac{S_{23} S_{13} \gamma_{12}}{S_{12} \gamma_{23} \gamma_{13}} \end{cases} \tag{3.15}$$

2. 正交极化补偿的三天线法

3.1.2 节中正交极化补偿的两天线法可以应用到三天线法中。因此，对天线的每次测量都是在相同极化和正交极化方向上进行的。对该测量根据下式进行建模：

$$\begin{pmatrix} S_{ij,\mathrm{co}} \\ S_{ij,\mathrm{x}} \end{pmatrix} = \gamma_{ij} \begin{pmatrix} H_{\mathrm{co},i} & -H_{\mathrm{x},i} \\ -H_{\mathrm{x},i} & -H_{\mathrm{co},i} \end{pmatrix} \begin{pmatrix} H_{\mathrm{co},j} \\ H_{\mathrm{x},j} \end{pmatrix} \tag{3.16}$$

如果 $\boldsymbol{H}_i = (H_{\mathrm{co},i}\, H_{\mathrm{x},i})^{\mathrm{T}}$ 是已知的，那么方程式可以写为

$$\begin{pmatrix} H_{\mathrm{co},j} \\ H_{\mathrm{x},j} \end{pmatrix} = \frac{1}{\gamma_{ij}\left(H_{\mathrm{co},i}^2 + H_{\mathrm{x},i}^2\right)} \begin{pmatrix} H_{\mathrm{co},i} & -H_{\mathrm{x},i} \\ -H_{\mathrm{x},i} & -H_{\mathrm{co},i} \end{pmatrix} \begin{pmatrix} S_{ij,\mathrm{co}} \\ S_{ij,\mathrm{x}} \end{pmatrix} \tag{3.17}$$

从 3 对天线中，得到了 6 个未知传递函数分量的 6 个测量值。文献[74]中的复极化率为 ξ_i 和 M_{ij} 为

$$\xi_i = \frac{H_{\mathrm{co},i}}{H_{\mathrm{x},i}} \tag{3.18}$$

$$M_{ij} = \frac{S_{ij,\mathrm{x}}}{S_{ij,\mathrm{co}}} \tag{3.19}$$

根据文献[74]，极化率 ξ_3 由 M_{12}、M_{13} 和 M_{23} 计算得到，即

$$\xi_3 = \frac{\sqrt{M_{12}^2+1}\sqrt{M_{13}^2+1}\sqrt{M_{23}^2+1}+\left(M_{13}-M_{12}\right)M_{23}-M_{12}M_{13}-1}{\left(M_{12}M_{13}+1\right)M_{23}+M_{13}-M_{12}} \tag{3.20}$$

极化率 ξ_i 没有给出分量 H_{co} 和 H_x 的绝对值。但可以通过重写式（3.17）中 ξ_i 的传递函数得到，并且之后得到了 $H_{x,3}$[158]。代数解可利用免费软件包 Maxima 得到[100]：

$$\begin{aligned} H_{x,3} = \frac{\sqrt{S_{23,x}^2+S_{23,co}^2}}{\sqrt{\xi_3^2+1}} \Bigg(& \frac{\xi_3 S_{31,co}}{\xi_3 S_{21,x}S_{23,x}-S_{21,co}S_{23,x}+\xi_3 S_{21,co}S_{23,co}} \\ & -\frac{S_{31,x}}{\xi_3 S_{21,x}S_{23,x}-S_{21,co}S_{23,x}+S_{21,x}S_{23,co}+\xi_3 S_{21,co}S_{23,co}} \Bigg)^{1/2} \end{aligned} \tag{3.21}$$

$$H_{co,3} = \xi_3 H_{x,3} \tag{3.22}$$

此外，对于复根的估计，可以依据相位随频率稳定变化得到。根据 $H_{x,3}$ 和式（3.17）计算得到 H_1、H_2 和 H_3 的所有 6 个分量。图 3.2 所示为在相同极化和正交极化情况下宽带加脊喇叭天线（EM 系统，模型 6100）的传递函数。

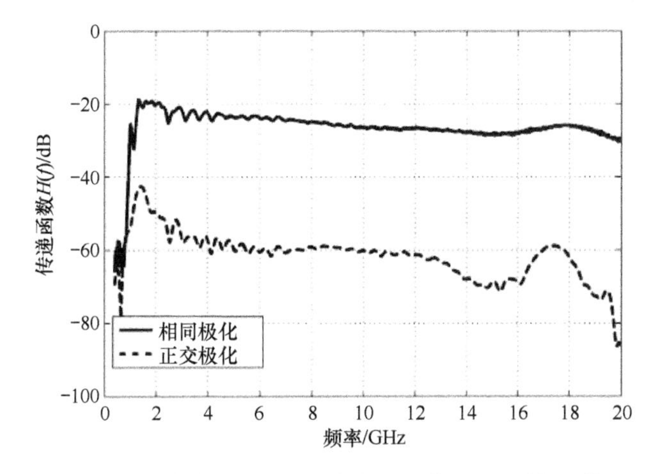

图 3.2　在相同极化和正交极化情况下宽带加脊喇叭天线（EM 系统，模型 6100）的传递函数示例（©2007 IHE，经许可转载自文献[158]）

3.1.4　采用一个标准参考天线的直接测量

天线传递函数较为实用的测量方法是直接测量来自 AUT 到已知参考天线的传输系数，其测试距离假设为 r_{TxRx}，忽略正交极化问题，根据式（3.23）进行传输建模：

$$S_{21}(\theta,\psi)=\frac{\mathrm{e}^{-\mathrm{j}\omega r_{\mathrm{TxRx}}/c_0}}{2\pi r_{\mathrm{TxRx}}c_0}\cdot \mathrm{j}\omega H_{\mathrm{AUT,co}}(\theta,\psi)H_{\mathrm{ref,co}}(\theta_{\mathrm{Tx}},\psi_{\mathrm{Tx}}) \tag{3.23}$$

得到 $H_{\mathrm{AUT,co}}$ 如下：

$$H_{\mathrm{AUT,co}}(\theta,\psi)=2\pi r_{\mathrm{TxRx}}c_0\mathrm{e}^{+\mathrm{j}\omega r_{\mathrm{TxRx}}/c_0}\frac{S_{21}(\theta,\psi)\left(\mathrm{j}\omega H_{\mathrm{ref,co}}\right)^*}{\left|\mathrm{j}\omega H_{\mathrm{ref,co}}\right|^2+K} \tag{3.24}$$

式（3.24）中，应用简化的维纳滤波器[119]，可以得到一个复数的除法结果，其中常数 K 是噪声功率值的阶数。当工作在 $H_{\mathrm{ref,co}}$ 数值较低的测量频率时，简化的维纳滤波器可以抑制噪声电平 $\mathrm{j}\omega H^2_{\mathrm{ref,co}}$。可以用式（3.7）所示的方案进一步处理。与相同极化和正交极化的测量相比，根据式（3.17）可知，这种直接方法还可用于 AUT 传递函数极化矩阵的测量。

3.1.5 时域验证

利用式（3.3）进行 UWB 的自由空间传输测量，可以从网络分析仪的传输参数 S_{21} 得到被测天线频域上的传递函数 H_{AUT}。下面，基于式（3.4），与直接时域的测量结果进行对比。试验中采用快速脉冲源，以数字采样示波器作为接收机，用 PSPL 3600（皮秒脉冲）作为源，接收机为安捷伦 Infiniium DCA，其采样率为 40 GS/s，12bit 量化，示波器可以由 16～64 单次接收信号的平均值进行触发，激励脉冲的宽度为 78ps，对图 3.3 中所示的信号进行了测量，包含一个 1m 同轴电缆的连接损耗，上述测量均在暗室中进行。

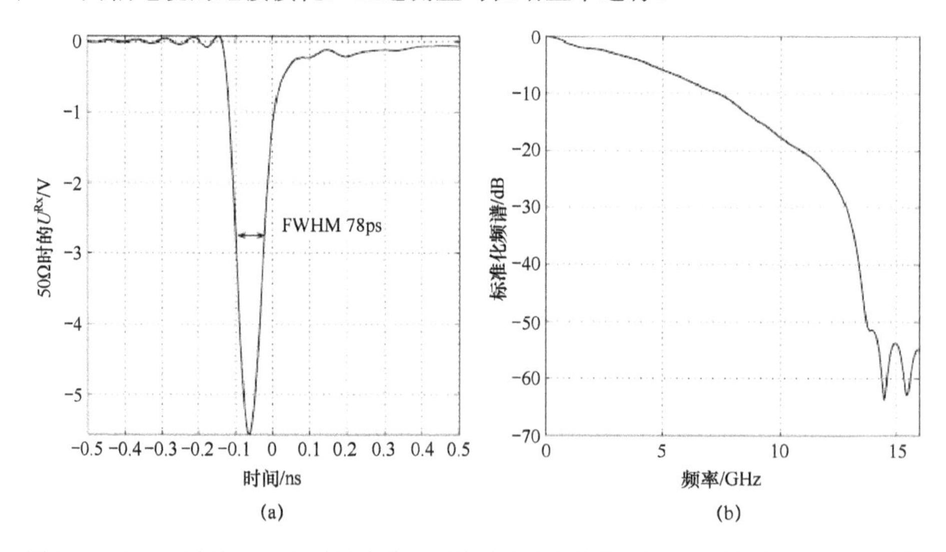

图 3.3 （a）源脉冲和（b）脉冲发生器（皮秒脉冲实验室 PSPL 3600 型号）的相应频谱（©2007 IHE，经许可转载自文献[158]）

图 3.4 所示为根据式（3.5）建模得到的接收电压与直接时域测量得到的接收电压对比图。根据实际天线所测频域传递函数 H_{Tx} 与时域中激励信号的卷积得到模型数据（图 3.3），图 3.3 中模型和测量值完美的一致性证明了前述理论的正确性。

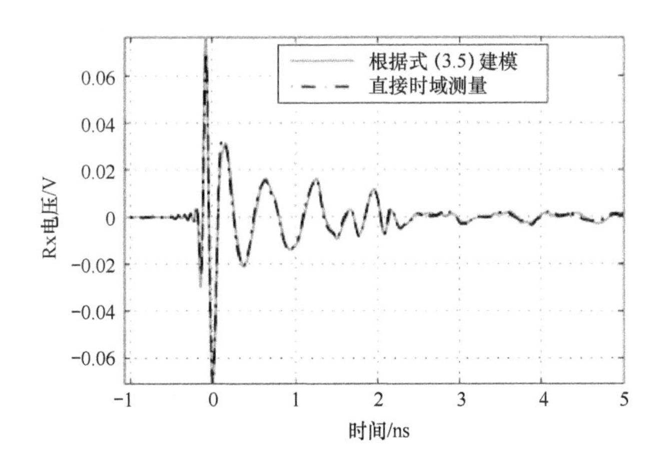

图 3.4　根据式（3.5）建模得到的接收电压与直接时域测量得到的接收电压的对比，图中显示了两个脊形宽带喇叭天线之间的传输（©2007 IHE，经许可转载自文献[158]）

3.2　UWB 发射天线设计

3.2.1　UWB 天线原理

导波辐射在过去已经进行了深入的讨论。人们普遍认为，辐射的关键机制是电荷加速[105,106]。关于 UWB 的问题是：什么样的结构能在很宽的频带上促进电荷加速？UWB 辐射基于以下几个原理：

（1）行波结构；

（2）频率无关天线（角恒定的结构）；

（3）自互补天线；

（4）多谐振天线；

（5）电力小型天线。

在大多数情况下，间距半波长且相差 180°的电流会导致辐射。这对电小尺寸的天线来说并不容易，因为其阻抗随频率剧烈变化。许多天线的辐射是由多种原因组合而成，因此不能简单地进行分类。下面讨论辐射原理和天线属性之间的关系，辐射现象的每一种解释都会有天线的一个示例来进行支撑。

3.2.2 行波天线

行波天线为导波辐射提供了平滑、自然的过渡，可以使场加速到接近自由空间传播的速度 c_0。典型的天线是锥形波导天线[150]，如喇叭天线（图 2.14）或 Vivaldi 天线（图 3.5）。其他的行波天线有波导缝隙天线和介质棒天线。在此，我们以 Vivaldi 天线为例进行说明，馈电结构可以不同，如微带线、槽线和不对称馈线等。

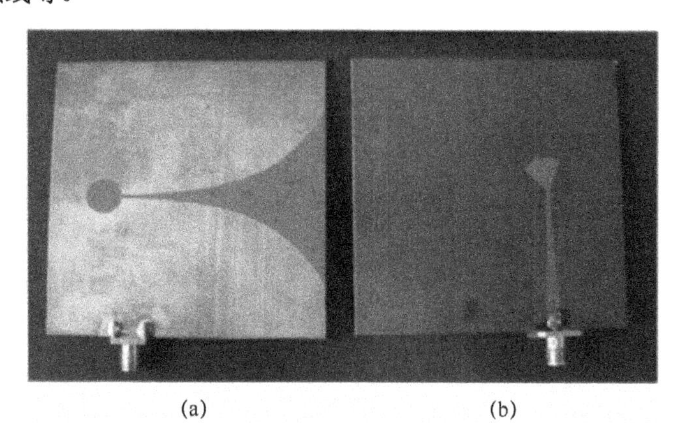

(a) (b)

图 3.5 孔径耦合的 Vivaldi 天线

（a）俯视图；（b）带有馈线的背面图，底层尺寸 75mm×78 mm（©2009 IEEE，经许可转载自文献[179]）。

Vivaldi 天线从馈点引入电磁波，引导电磁波的槽线以指数形式逐渐展开，这种指数渐进的形式具有极好的宽带性。在电介质衬底上蚀刻的典型结构如图 3.5 所示。Vivaldi 天线在槽线的窄边进行馈电。UWB 设计的主要任务是满足宽带工作，且进行与频率无关的馈电端口以及槽线终端结构的设计。这里的馈电设计有孔径耦合马卡德巴伦（Marchand Balun）网络。对于 UWB 馈电结构，非谐振孔径耦合通常是不错的选择，因为它可以在较宽的频率范围内进行阻抗匹配。微带线的终端采用圆形槽线，这样设计可使天线相对紧凑。传播速度 v 由槽线初端波速 v_{sl} 逐步过渡到终端 c_0，且只随频率有轻微的改变。

在 E 平面上 Vivaldi 天线的时域脉冲响应如图 3.6 所示。它展示了在天线 E 平面内，天线所致的关于角度 ψ 与时间 t 的脉冲失真，这种响应对于窄带天线是难以实现的。Vivaldi 天线相比其他的 UWB 天线的失真相对较少。高峰值（p=0.35m/ns）和短时的瞬态响应包络（$\tau_{\mathrm{FWHM}}=135\mathrm{ps}$），代表极低的色散和振铃（图 2.14）。天线振铃是由衬底边缘的多次反射和沿衬底边缘的寄生电流引起，这个可以通过增大天线金属片的横向尺寸或扼流圈来减小天线响铃。另外，衬底边缘周围的吸收材料也可以减少响铃，而不会影响瞬态响应的其他特性。馈线有可能会产生轻微不对称的脉冲响应。图 3.7 中频率与角度的增益 G（f,θ=90°,ψ）是通过测量传递函数 $H(f,\theta$=90°,$\psi)$计算的。相对于主波束方向，其频率增益非常恒定。最大增益 G_{max} 在 5.0GHz 时是 7.9dBi；在较低的频率（接近 3GHz）时，有一些明显的小的谐振。平均增益 $\overline{G}$ 在 FCC 的频带为 5.7dBi。Vivaldi 天线在主波束方向的主要参数如表 3.1 所列。Vivaldi 天线非常适合平面集成，还可用于雷达和通信的 UWB 天线阵列。在过去，它也用于特殊情况下的高功率辐射。

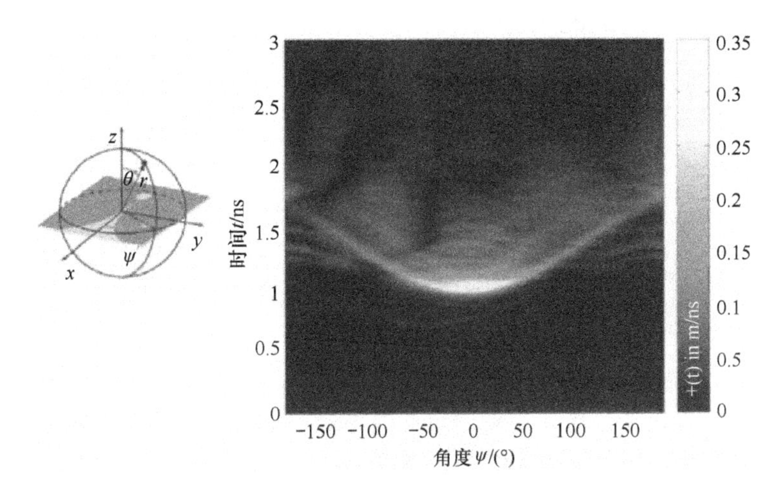

图 3.6 E 平面上 θ=90°时，图 3.5 中 Vivaldi 天线的时域脉冲响应 $h^{+}(t,\psi)$(co-pol)（©2009 IEEE，经许可转载自文献[179]）

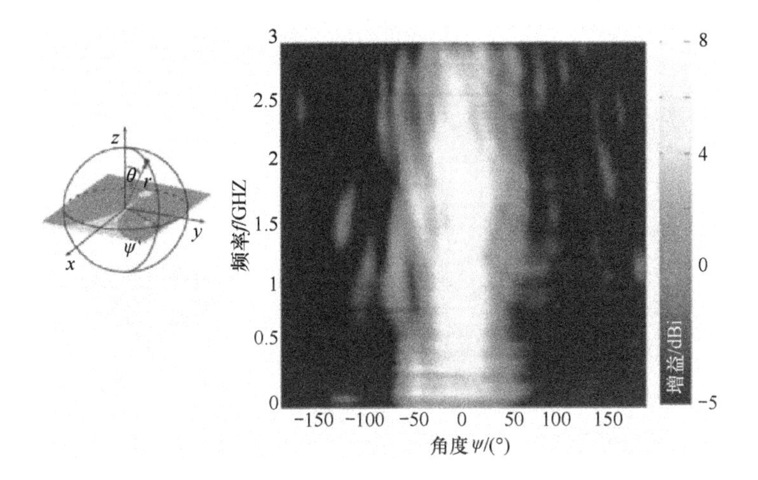

图 3.7 图 3.5 中 E-平面相对频率的 Vivaldi 天线的测量增益 $G(f,\theta$=90°,$\psi)$（©2009 IEEE；经许可转载自文献[179]）

表 3.1 图 3.5 中 Vivaldi 天线在主波束方向的主要参数。

参数	数值
P_{max} /（m/ns）	0.35
τ_{FWHM}/ps	135
G/dBi	5.7
G_{max}/dBi	7.8
τ_r=0.22/ps	150

3.2.3 频率无关的天线

20 世纪 60 年代，Rumsey 研究了频率无关天线的基本原理[146]。他观察到，辐射结构与工作波长等比例放大缩小，其辐射特性不变。其结果是，如果天线的形状保持不变，大小按比例缩放，其辐射行为将与频率无关。典型代表是角恒定结构，只需通过角度来描述。但必须注意的是，频率无关并不是指天线的输入阻抗。为了获得恒定的输入阻抗，必须应用 3.3 节中描述的附加原理。

缩放通常涉及恒定角度。在实际应用中可能需引入“截断原则”。任何物理对象都有明显的尺寸限制[101]。事实上，当电流从馈点离开时都趋于下降（由于辐射），因此就可以定义“非活跃”区域，即电流低于相应的值。如果实际的天线包含这个区域，可以假设几何截断，这样不会改变天线在选定波长附近的辐射特性。频率无关天线的典型例子是双锥天线[24]。

双锥天线的一个二维例子是蝶形天线。天线结构包括两个三角形的金属片（图 3.8）。它们通常由对称（双）线馈电，与馈电点阻抗匹配。在不对称馈线的情况下（如同轴电缆或微带线），需要采用平衡变压器。蝶形天线在 FCC UWB 频段具有合理尺寸。通过孔径馈电，并进一步优化应用，可以得到十分紧凑的设计。

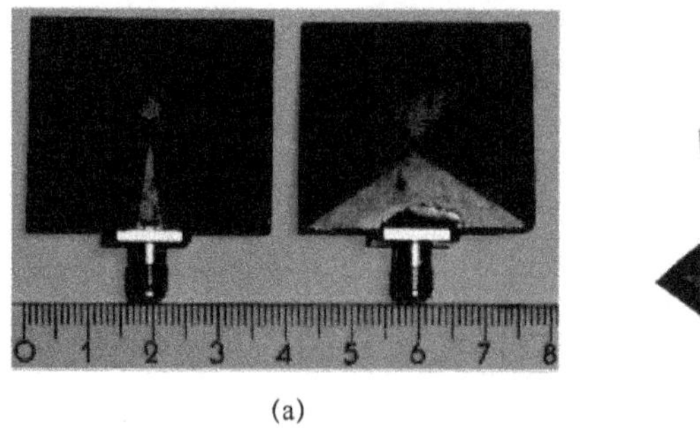

(a)

(b)

图 3.8 （a）孔径耦合蝶形天线（左—馈线的底视图；右—俯视图（单位为 cm）和（b）带有平衡器的对称反馈蝶形天线（©2009 IEEE，经许可转载自文献[179]）

孔径耦合蝶形天线由两个三角形的辐射贴片组成，其中一个用作微带馈线的接地平面，该微带馈线具有渐进结构，顶端设计为宽带结构（图 3.8）。馈送结构通过三角形顶端的孔将非对称微带线的能量耦合到辐射蝴蝶结单元。因此，该天线称作孔径耦合蝶形天线。这种馈线技术类似于带有 Marchand 巴伦的微带—槽线过渡。这种耦合机制几乎不产生附加响铃。虽然较低的有效 $\varepsilon_{r,eff}$ 使得辐射贴片上的脉冲比线路上的脉冲快得多，但辐射贴片的物理长度大于位于馈线顶端的宽带结构长度，因此可以抵消速度差。

孔径耦合蝶形天线在 H 面具有近似全向辐射方向图，其增益如图 3.9 所示。因此，这种类型的天线（可以制造得相当小）能够用于移动设备的通信中。图 3.10 所示为图 3.8 中天线的测量脉冲响应$|h^{+}(t)|$。在 H 面，近似全向辐射，伴随着极小的响铃。

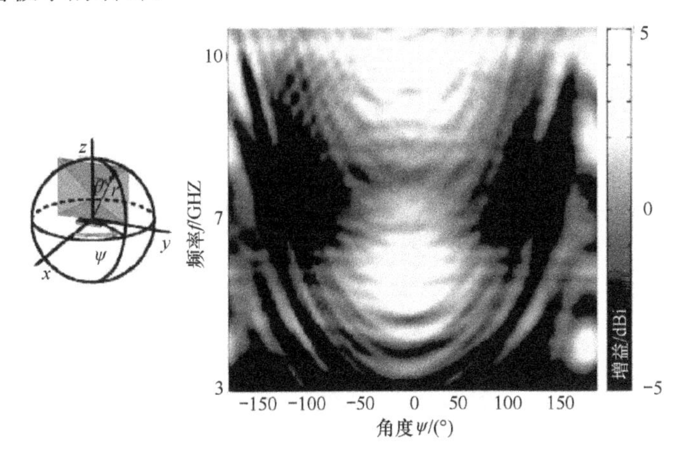

图 3.9　H 平面孔径耦合蝶形天线的测量增益 $G(f,\theta=90°,\psi)$和频率

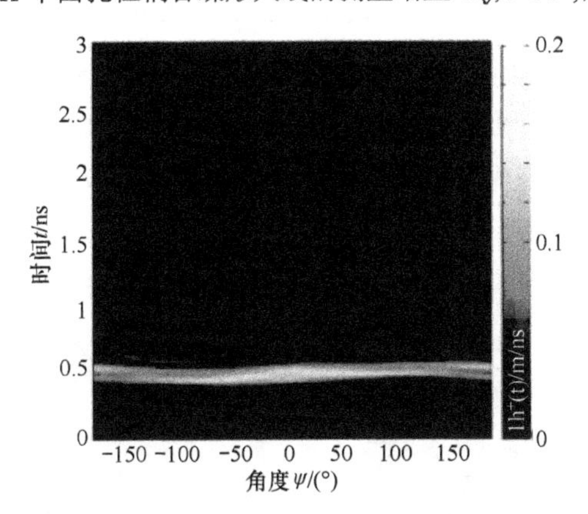

图 3.10　H 平面蝶形天线的测量脉冲响应 $h^{+}(t,\psi)$（©2009 IEEE，经许可转载自文献[179]）

其他与频率无关特性的天线还有对数周期天线或螺旋天线[58]。虽然这些天线都具有与频率无关的特性，但它们基于不同的设计原理，因此性能也有所不同。一般来说，天线设计可以考虑多种辐射原理，并且根据工作频率的不同进行调整。

3.2.4 自补偿天线

自补偿天线的特点是自补偿金属化[113]。这意味着在不改变天线结构的情况下，金属可以被电介质代替，反之亦然（图 3.11）。自补偿结构的特性可以利用 Bsbinet 原理进行分析[27]。这就产生了恒定的输入阻抗，即

$$Z_{\text{in}} = Z_{\text{F0}}/2 = 60\pi\Omega \tag{3.25}$$

式中：Z_{F0} 为自由空间阻抗。

自补偿结构只保证恒定的输入阻抗，但不一定具有恒定的、与频率无关的辐射特性，也可以设计成类似于自补偿的结构。这些结构表现出不随频率变化的输入阻抗，但不等于 $Z_{\text{F0}}/2$[28]。精确地描述自补偿天线可参考文献[39]。典型的选择是 90° 蝶形天线、弯曲的天线、对数螺旋天线[42]或其他分形天线[178]。

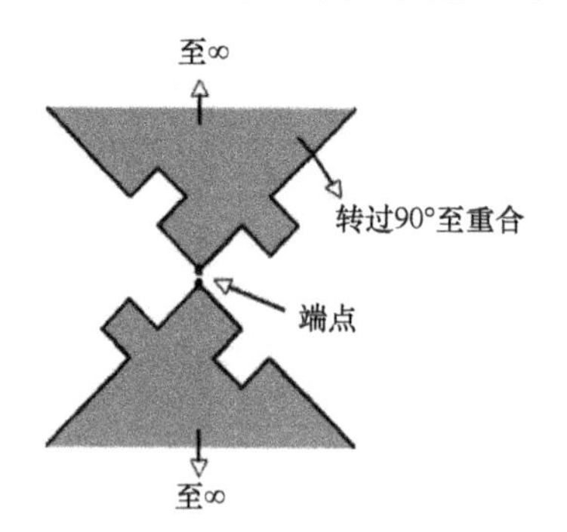

图 3.11 截断分形天线展示了自补偿天线的原理（©2009 IEEE，经许可转载自文献[179]）

双臂对数螺旋天线如图 3.12 所示，该天线具有频率无关特性，金属化形状只与角度有关，遵循 Babinet 原理，两臂通过阻抗为 Z_L=60πΩ 的对称线反馈到中心。如果设计得当，对数螺旋天线在两臂间隔 $\lambda/2$ 进行辐射，即圆周为 $\lambda\pi/2$ 。采用这种结构设计，可以使天线工作带宽扩展几倍。

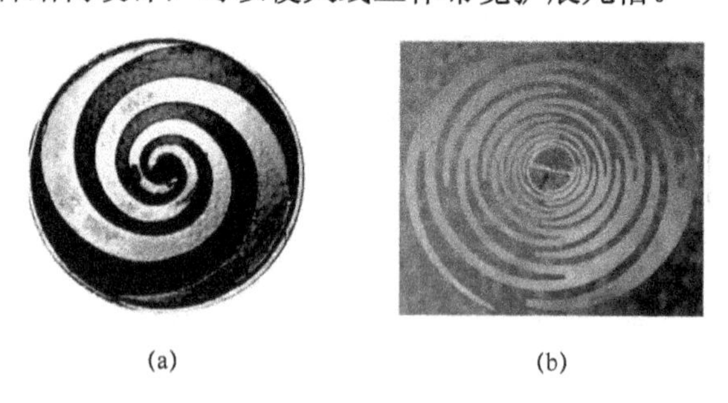

(a) (b)

图 3.12 自补偿天线

（a）双臂对数螺旋天线；（b）弯曲的天线（©2009 IEEE，经许可转载自文献[179]）

通过将电流分布绘制到图 3.13 所示的天线中，可以得出辐射的原理。在这种情况下，外壁的直径达到 40 cm。在图 3.13（a）中，天线以 300MHz 的频率被激发，图 3.13（b）中，以 450MHz 的频率被激发。可以注意到，在频率较低时，波长较大，强电流振幅发生位置的螺旋直径大于较高频率 450MHz 工作时的螺旋直径。最大电流之外的电流“消失”，表明能量已被辐射。

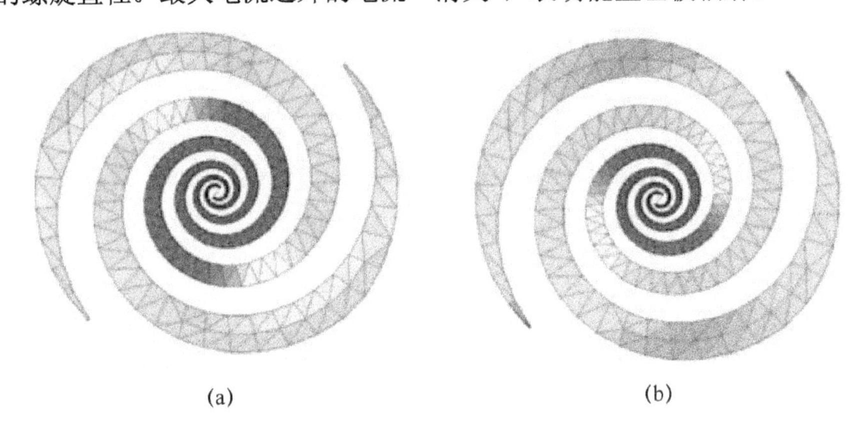

(a) (b)

图 3.13 对数螺线天线上的电流分布

（a）f=300MHz；（b）f=450MHz。暗区：高电流密度；亮区：低电流密度。

（©2009 IEEE，经许可转载自文献[179]）

对数螺旋天线属于定向天线，具有两个正交于螺旋平面的主波束。一般来说，辐射波是圆极化的。对于两个相对辐射方向，辐射的极化是正交的（左、右圆极化）。在实际应用中，仅在一个方向上辐射，为达此目的，其中一个波束通常被吸波材料抑制。辐射区的位置是随频率变化的，时间延迟也是一样的。相对于 Vivaldi 天线，这将导致天线脉冲响应的峰值减小及脉宽增加。

阿基米德螺旋线天线属于频率无关天线的另一个例子。与对数螺旋天线相比，该天线具有连续的线宽和间隔，二者通常是相等的。由于相邻线非常接近，它们会发生强耦合，这导致相邻线在某些相位中产生辐射，如圆周为 λ 时。为分析发射脉冲的特性，利用模拟软件，在阿基米德螺旋线天线的辐射远场，设置线性极化电场探针。电场探针沿 x、y 和 z 轴排列，而天线位于 x-y 平面内。图 3.14 所示为该配置的仿真计算结果，电场 $e(t)$被 t_{FWHM} 为 88ps 的高斯脉冲所激发。辐射的 UWB 信号具有强而短的峰值以及合理的响铃。由于辐射脉冲是圆极化，所以出现了 $e_x(t)$和 $e_y(t)$分量。由于辐射波是 TEM 波，所以 $e_z(t)$分量未被激发。

为保证 UWB 系统螺旋天线辐射短脉冲时具有圆极化特性，其脉冲持续时间必须足够长，以保证电磁波传输螺旋臂时可以覆盖 360°。

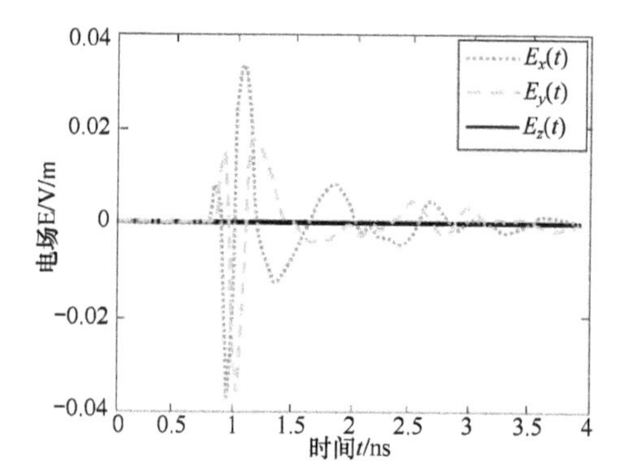

图 3.14 接收电场 $e_{Rx}(t)$ 的仿真计算结果（来自阿基米德螺旋天线（x-y 平面）与 x、y 和 z 方向的线性极化电场探针；输入脉冲 t_{FWHM} 为 88ps 的高斯脉冲）(©2009 IEEE，经许可转载自文献[179]）

3.2.5 多谐振天线

多谐振天线是指多个窄带辐射单元的组合。每个单元覆盖有限的带宽，例如一个偶极子，覆盖总 UWB 带宽的 20%。典型的选择是对数周期偶极子阵列[128]和分形天线。

平面对数周期天线（图 3.15）由 n 个相邻的单元（偶极子）组成，相邻单元的维度 l_μ 由 $\lg(l_\mu/l_{\mu+1})=C$ 进行缩放[131]。每一个偶极子在顶部被蚀刻 1/2，另一半在基板的底层蚀刻。例如，可以在天线的高频端，利用同轴线，通过结构内的三板线进行馈电。整个 FCC UWB 频段中，这种结构可以优化低回波损耗（$S_{11}<-10$dB）。该天线设计紧凑（60mm×50mm×2mm），E 平面上 3 dB 的波束宽度为 $\psi_{3dB}\approx65°$，H 平面上 3 dB 的波束宽度为 $\Theta_{3dB}\approx110°$。这些数值在要求的频率范围内是相当稳定的。为便于与其他天线进行对比，图 3.16 所示为瞬态响应 $h(t,\psi,\theta=0)$ 在 E 平面内与角 ψ 及时间 t 的关系。对于 Vivaldi 天线，脉冲响应展宽是显而易见的。这些强振荡可以用耦合谐振偶极子的连续激发响铃来解释。因此，由于辐射偶极子的谐振结构，天线脉冲响应的峰值 p 减小到只有 0.13m/ns。任意谐振单元的 UWB 天线展宽了辐射脉冲，即增加了 τ_{FWHM} 并降低了峰值 p。

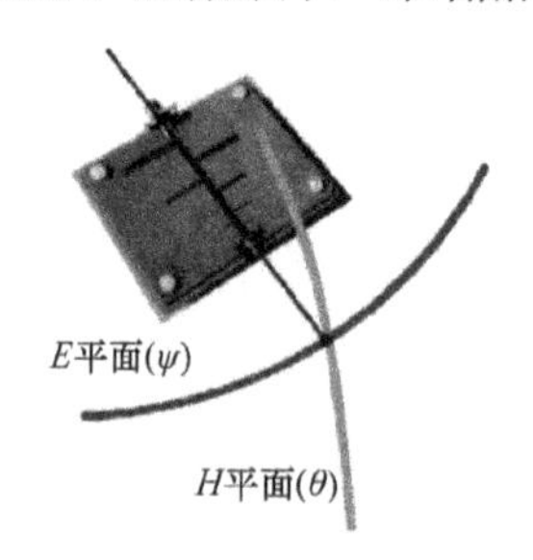

图 3.15 带有同轴连接器的平面对数周期天线，尺寸：48mm×59 mm
（©2009 IEEE，经许可转载自文献[179]）

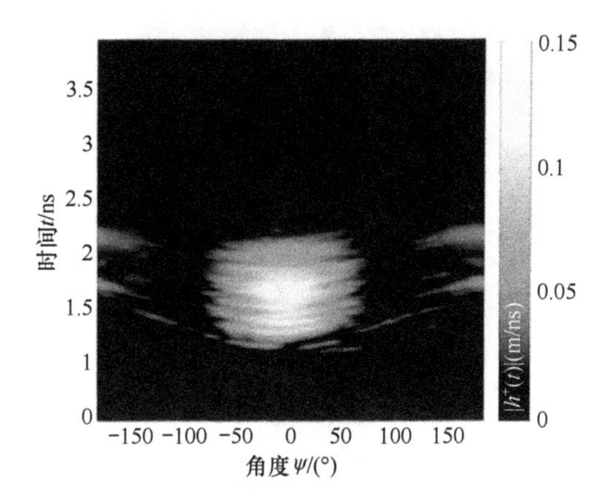

图 3.16　瞬态响应 $h(t,\psi,\theta=0)$在 E 平面内与角 ψ 及时间 t 的关系
（©2009 IEEE，经许可转载自文献[179]）

图 3.17 所示为瞬态响应 $h(t,\psi=0°,\theta=90°)$的主波束截面图。对数周期天线的谐振特性在该图中更为明显，其特性取决于 τ_{FWHM}=805ps 和 $\tau_{r=0.22}$=605ps。图 3.18 所示为 E 平面对数周期天线的测量传递函数 $H(f,\theta)$与频率的关系，该天线在工作频率范围内，表现出相对恒定和稳定的辐射图案。在特定频率的主波束方向上，传递函数幅值逐渐衰减，相同频率的侧向辐射明显增加。这是由于高阶模式的激发所致，如“$\lambda/2$ 偶极子”的 λ 共振。图 3.15、图 3.16 中主波束方向上对数周期天线的主要参数如表 3.2 所列。

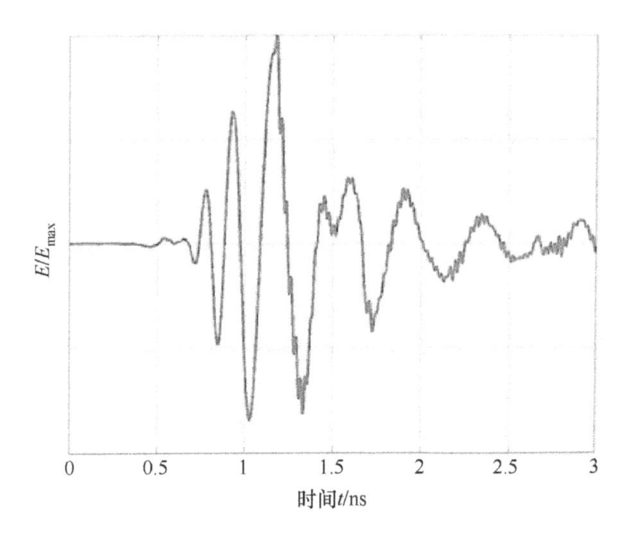

图 3.17　瞬态响应 $h(t,\psi=0°,\theta=90°)$的主波束截面图
（©2009 IEEE，经许可转载自文献[179]）

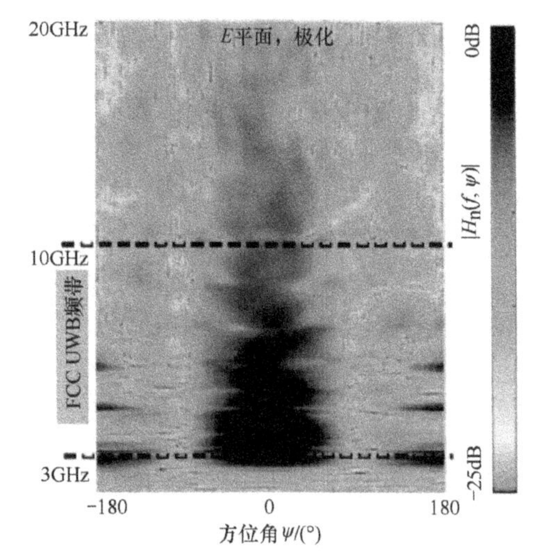

图 3.18 E 平面对数周期天线的测量传递函数 $H(f,\theta)$ 与频率的关系
（©2009 IEEE，经许可转载自文献[179]）

表 3.2 图 3.15、图 3.16 中主波束方向上对数周期天线的主要参数。

参数	数值
ρ_{max}/（m/ns）	0.13
τ_{FWHM}/ ps	805
G /dBi	4.5
G_{max}/dBi	6.8
$\tau_{r=0.22}$/ps	605

3.2.6 电小尺寸天线

电小尺寸天线[185]对于任何有关阻抗匹配和辐射所要求的 UWB 来说都是“同样糟糕的”。这些天线尺寸远低于共振长度，即

$$a < \frac{\lambda}{10} \tag{3.26}$$

式中：α 为天线尺寸，对于所有频率都是如此。但是通过适当的阻抗变换，可以将天线转化成为 UWB。典型天线如 D-dot 探针天线、小型单极天线[63]和赫兹偶极子。

图 3.19 所示为增大接地平面的单圆锥天线。单圆锥天线是非对称结构，对于非对称馈线不需要任何巴伦，然而在理论上的确需要一个无限的接地平面，这是为实际应用准备的。考虑带宽时，单圆锥天线的接地平面直径应大于 40 mm，回波损耗 S_{11} =－10 dB。相对于频率和脉冲辐射特性，有限的接地平面影响辐射方向图的稳定性。在文献[26]中，提出了克服这一问题的解决方案，通过扇形环的电感耦合弥补了电小尺寸天线一些主要性能的不足。单圆锥天线特

性可以用平面结构进行很好的近似，如带有 CPW 和槽线反馈的平面单极子天线（图 3.20），这非常适合短距离通信，因为它们很容易被整合到不同的平面线路和电路中。单圆锥天线在 H 平面上为全向辐射。E 平面上，当减小接地平面（$d = 40$ mm）时，单圆锥天线的脉冲响应 $h(t)$和增益 $G(f, \theta)$分别如图 3.21 和图 3.22 所示。可以看出，脉冲响应较短，这表明响铃较小，天线在宽仰角 $10° < \theta < 90°$范围内相对恒定的增益 $G(f, \theta)$。在较高频率时，辐射仰角增大，第二波束从接地平面上出现。由于该天线全向辐射，脉冲响应时间短 τ_{FWHM} 为 75ps，增益与频率无关，因此单圆锥天线通常用于信道测量。

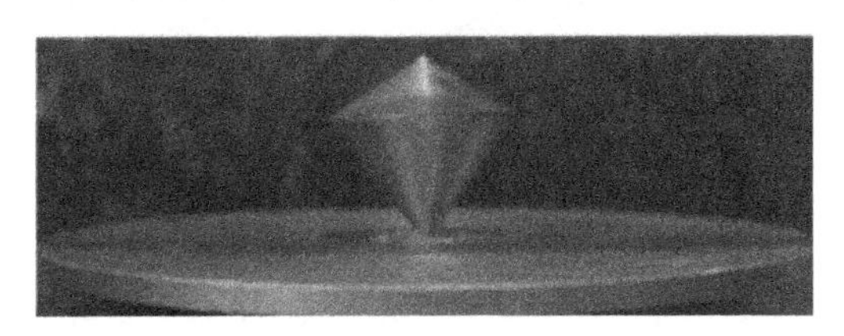

图 3.19　增大接地平面的单圆锥天线，直径 d 为 80mm（©2009 IEEE，经许可转载自文献[179]）

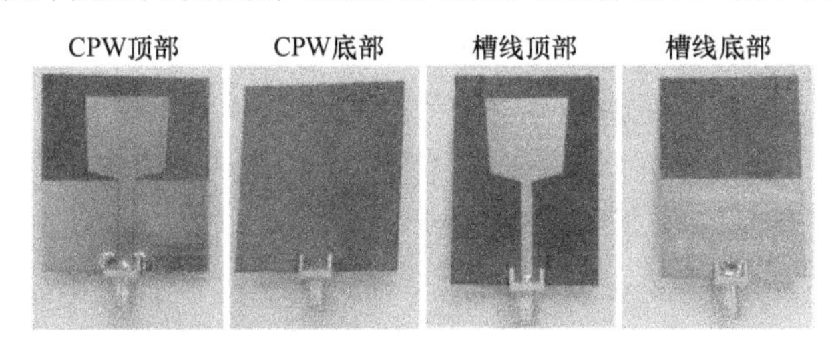

图 3.20　带有 CPW 和槽线反馈的平面单极天线

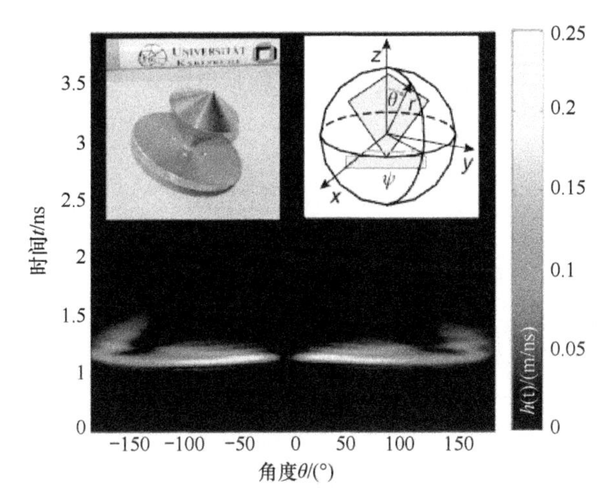

图 3.21　E 平面上单圆锥天线的脉冲响应$|h^{+}(t)|$（接地平面直径 d=40mm）（©2009 IEEE，经许可转载自文献[179]）

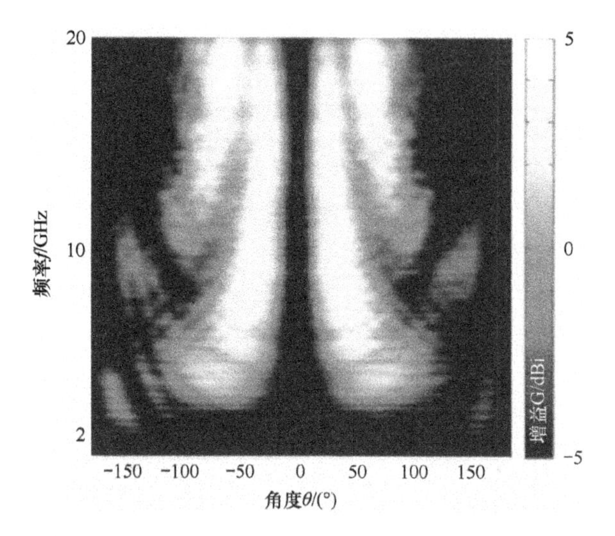

图 3.22 E 平面上单圆锥天线的测量增益 $G(f,\theta)$（©2009 IEEE，经许可转载自文献[179]）

辐射窄带信号时，可以假设天线在各个方向 C (θ, ψ)辐射信号相同，在超宽带信号辐射中就不能被视为理所当然的。如单圆锥天线，从图 3.23 所示的单圆锥天线在高度为 0 时的测量脉冲响应函数可以看出，辐射信号与仰角 θ 有关。在多路径环境中，这些信号在接收机处重叠，这可能导致严重的失真。可以通过选择恰当的信道模型来研究这些效应[110]。

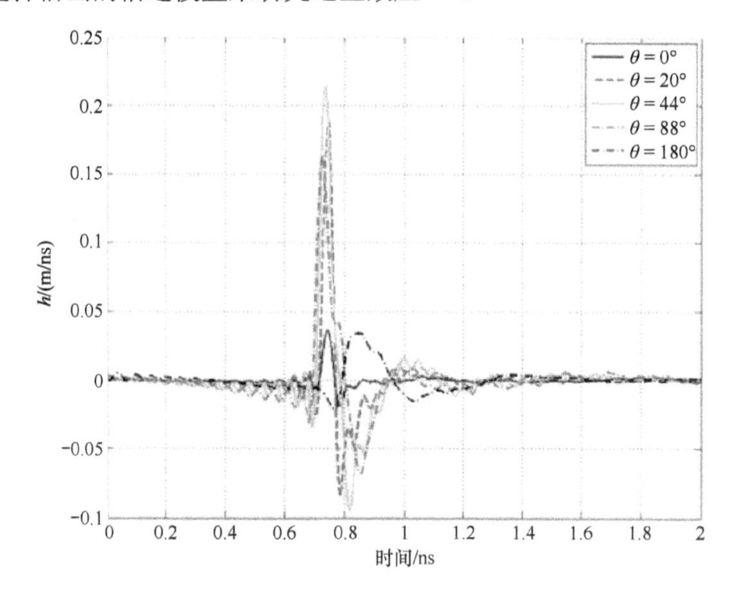

图 3.23 单圆锥天线在高度为 0 时的测量脉冲响应 $h\,(t, \theta, \psi = 90°)$的函数

（©2009 IEEE，经许可转载自文献[179]）

3.3　UWB 天线系统

实际上，从系统的观点来看，两种 UWB 的情况必须加以区分：

（1）多重窄带，即 OFDM（ECMA-368 标准）；

（2）脉冲状态工作（IEEE 802.15.4a）。

第一种情况当然也适用于通常的窄带工作，相关标准已经被频率相关的传递函数 $\boldsymbol{H}(t, \theta, \psi)$测试要求所涵盖。上述应用所需的天线可以是先前讨论过的任何类型，特别是对数周期天线。

第二种情况需要仔细考虑。如果在雷达或通信的脉冲试验中，全 FCC 带宽覆盖了从 3.1～10.6 GHz（7.5GHz），例如，高斯导数脉冲持续时间 τ_{FWHM} 为 88ps，研究瞬时特性需要考虑天线的脉冲响应 $\boldsymbol{h}(t, \theta,\psi)$。在这种情况下，时域和空域所发生的脉冲失真必须同时考察。脉冲响应 $\boldsymbol{h}(t, \theta,\psi)$的不良特性会产生以下问题：

（1）低的峰值 $p(\theta, \psi)$；

（2）非常宽的脉冲宽度 τ_{FWHM}；

（3）长时间响铃 τ_{r}。

影响系统特性，例如：

（1）接收信号强度 $u_{\mathrm{Rx}}(t)$，SNR；

（2）通信数据速率；

（3）雷达分辨率。

这些不利影响对天线设计提出了要求，也对 UWB 其他硬件前端如放大器、滤波器、均衡器、探测器等设定了要求。这些要求将潜在的天线限制为小天线或行波天线，如单锥天线、蝶形天线、Vivaldi 天线和喇叭天线。所有具有共振或杂散表面电流的天线都不是很好，应该忽略，特别是对数周期天线。

对于某些需要圆极化的情况，有着进一步的限制。例如，对数螺旋天线，只有脉冲持续时间长于有源辐射区的等效圆周才能辐射圆极化。对于 88ps 的脉冲，其等效圆周应该小于 2.6cm。这些表明，除了在组件级研究 UWB 之外，还必须进行系统化的研究。超宽带作为一种新兴技术，需要对其在时域、频域和空间域中的天线特性有透彻的了解。结果表明，对于超宽带天线，可以根据天线的辐射特性定义天线种类。图 3.24 比较了所讨论的典型 UWB 天线的相关数据。

项目					
峰值 p/(m/ns)	0.35	0.13	0.10	0.13	0.23
τ_{FWHM}/ps	135	140	290	805	75
τ_r = 0.22/ps	150	185	850	605	130

图 3.24 典型 UWB 天线的特性参数（©2009 IEEE，经许可转载自文献[179]）

3.4 极化分集天线

几乎每个无线应用都可以从极化分集的性能扩展中获益。在雷达/成像中，由于不同极化的大多数物体有着不同的散射行为，因而提供了更广泛的目标信息。在定位应用中，系统具有更高的鲁棒性，因为在传播过程中信号极化可能改变，导致信号检测变弱甚至失败。在通信系统中，信道容量和系统鲁棒性也可能得到显著改善。MIMO 系统从双极化天线的应用中尤其受益。本节描述了 UWB 极化分集天线的具体要求，并给出了这种辐射器在不同应用场合的具体实例。

如前所述，信号可以以不同的极化方式辐射，如椭圆极化、圆极化和线极化[24]。由于大多数类型辐射器提供线性极化，所以我们这里考虑只这种类型的极化。极化分集是指两个相互独立的正交极化的信号辐射能力。在线极化的情况下，两个极化信号的辐射电场总与传播方向垂直，并且二者之间也彼此垂直。以下使用双极化天线术语（双正交极化天线的简称）。

3.4.1 UWB 极化分集天线的要求

在前面的章节中，指出了适用于 UWB 系统辐射器的主要具体参数：在所需带宽内良好的阻抗匹配、恒定的主波束指向、波束宽度尽可能不随频率变换以及针对不同频率，辐射相位中心位置恒定。最后一个性质等价于线性相位响应，即给定频率，指定方向上的恒定群延迟。在极化分集的情况下，天线的附加要求应满足适当的功能要求。

（1）正交极化端口间的弱耦合。任何能量都不应该从要求辐射极化的端口耦合到正交的端口。如果在正交极化的端口采用吸收终端，高耦合只会产生增益损失。如果采用反射终端，一部分比例的能量会在反射终端反射，导致谐振。在所需带宽内，正交端口之间去耦的典型值大于 20dB。

（2）高极化纯度。该值描述了所期望的极化辐射能量与正交极化能量之比。预期馈入天线端口的功率大多要求以指定极化进行辐射，正交极化辐射的能量应该弱到可以忽略。对极化纯度（或远场极化去耦）的要求取决于应用环境，例如，在单工通信中其值变化范围可能为 10～15dB，在定位系统中为 35～40dB，在高端雷达应用中可能更高。通常典型值为 20dB。

（3）双极化辐射相位中心位置偏差。人们希望对于一个天线两个极化的信号从空间同一点辐射。两个极化信号辐射点之间的偏差意味着不同辐射条件，不能总是补偿。

（4）正交平面上相同的波束宽度（如 E 和 H 面）。此要求仅适用于定向天线，并且仅适用于特殊应用。在某些应用中，希望空间的同一部分与极化方式无关。这一属性的重要应用是成像系统，如果在各自平面上天线的波束宽度不同，则可能导致在正交平面上不同的分辨率。

下面描述 UWB 极化分集天线的一些实际案例。

3.4.2 设计案例 1：双极化行波天线

行波天线是脉冲辐射定向天线的理想候选天线。锥形缝隙天线也称为 Vivaldi 天线，具有较高的增益、恒定的主波束方向和较低的脉冲失真特性[179]。这些有利属性可以转换为双极化类型，如图 3.25[11]所示的渐变槽线天线。为了获得双正交线性极化，两个辐射器必须正交交叉。因此两个天线物理上需要交叉，其中每个天线馈电槽线的宽度必须大于金属化载体基板的厚度。这意味着天线输入阻抗很高，这就给天线馈电的设计带来了挑战。为此，应特别注意基板的选择。在图 3.25 所示的示例中使用了孔径耦合。然而，如在对跖 Vivaldi 天线的情况也可以采用直接馈电技术（如文献[86]）。在这种情况下，由于较大槽线宽度导致了缝隙的对称激发问题，这可能会导致各自极化的 E 平面上产生非对称的辐射方向图。图 3.25 中的天线在两个极化方向存在相同的辐射相位中心，在两个平面上有比较相似的波束宽度。这两个结构的交叉产生了一个可以忽略的额外脉冲畸变，因此该天线可以成功地应用于基于脉冲的 UWB 系统中，优于 20 dB 的平均极化去耦保证了极化分集应用的性能。

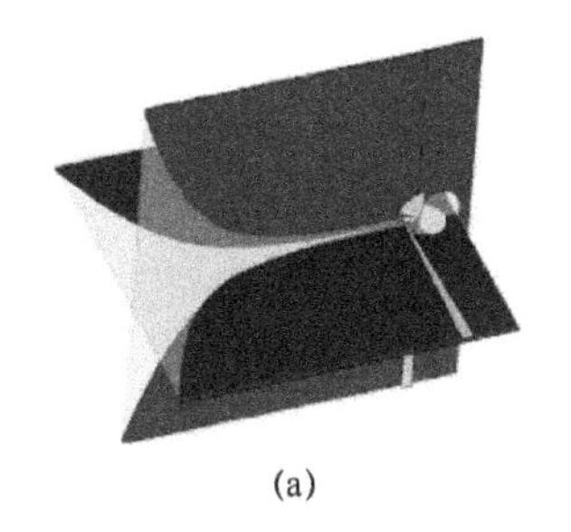

(a)

(b)

图 3.25 双极化渐变槽线天线（©2008 MIKON，经许可转载自文献[11]）

（a）透视图；（b）照片。

图 3.25 中的双极化渐变槽线天线的尺寸为 62mm。如果要在阵列中使用天线，则此尺寸定义了阵列单元之间的最小距离。如果距离与波长相比较大，就会出现光栅波瓣，并随着距离的增加向较低的频率移动（见第 4 章）。为了减小这种效应，需要减少阵列元素之间的距离，即天线的横向尺寸。减小天线尺寸可能导致天线嵌入在电介质中。这种形式的示例在图 3.26 中示出。嵌入较小介电常数材料可以保留所需的辐射特性，如宽带性能和较低的失真。相反，嵌入高的介电常数材料可以显著减少尺寸。因此，最小化天线尺寸有诸多因素需要考虑。在实践中，相对介电常数 ε_r 不应高于 3.5。通过这种方法，在 3.1～10.6GHz 中只要阻抗匹配得当，可以实现 35 mm 的天线直径[12]。电介质的应用也给天线方向图的形成提供了额外的自由度，它会受到材料形状的影响。在所提出的解决方案中，介质锥的顶端被切除，以避免更高频率的旁瓣[12]。该天线具有定向辐射方向图，随频率恒定的主波束方向、低脉冲畸变和较高的极化去耦。因此，它也适用于 IR-UWB 系统。嵌入在电介质中的另一个优点是设备的机械稳定性得到显著提高。

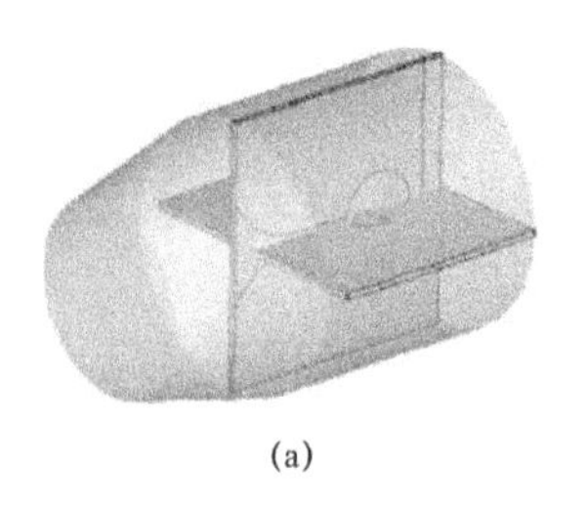

(a)

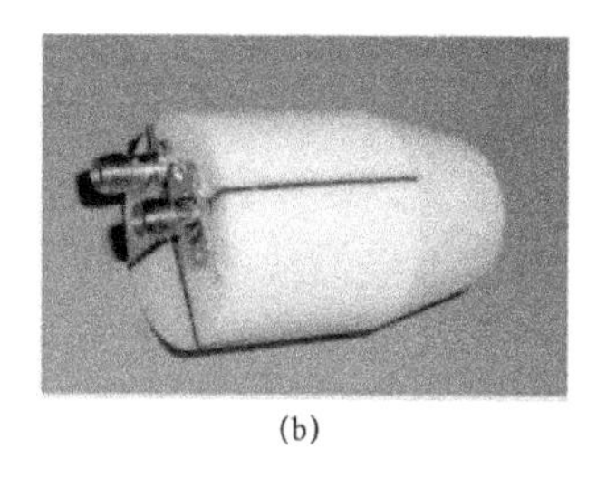

(b)

图 3.26 具有交叉锥形槽馈电的双极化介质棒天线（©2010 IEEE，经许可转载自文献[12]）
（a）透视图；（b）照片。

3.4.3 设计案例 2：具有正交极化自消除的双极化天线

先前描述的天线可以在平面技术中实现。然而，由于现实原因，大量需要三维正交极化辐射，对于许多应用环境，需要全平面的解决方案，但平面技术通常会得到垂直于天线表面辐射的天线双向方向图。如果需要单波束天线，则第二波束需要由宽带反射终端反射或吸收终端吸收。下面展示几种实现双极化 UWB 天线的方案。它们是基于单极化辐射的双馈电原理，即双极化天线有 4 个馈电点。虽然增加了馈电的复杂度，但是天线端口解耦、极化纯度和辐射相位中心位置偏差等都得到了极大的提升。

图 3.27 所示为具有正交极化自消除的平面天线示例。天线由 4 个锥形槽相连，如照片中所示。因此，天线有 4 个馈电端口，而两个相反的端口需要同时馈电，以实现单一的线极化方式工作。天线工作原理如图 3.28（a）所示，其展示了天线中的电场分布。对于垂直极化辐射，天线必须在端口 1.1 处和 1.2

处馈电。这些端口的信号必须在振幅上相等，相位相差 180°，即在整个工作频率范围内的相位差为 180°。由于馈电的对称取向，各馈电槽中的电场矢量是同相的，因此在结构的中间会相互干扰。电场在相同极化和正交极化分量中的分布（图 3.28（b））表明，源于相对槽的相同极化分量是同相的，即矢量方向相同。同理，正交极化电场矢量方向相反，即相位相反。天线远场辐射，相同极化波会增强，而正交极化被抑制。正交极化的抑制主要取决于在相反端口上馈电信号的幅度和相位不平衡。如果这些信号的幅度和相位都相等，能够实现对 E 和 H 面正交极化的（相同极化）主波束方向的消除。在实践中，可以实现极化纯度超过 25～30 dB。

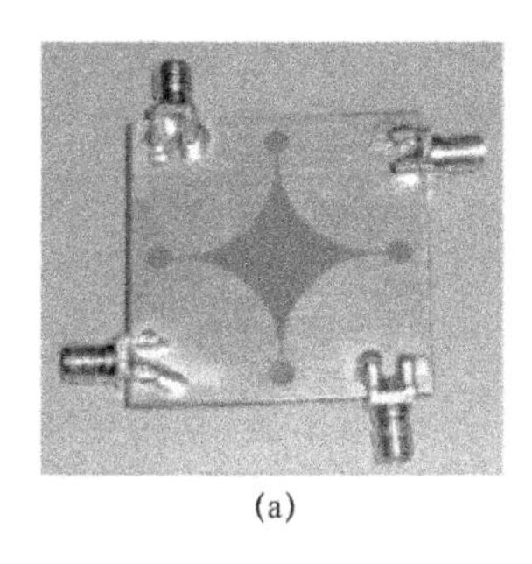

(a)

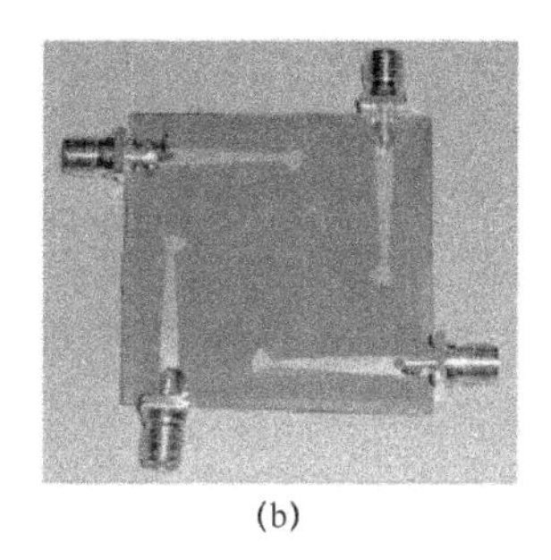

(b)

图 3.27　具有正交极化自清除的平面天线（双极化差分馈电 4 槽天线的照片）（©2009 EurAPP，经许可转载自文献[9]）

（a）顶部；（b）底部。

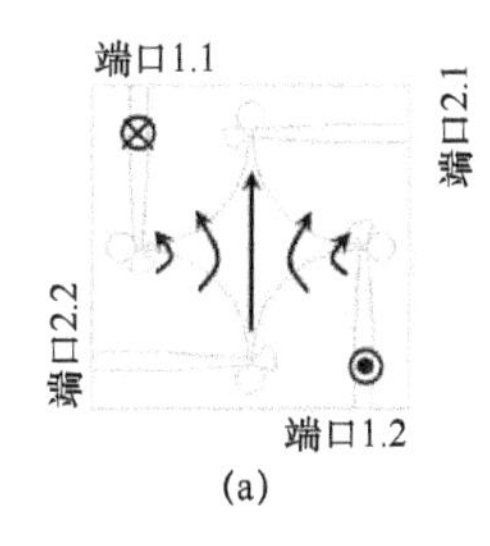

(a)

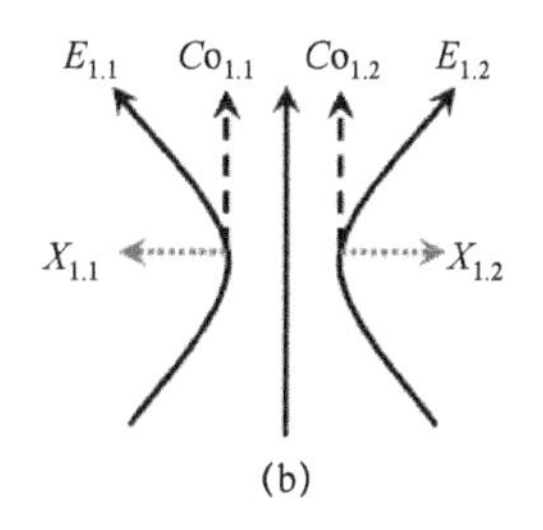

(b)

图 3.28　双极化差分馈电 4 槽天线的原理（©2009 EurAPP，经许可转载自文献[9]）

（a）E 场，相对端口的差分馈电；（b）E 场分布示意图。

在图 3.28（a）中可以观察到，相对槽线的同相馈电产生的电场不能耦合到正交极化的槽中，它导致正交极化端口的高度解耦，这是馈电技术的提升，在实际操作中很容易实现一个大于 30～40 dB 的去耦。该方案的另一个优点是辐射相位中心的高度稳定性。由于天线的对称馈电，相位中心直接位于结构的中部，并且随频率保持恒定。由于两个正交极化平面的结构几何相同，很明显，两个极化的辐射相位中心是完全相同的。

可以得出结论，该解决方案保证了宽带辐射的相位中心稳定，且两个极化相位中心一致。由于馈电的正交排列，正交极化的端口之间耦合减少。该天线适用于平面技术的实施，并且可以集成到任何具有足够大的金属平面面积的设备中。在平面结构实现中，主波束方向的双向辐射方向图垂直于天线表面。由于各个方向上的孔径尺寸类似，在所有平面上的波束宽度都是可比较的。仿真结果表明，这一特定例子可以应用于 UWB 系统，使之相对带宽达到约 35%，即 ECC UWB 频率遮罩可以覆盖 6～8.5GHz。对于较大的带宽，如 3.1～10.6GHz 的 FCC UWB 频率遮罩，可以使用另一种解决方案。

通过图 3.29（a）中所示的解决方案，可以实现超过 100%的相对带宽。天线由被接地平面包围的 4 个椭圆单极子组成。接地平面的几何形状可以塑造成多种形式；然而，为了保证辐射图案的最大可能对称性，将选择圆形形状[8]。两个同线性单极子同时激发相同极化的电磁波。单极子应关于结构中心对称放置，以实现电场分布的最大对称性。剩下的两个单极子为正交极化辐射专用，因此相对于另一对正交放置。单极子在其尖端和接地平面之间进行馈电，这样允许天线馈电的空间分离，从而简化了设计。图 3.29（a）中箭头所标示的是单极化辐射激发点的电场方向，这些矢量在全局坐标系中的取向是一致的。然而，相对于天线的接地平面，两个单极子馈电是有差别的。

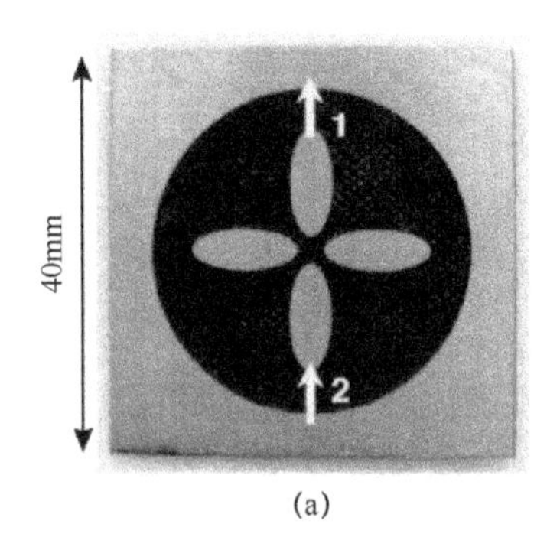

(a)

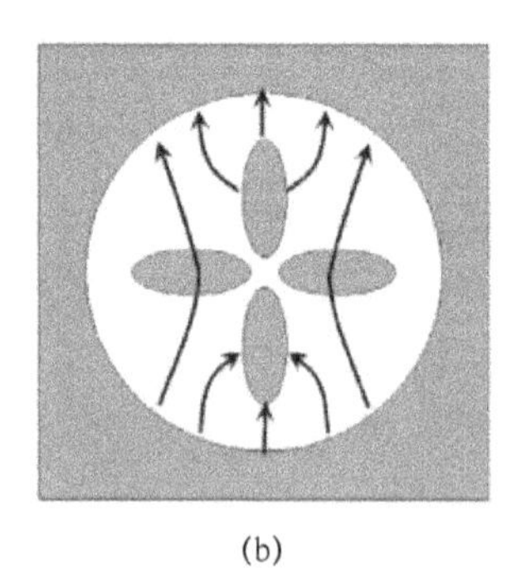

(b)

图 3.29　双极化差分馈电 4 椭圆天线的原理（©2009 IEEE，经许可转载自文献[4]）

（a）照片；（b）E 场分布示意图。

在大的带宽中，每个单极天线都能够进行辐射。如果从结构中移除剩下的三根单极子天线就演变成了菱形天线[166]或火山烟雾[165]。这种天线具有两个与天线表面对称的主波束方向。波束在 E 面根据频率改变自己的方向，因此在相对（E）平面上产生非对称的天线几何尺寸。辐射电场表明有非常高的正交极化分量，这也是由天线的几何形状引起的。第二个单极子天线以及差分激励可以大大抑制这些缺点，两个单极子天线采用差分激励的电场分布示意图如图 3.29（b）所示。很明显这一电场分布为轴对称且通过馈电点。类似的相同极化和正交极化分量的电场分布如图 3.28（b）所示，会导致相同极化分量的增强和正交极化分量的抑制。正交极化抑制的有效性取决于辐射角。为了保留在较宽的角宽度内所需的性能，单极子天线及馈电点之间的距离应该小于波长[7]。

辐射区电场的对称性可以保证辐射相位中心的稳定，它直接位于单极子天线尖端结构的中间。由于天线几何形状的旋转对称性，正交极化的相位中心也正好位于同一位置。类似于前面描述的 4 槽天线的情况，天线的几何形状和馈电技术防止了正交极化能量的耦合。由于不需要附加去耦技术，这一效果简化了设计。

图 3.29 中的天线具有 40mm×40 mm 的尺寸，其在接地平面的开口直径为 31.6 mm。天线在频率范围 3.1～10.6GHz 内进行优化。由于接地平面开口的圆周几乎与最低频率的波长相等，因此这意味着为下限截止频率设置了限制。优化的参数是单极子天线的形状和尺寸，这不仅影响阻抗匹配，同时也影响辐射方向图。

天线保持两个主波束方向垂直于天线表面。为了获得单向辐射，要么必须使用宽带反射器终端，要么采用吸收终端吸收其中一个波束。第一个解决方案增加了约 3dB 单波束增益，但反射器的设计比较困难，其必须能够在整个工作频率范围内反射具有相同相位变换规律的波。第二种解决方案的总天线效率降低约 3dB。在工作频率范围内，相同极化 H 平面上的测量增益如图 3.30（a）所示。在天线一侧的表面配备了吸收器，最大可实现增益为 5dBi。先前描述的关于主波束稳定和方向图对称都得到了满足。波束宽度也相对恒定，与频率无关。同样明显的是缺少了旁瓣，这是天线结构简单的原因。从图 3.30（b）中的天线脉冲响应来看，不同角度的脉冲延迟几乎是恒定的，这归功于由于辐射相位中心的几何不变性。这种特性对于定位或雷达/成像系统特别有利，因为不需要对不同角度的脉冲延迟进行校正。此外，可以观察到，脉冲响应非常短，并表现出短时间响铃。根据前面的章节，可以得出结论：相位响应在频率上是线性的，群延迟是恒定的。这意味着所有频率都以最少失真的方式连贯地辐射。这些特性表明，该辐射器适用于相对带宽超过 100%的脉冲 UWB 系统。

图 3.31 所示为根据式（2.26）得到的 4 椭圆天线的 E 面和 H 面、相同极化和正交极化平均增益。所评估的频率范围为 3.1～10.6GHz。首先，可以注意到两个辐射平面的主波束方向相同，关于 0°对称。其次，可以看出，两个平面都保持几乎相同的波束宽度，这是在各自的平面中有相似有效孔径尺寸所致。因此可以保证，出于优秀的设计，空间中的同一位置会被两个极化态的电磁波同时照射，这在成像应用中尤其有利。由于天线将应用于极化分集系统，因此极化纯度至关重要。从图 3.31 中可以看出，两个平面上主波束方向的平均极化

去耦在 20 dB 以上。在这种情况下，正交极化分量主要由非理想的馈电网络导致，例如，馈电时，相对应单极子天线馈入信号之间的相位和幅度不平衡。来自馈电网络本身的辐射也是正交极化辐射的原因[4]。

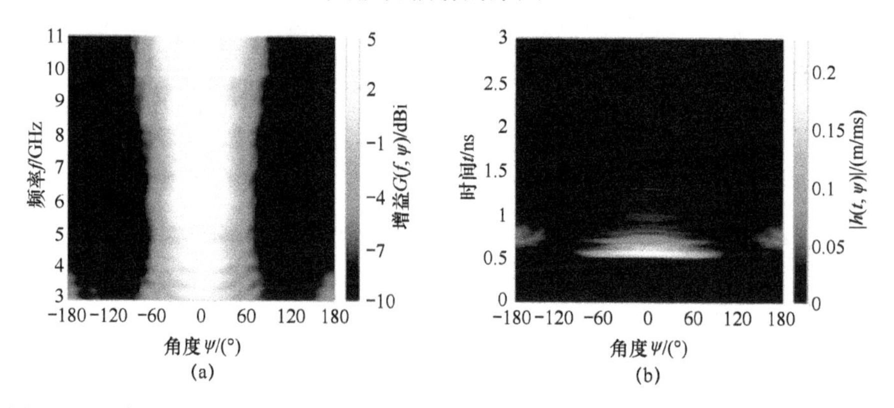

图 3.30 双极化差分馈电 4 椭圆天线的测量特性（H 面、相同极化，(a) ©2009 IEEE，经许可转载自文献[4]；(b) ©2010 KIT 科学出版社，经许可转载自文献[3]）

（a）增益；（b）脉冲响应。

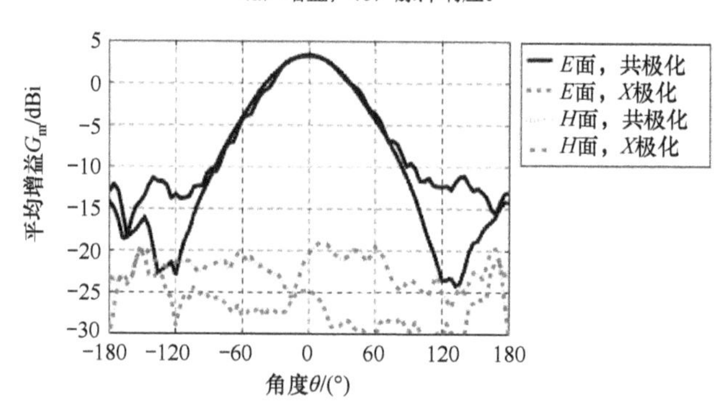

图 3.31 双极化差分馈电 4 椭圆天线的测量平均增益 G_m（©2010 KIT 科学出版社，经许可转载自文献[3]）

定向天线尤其适用于雷达或点对点通信。然而，对于在定位或通信系统中的移动终端，全向天线十分重要。图 3.32（a）给出了双极化 UWB 天线的几乎全向解，由两对交叉的菱形偶极子组成，同轴电缆在天线结构的中间连接偶极子的一端进行馈电。为了辐射单极化电磁波，天线中两个对应的部分（一个偶极子）必须通过差分信号进行激励。同轴电缆的内部导体被连接到各个辐射单元的尖端，而外部导体被放置在彼此接近的位置，如图 3.32（b）所示。当外导体终止后，信号以最高的差分电平在金属片之间进行传输，即两个内导体之间。它们被连接到偶极子的尖端上，实现了天线的双极化激励，并且保证了端口间的去耦。

(a)

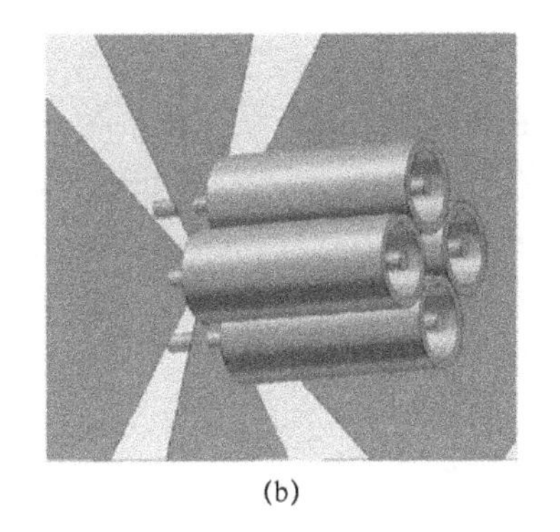

(b)

图 3.32　全向（在各自的 H 面）双极化差分馈电天线（©2010 EuMA，经许可转载自文献[14]）

（a）照片；（b）天线馈电。

天线保持较高的极化去耦，类似于差分馈电四椭圆天线的例子，但在 H 面上是全向辐射。在 E 面的辐射则是双方向，因此在很宽的频率范围内，整体天线的方向图类似偶极子。如图 3.33 所示为低截止频率为 3.1GHz 的天线测试增益。注意，全向特性的工作频率可以达到约 9GHz。在这个频率以上，天线的辐射与缝隙天线相似，4 个方向由金属片之间的 4 个缝隙走向决定。这导致了实际天线有用带宽的限制。然而，全向模式保留约 100%的相对带宽，这仍表明 IR-UWB 系统有足够的带宽。由于平面技术的实现，这种特殊的天线是小型移动设备集成化的优良备选。

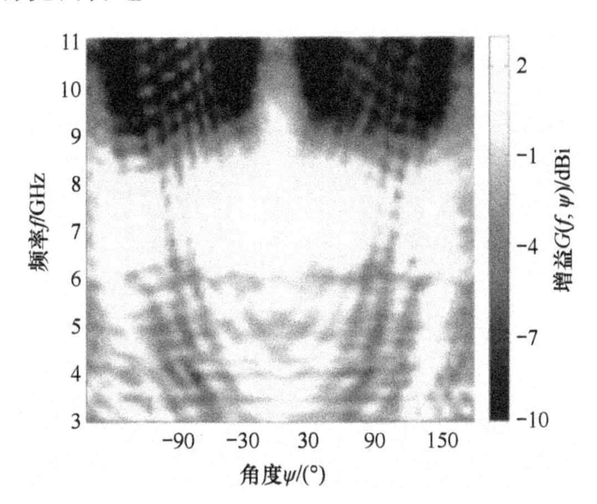

图 3.33　全向双极化差分馈电天线的测量增益（H 面、相同极化，©2010 EuMA，经许可转载自文献[14]）

3.4.4　频率无关的 180° 功率分配器

前述天线的纯线性极化辐射的先决条件通过两个 180°相位差信号进行馈

电。这意味着馈电到天线的脉冲在整个要求的频率范围内必须振幅相等，方向相反。产生这种信号的方法有很多种。

简单的方案是基于双向（3dB）的微带功率分配器，通过交换微带线与接地平面中的其中一个分支得到。图 3.34（a）所示为第一种方法。从理论上讲，输出端信号具有相同的振幅，由于接地平面和微带的交换，实现了输出信号之间 180°的相移。在实践中，从微带到地平面的过渡发生了一些反射。非常低的相位不平衡可能导致在两个频点出现小振幅波纹，这将导致振幅不平衡，从而降低了辐射器的性能。第二种方法如图 3.34（b）所示，使用共面波导结构。微带线被分裂成两个独立的槽线，然后再重新组合共面波导以构成 3 dB 的功率合成器。在这种情况下，可以极好地实现 180°的相差，并且由于结构的对称排列，振幅不平衡也非常小。然而，从共面波导到槽线以及背板都会导致辐射，从而降低了效率。

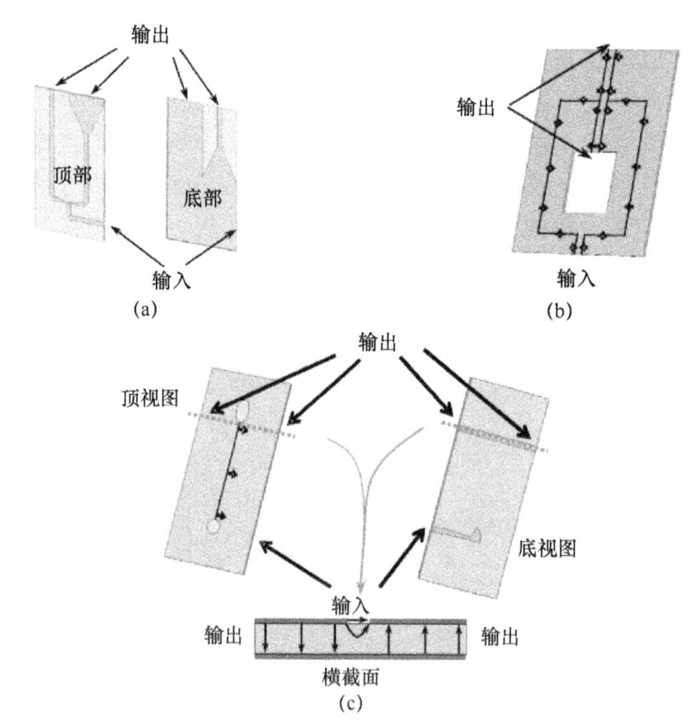

图 3.34　差频信号与频率无关产生原理

（a）接地平面交换；（b）共平面形波导；（c）槽对微带耦合。

另一个解决方案是用 3 dB 的功分器作为从槽线到微带线过渡，原理如图 3.34（c）所示。首先，将微带线过渡到槽线；然后，通过孔径耦合的方式将信号耦合到微带线。该信号由微带线引导，两个方向对称地流向馈电网络的输出端。由于结构的对称排列，两个输出端信号之间的幅度和相位不平衡，非常低。槽线过渡到微带线的电场分布决定了输出端信号具有相位相差 180°（图 3.34（c）底部）。如果电场是相反的方向，就意味着有 180°相移。由于在结构中不采用与长度相关的元器件，所以信号的相位偏移与频率无关，因此可以成功地应用于 UWB 系统中。槽线到微带线转变的带宽决定了整个设计的工作带宽。在实践中，可能会达到 150%以上的相对带宽。

3.5　UWB 天线在医学上的应用

最近，人们越来越关注 UWB 技术在医学上的应用。将雷达与超宽带结合起来，使得设计具有高分辨率的新型医学传感器成为可能。与基于 X 射线的成像和断层摄影不同，UWB 雷达探头使用非电离电磁波，这使得治疗对病人的伤害更小。与无法穿透身体内部骨骼和空气以及造成声影的超声相比[84，104]，UWB 信号由于其良好的穿透能力为肺或脑成像提供了可能[160]。

除了医学诊断外，目前世界各地都在集中力量研究如何利用 UWB 进行医疗传感器（植入物）与外部设备的无线通信。由于可实现高数据率，对于无线体域网（WBAN）和人体通信来说，UWB 技术具有非常强的吸引力[49，60]。此外，UWB 系统的低复杂度使得潜在的传感器价格便宜，因此可以广泛使用。

医疗应用的天线与自由空间工作的天线设计不同。由于复杂的人体介质的存在，天线的阻抗匹配和带宽受到很大的影响，天线的效率也随之降低，辐射方向图副瓣增多，馈电点阻抗也剧烈变化。由于人体匹配天线被直接放置在人体上，因此它的辐射会经过多层有耗介质。与简单的自由空间工作相比，其设计过程变得更加复杂，但是与放置在身体某个距离上的天线相比，人体匹配天线的使用使得辐射到体内的能量急剧增加。此外，医疗应用的天线需要具有小尺寸、低重量和低成本等特点。

UWB 医疗系统天线设计面临的挑战可以概括如下：

（1）人体组织属于具有频率相关介电特性的分散介质；

（2）人体非常复杂且独特；

（3）天线不能对人体组织的介电特性敏感；

（4）为了能够直接接触或接近皮肤工作，天线应当被优化设计；

（5）辐射特性不应在整个频段有明显变化；

（6）必须使天线的尺寸最小以适合人体。

通过测量对天线进行验证变得相当复杂。仿人体组织的媒介需要模仿天线周围或前方的人体组织。由于介质对信号造成强衰减，测量必须在天线的近场范围内进行，这将在 3.5.3 节进一步讨论细节。

3.5.1 人体组织节点性能的分析

在讨论医用 UWB 天线之前，应该研究人体组织的介电特性。将人体建模成不同组织，如皮肤、脂肪、肌肉和骨骼，组成的多层结构，它们具有不同的介电参数[52]。需要强调一下，组织的介电层是有耗介质。在需要考虑的模型中，整个 UWB 频带中衰减和色散不能忽略。考虑到介质损耗和传导（或焦耳）损耗，有耗介质的复介电常数可以写为[190]

$$\varepsilon(\omega)=\varepsilon_{\mathrm{r}}\left[\varepsilon_{\mathrm{r}}'(\omega)+\mathrm{j}\varepsilon_{\mathrm{r}}''(\omega)\right]=\varepsilon'(\omega)-\mathrm{j}\frac{\sigma}{\omega} \tag{3.27}$$

式中：$\varepsilon_{\mathrm{r}}'(\omega)$、$\varepsilon_{\mathrm{r}}''(\omega)$、$\sigma$ 分别为相对介电常数的实部和虚部以及介质的导电性；ε_0 为自由空间的介电常数；ω 为角频率。

传导损耗，即人体组织中电磁波的显性损耗，通过等式中的虚部来描述。不考虑极化损耗。求解包含传导损耗的复介电常数的波动方程，得到了复传播常数。

$$\gamma=\alpha+\mathrm{j}\beta=\mathrm{j}\omega\sqrt{\mu\varepsilon'-\mathrm{j}\frac{\sigma}{\omega}} \tag{3.28}$$

不考虑磁化损失，复传播常数的实部和虚部为

$$\alpha=\frac{\omega}{c_0}\sqrt{\frac{\varepsilon_{\mathrm{r}}'}{2}\left[\sqrt{1+\left(\frac{\varepsilon_{\mathrm{r}}''}{\varepsilon_{\mathrm{r}}'}\right)^2}-1\right]} \tag{3.29}$$

$$\beta=\frac{\omega}{c_0}\sqrt{\frac{\varepsilon_{\mathrm{r}}'}{2}\left[\sqrt{1+\left(\frac{\varepsilon_{\mathrm{r}}''}{\varepsilon_{\mathrm{r}}'}\right)^2}+1\right]} \tag{3.30}$$

衰减系数 α 和相位系数 β 可以由已知的复介电常数来确定。根据柯尔–柯尔色散模型，人体组织的复相对介电常数 ε 在式（3.31）进行了描述[53,54]，其中 α_n 为分布参数，τ 为弛豫时间，$\Delta\varepsilon$ 为色散的大小，σ_{i} 为静态的离子电导率：

$$\varepsilon(\omega)=\varepsilon_\infty+\sum_n\frac{\Delta\varepsilon_n}{1+\left(\mathrm{j}\omega\tau_n\right)^{(1-\alpha_n)}}+\frac{\sigma_{\mathrm{i}}}{\mathrm{j}\omega\varepsilon_0} \tag{3.31}$$

图 3.35 所示为不同人体组织的 1～10GHz 下的频率相关介电常数和组织中的衰减系数。作为参考，蒸馏水具有较高的相对介电常数，在 2GHz 时约为 80。各种组织的相对介电常数取决于它们的含水量。脂肪的相对介电常数约为 5.5，

而皮肤和肌肉在 2GHz 时的相对介电常数分别为 45 和 55 左右。在各自的材料中的信号衰减如图 3.35（b）所示。脂肪具有较小的衰减系数，而水、皮肤和肌肉则有较高的频率依赖性。因此，预计这些组织中传播的电磁信号会有相当高的衰减和失真，首次研究表明，高度复杂的 UWB 雷达仍然需要有足够的动态范围[92]。

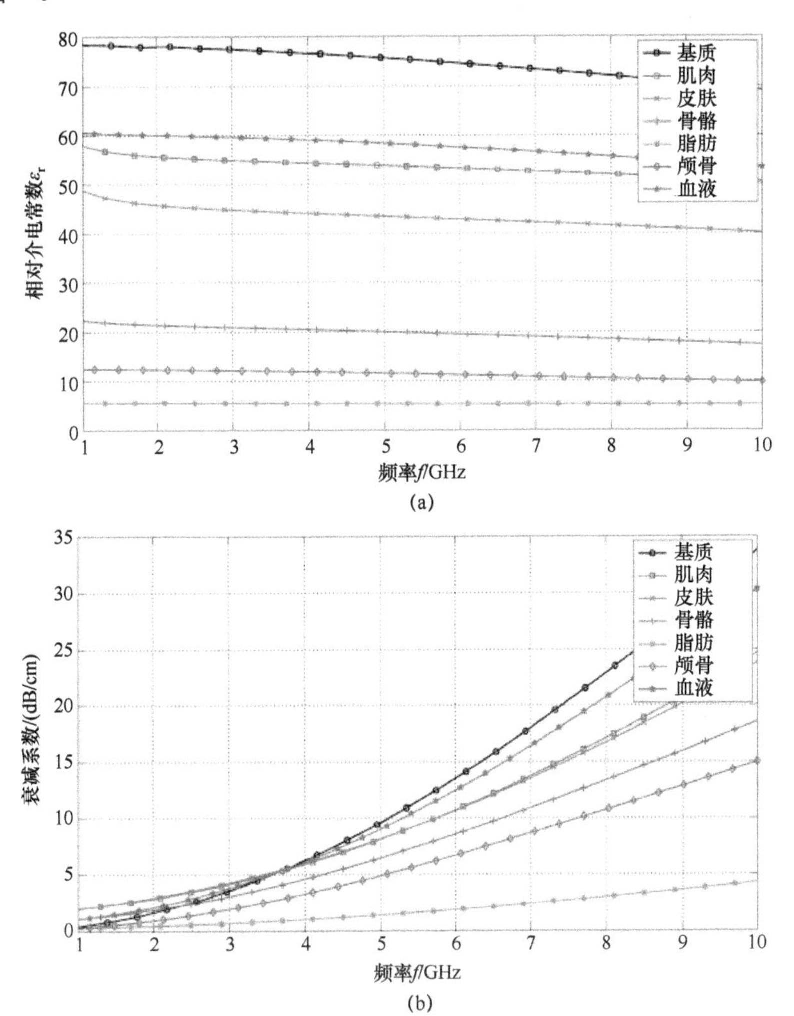

图 3.35 人体组织（基质、肌肉、皮肤、骨骼、脂肪、颅骨和血液）相对于频率的相对介电常数和衰减系数（基质：由作者的测量作为参考；其他组织：由柯尔–柯尔模型预测，©2012 IEEE，经许可转载自文献[94]）

（a）实部；（b）虚部。

3.5.2 UWB 人体天线

皮肤的相对介电常数大于 40。当在空气-皮肤界面进行反射时，电磁波能量的 70%以上被散射回来。因此，医用诊断天线必须与皮肤相匹配。然而，如果天线靠近皮肤或直接置于皮肤上，则必须考虑不同的工作波长和波阻抗。在设计过程中，天线与组织的虚模型一起进行优化。基于平坦层的简单模型如图 3.36 所示。各组织层典型的厚度值基于对成人的调查结果（年龄为 20～60 岁）[35]。基于 3.5.1 节电磁信号在人体组织衰减研究的基础上，优选出适用于 UWB 医学诊断的低频范围。通常天线的尺寸会随着频率的降低而增加，另外除了低衰减，高带宽要求外，系统还需要具有良好的测量分辨率。因此，1～9GHz 的频率范围似乎是大多数医疗诊断应用中较好的折中方案。在下面的例子中，展示了上述频率范围内人体匹配天线的设计。主要设计目标是使天线足够小以便在天线阵列中应用，且符合所研究的身体部位使用（头部、胸部等）。

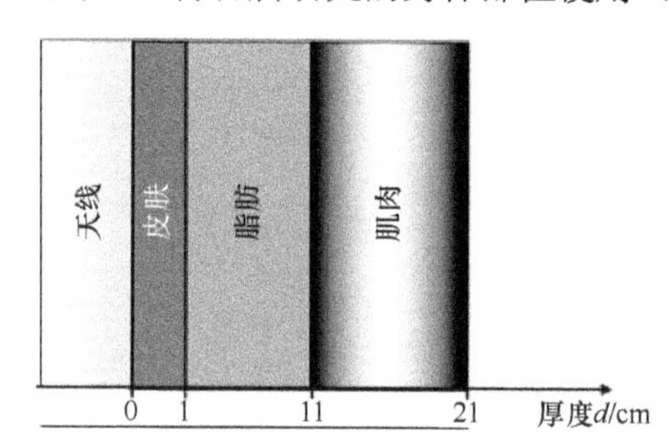

图 3.36　体内天线设计的组织层几何结构

基于文献[4]的概念进行了天线设计，其特点是自由空间传播。设计的天线与人体皮肤匹配，避免了入射 UWB 脉冲在皮肤边界的强烈反射。天线结构和馈电网络的布局如图 3.37 所示。该天线在 Rogers RT 6010 基板上制作（ε=10.2，d=1.27mm，tanδ=0.0023）。两个单极子天线和扇形的缝隙天线位于基底的顶部。在圆上布置的两个单极子天线对称布置，这样有助于在天线中心的辐射区保持对称的电流分布。由于电流分布的对称性，在整个频率范围内，辐射的相位中心正好位于两单极子天线的结构中心[4]。

槽的周长决定了表面电流集中在扇形槽边缘的最低频率，谐振激发了辐射。在图 3.37（a）中参数 s_2 对高频率的辐射而言是重要的，因为在两个缺口上观察到了强表面电流。通过优化 e_1、e_2、α、s_1 和 s_2，实现了整个频带的输入阻抗匹配。参数的优化值如表 3.3 所列。这两部分的间距可以抑制高频中高次模电流，该电流会导致辐射方向图明显的侧栅波瓣（对于高频而言，单极子天线之间距离电尺寸较大）。通过使用这些步骤，可以得到小的 s_1 和 s_2[94]。

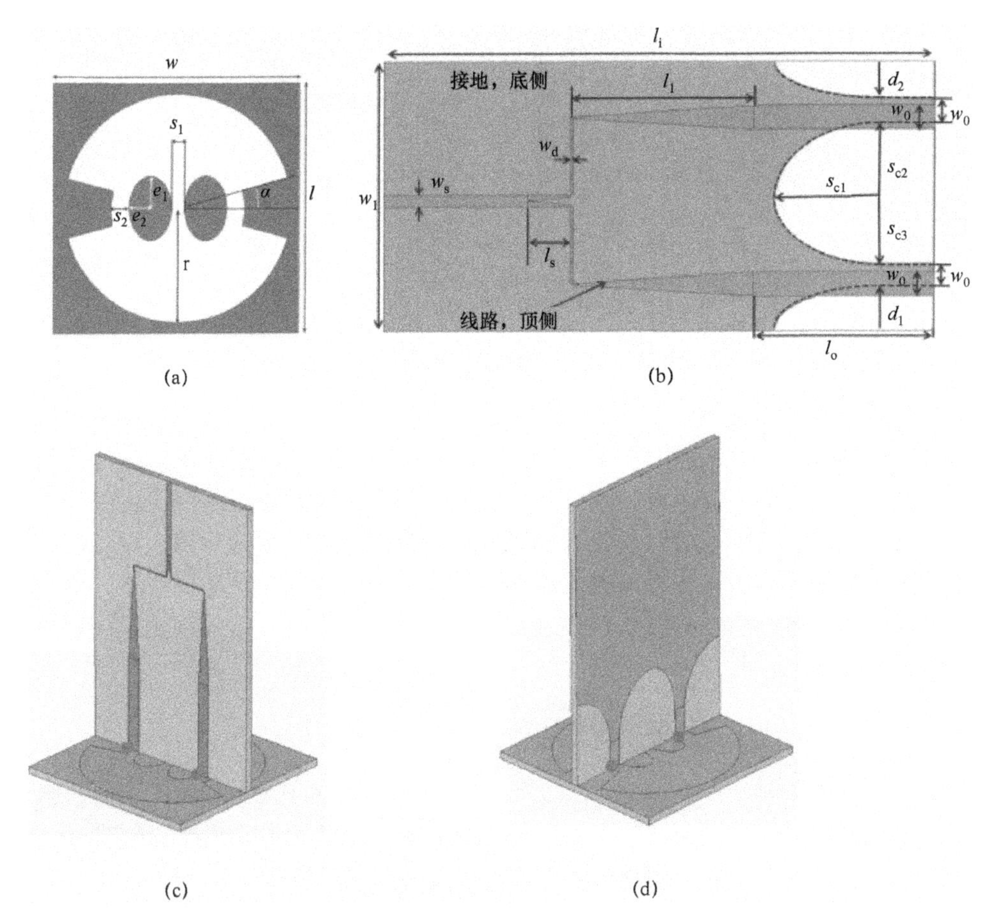

图 3.37　布局（辐射元件和微分馈电网络）和天线的三维视图（辐射器与馈电网络之间用圆圈标记的电气连接）

（a）辐射元件；（b）差分馈电网络（导体为深灰色）；（c）天线左侧；（d）天线右侧视图。

表 3.3　天线和微分馈电网络的设计参数优化值[94]

参数	w	l	s_1	s_2	e_1	e_2	r	a	w_i	l_i	w_s
值/mm	35	35	1.8	2.2	4.5	3	16	15	26	52	1.1
参数	l_1	l_s	w_d	l_o	w_o	s_{c1}	s_{c2}	s_{c3}	d_1	d_2	
值/mm	13.6	4.5	0.2	17	2.3	10	7.65	6.1	4.15	3.5	

由差分馈电网络进行馈电的两个单极子天线如图 3.37 所示。两个单极子天线辐射相同极化的 E 电场方向一致。天线和馈电网络的布置如图 3.38 所示。当连接到人体时，馈电网络和天线的顶部处于自由空间，而天线的底部与人体直接接触[94]。

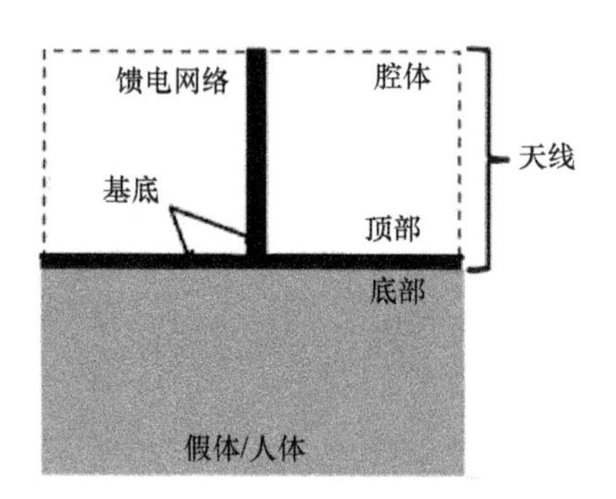

图 3.38 天线和馈电网络的布置（©2012 IEEE，经许可转载自文献[94]）

在天线的优化过程中，第一步，在 5GHz 时[52-54]，假设假体（ε_r=20，σ=0S/m）具有与皮肤和脂肪相同的平均相对介电常数，这里不考虑假体材料的色散程度。因此，可以对天线的阻抗匹配、效率和增益进行研究。由于需要多次迭代，上面的考虑可以显著减少网格单元的数量，从而减少每次迭代的计算时间。接下来，在工作频率范围内假体的电导率和色散会被考虑进来，各种参数也会基于第一步中的迭代结果进行调整。最后，会对天线的阻抗匹配和近场模式开展研究，并对天线的参数进一步更新。

3.5.3 UWB 人体天线的特性研究

为了验证人体内电磁传播的试验特性，广泛使用组织模拟液体[116,176]。这里，将 3.5.2 节所述天线放置于组织模拟液体前，研究其天线特性，如图 3.39 所示。在此，使用聚乙二醇（PEG）和水的混合物（质量比为 6∶4）。

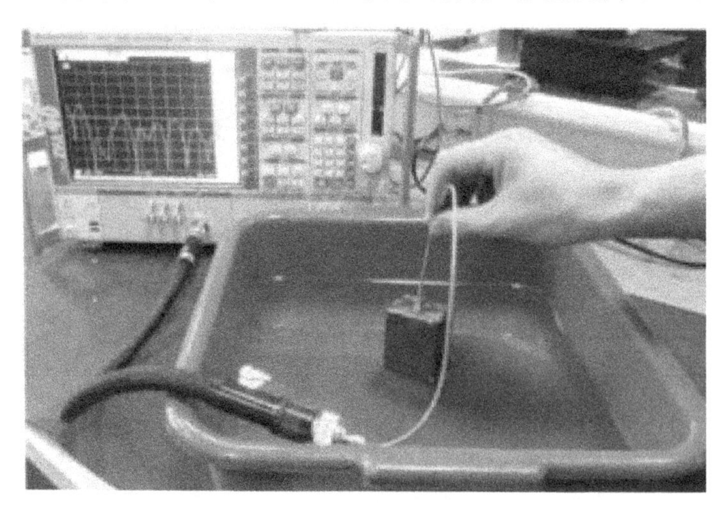

图 3.39 组织模拟液体介质中天线原型的 S_{11} 测试装置

PEG 水溶液中模拟和测定的天线 S_{11} 匹配如图 3.40 所示。在 1～9GHz 范围内，模拟和测量结果是非常相似的。1.07～9GHz，除了一些在 4.3 GHz、7 GHz 和 8.2GHz 时的峰值，模拟 S_{11} 优于−10dB。必须指出的是，馈电网络由于馈电结构和与天线结构的互连，引入了振荡/共振。对于医学诊断，天线应该在人体内辐射所有的能量，所以前向辐射与后向辐射比是一个关键参数，应该最大化。在图 3.41（b）中给出了该天线的模拟前后比。天线的朝向如图 3.41 所示（a）所示，前向作为 x 方向。较大的前后比的主要原因是天线两侧的介电常数比率较大。在高频（4GHz 以上）时，前后比甚至大于 10dB。

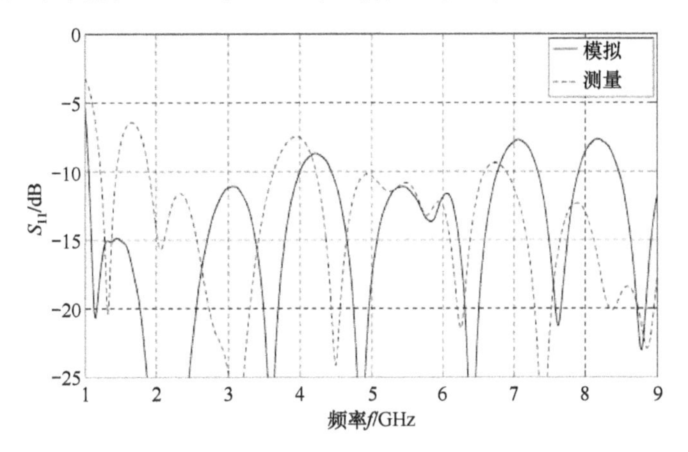

图 3.40 PEG 水溶液中模拟和测定的天线 S_{11} 匹配（©2012 IEEE，经许可转载自文献[94]）

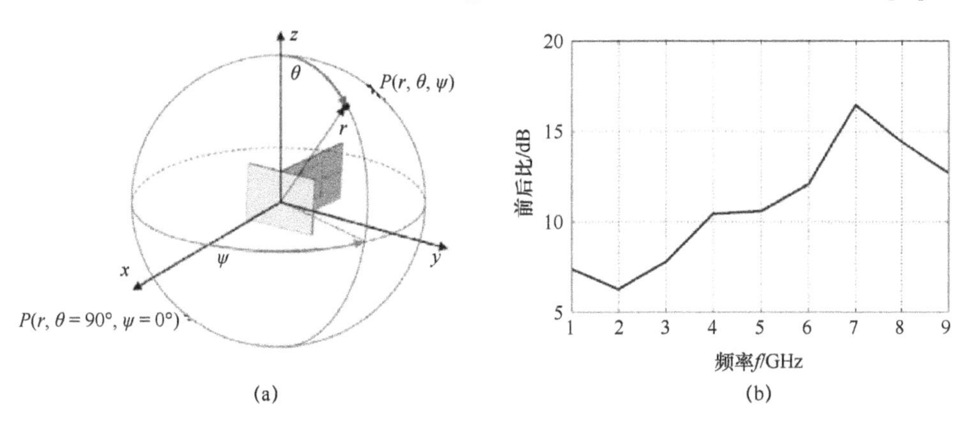

图 3.41 天线的方向性和 r_0=30mm 时，电场强度下的前后比（©2012 IEEE，经许可转载自文献[94]）

（a）天线在坐标系中的方向；（b）前后比。

当评估用于医疗应用（卒中检测）的天线时，必须对近场辐射进行表征。在图 3.42 中，模拟电场在近场表现，距离 r 为 30mm。E 面的电场在低频（直至 4GHz）具有宽波束，而在高频形成更多波束。主波束在工作频带范围内，

θ=90°方向相当稳定。观察到 4～6GHz 旁瓣较弱，在 6GHz 有较强旁瓣及零深。在 H 面确定了相对恒定的波束宽度。结果表明，具有扇形缝隙的平面 UWB 缝隙天线在 1～9GHz 频率范围内有非常稳定的相位中心和辐射特性。只要做好天线与人体的匹配，非常小的天线和非常高的前后比是可以实现的。

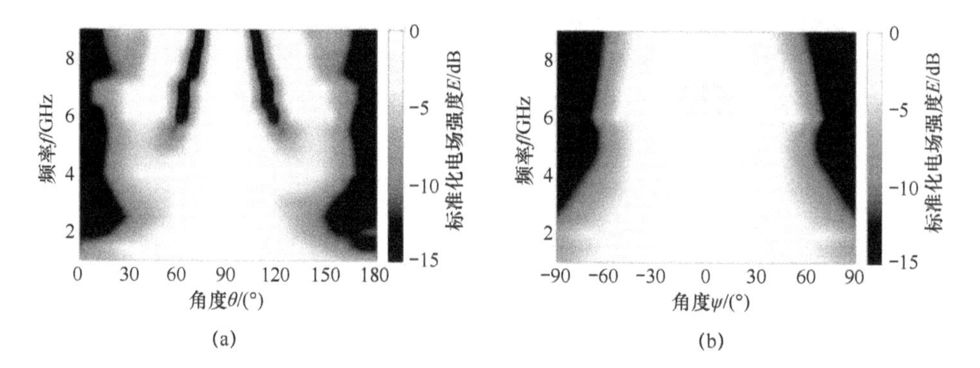

图 3.42　临近天线电场的模拟电场强度与角度和频率的关系

（a）E 面相同极化，$E(f, \theta, \Psi = 0°, r = 30\text{mm})$；（b）$H$ 面相同极化，$E(f, \theta = 90°, \Psi, r = 30\text{mm})$（©2012 IEEE，经许可转载自文献[94]）。

第 4 章　UWB 天线阵列

众所周知，通过使用天线阵列代替单一辐射器，可以增加增益并减少辐射方向图半功率波束宽度。例如，如果在通信中需要建立点对点连接，则该方法就非常有意义。如果在 MIMO 系统的发射或接收端（或两者）使用了多个辐射器，则可以增加信道容量，因此该方法在 MIMO 系统中也具有特殊意义[75]。在雷达系统中，为了获取低半功率波束宽度，天线阵列的应用更加普遍，这样可以增加角分辨率。

本章将详细讲述天线阵列的特定设计问题，根据上述描述的方法解释频域和时域模型，并将该模型用于实际天线阵列设计，同时根据阵列理论详细说明单脉冲技术在 UWB 系统中的延伸。

4.1　UWB 系统中的阵列因子

生成的阵列辐射方向图取决于下列参数：

（1）阵元的数量 N；

（2）阵元间的距离 d；

（3）频率 f；

（4）幅度和相位；

（5）阵元辐射方向图 EF（f,ψ）。

4.1.1　频域中的阵列因子

一个天线阵列通常包括朝向相同且间距为 d 的相同辐射器。下面根据图 4.1 中的排列来说明设计参数与辐射方向图之间的相关性。其中 N 个阵元沿着 x 轴，按照间距 d 排列。假设观察点 P 无穷远，且在 x-y 平面上变动，即沿着角 ψ 变动，并假设阵元不会影响其他阵元的辐射性能，即这些阵元被理想解耦。为了预测该排列对辐射方向图的影响，根据下式对阵元 AF（f,ψ）进行计算：

$$AF\left(f,\psi\right)=\frac{1}{N}\sum_{n=1}^{N}A_n\left(f\right)\cdot \mathrm{e}^{-\mathrm{j}n\varphi_0(f)}\mathrm{e}^{\mathrm{j}\beta\cdot n\cdot d\cdot\cos\psi} \tag{4.1}$$

式中：n 为阵元的编号；N 为阵元的数量；$A_n(f)$ 为单一阵元的振幅激励系数；$\varphi_0(f)$ 为单一阵元的频率相关相位；$\beta=2\pi/\lambda$ 为自由空间内的传播常数；d 为阵元之间的距离。

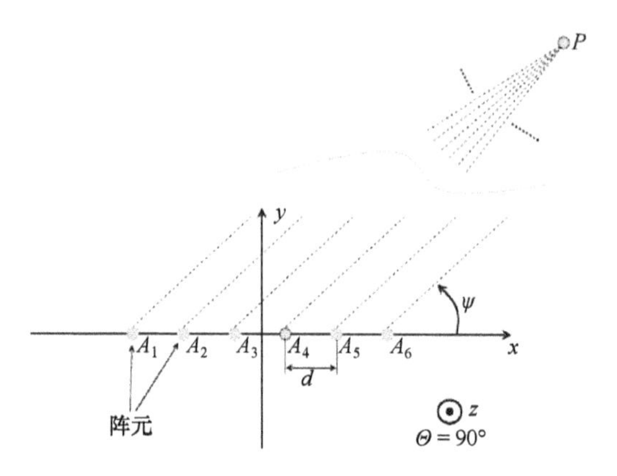

图 4.1 坐标系中的天线阵列示意图

在图 4.2 中绘制了阵元固定间距 d 为 5cm 且阵元数量 N 为 8 的阵列在 3 个不同频率时的阵列因子 $AF(f,\psi)$。根据式（4.1）中的模型可知，假设阵元为等方向性辐射。因此，观察图表可知，可以根据阵列生成一个定向辐射方向图。主波束的一个重要设计目标是其方向应该与频率无关。频率为 f 和间距为 d 时，随着阵元数量 N 的增加，波束宽度逐渐减少。假设阵元数量不变，在频率 f 为 6GHz 且间距 d 为 5cm 时，与频率 f 为 3GHz 且间距 d 为 10cm 时的阵列因子相等。因此，阵列因子实际上与阵元间的电气距离（与波长相关的物理距离）相关。

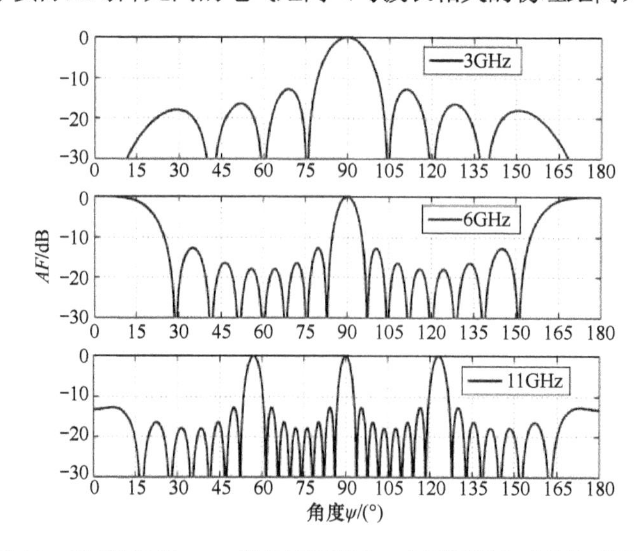

图 4.2 阵元间距为 5cm 的八元阵列在 3 个不同频率时的阵列因子

在所有情况下，波瓣的数量和角位置取决于阵元数量 N 以及频率 f，而波瓣的振幅则与激励系数的幅相有关。在激励一致时，第一旁瓣的振幅大约是主波瓣的 21%，即大约为−13.2dB。例如，假设在阵列孔径上应用一个三角形或余弦渐变波导，则可以降低该振幅。更多信息见文献[24，173]。

阵元间的较大电气距离可导致光栅波瓣。与旁瓣相反，光栅波瓣的振幅与主瓣相等，且光栅波瓣的方向随频率、阵元件的距离以及激励系数的变化而变化。通常，光栅波瓣会在辐射方向图中引入负效应，因为空间中的非预期部分会被以主瓣相同的功率密度照射。但在特殊应用中，光栅波瓣可被用于附加区域的照明，或者用于同时从若干个方向接收信号。

阵列方向图 C_{Array}（f,ψ）是阵列因子 AF（f,ψ）与被称为阵元因子的单一阵元的辐射方向图 EF（f,ψ）乘积生成（见式（4.2））：

$$C_{\text{Array}}\left(f,\psi\right)=AF\left(f,\psi\right)\cdot EF\left(f,\psi\right) \tag{4.2}$$

图 4.3 是一个阵元间距 d 为 5cm，频率 f 为 11GHz 的八元阵生成的辐射方向图的示例。其中顶部图片显示的是一个阵列因子，而中间图片则显示的是一个定向阵元因子。假设所有的阵元都有相同的辐射方向图和相同的方向，而且，阵元之间互不干扰，则生成的辐射方向图如下方图片所示。需要注意的是，旁瓣和光栅波瓣受到阵元因子的抑制。为了确保光栅波瓣远离主瓣，阵列中的阵元应保持较小的距离。这在 UWB 阵列中尤为重要，因为在很多情况下，UWB 阵列中需要在大带宽上进行无光栅波瓣处理。

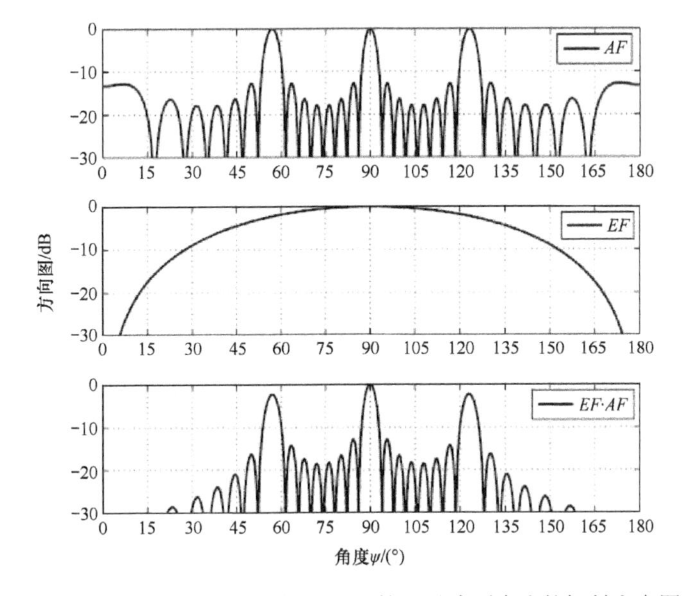

图 4.3 阵元间距为 5cm，频率 f 为 11GHz 的八元阵列生成的辐射方向图的示例

图 4.4 所示为超宽带频率为 3～11GHz，阵元间距 d 为 4cm 的四元阵列的阵列因子。上面所述的一些相关特性依旧有效：与频率无关的主波束方向、随着频率增加而渐减的波束宽度，以及数量和位置均取决于频率的旁波瓣。光栅波瓣在 6GHz 左右时开始出现，并在 8GHz 左右时达到最大。该频率与精确到 λ_0 的阵元间电气距离相对应。在高于该频率时，光栅波瓣开始分裂，并且随着频率的增加，光栅波瓣的位置会逐渐向主波瓣靠近。在频率较高（图中未显示），或阵元间距较大时，会出现额外的光栅波瓣对。

需要注意的是，阵列因子与 x 轴是对称的（图 4.1），即与图 4.4 中的 ψ=90°或 ψ=270°对称。这是阵元对称排列的明显结果。为了消除第二主波瓣（后波瓣），应选择具有定向辐射的单一阵元。

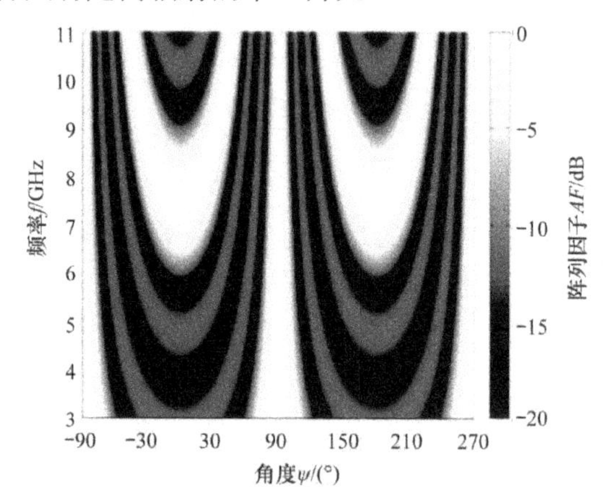

图 4.4　间距为 4cm 的等方向性四元阵列在频域中的阵列因子 AF（©2009 IEEE，经许可转载自文献[6]）

4.1.2　时域中的阵列因子

上述的模型只考虑了频域中的辐射方向图。正如之前章节所述，在时域对脉冲系统进行描述更加充分。为了模拟具有脉冲响应的阵列特性，这里使用时域阵列因子 $af(t,\psi)$。可通过应用频域中的复合阵列因子 $AF(t,\psi)$ 的逆傅里叶变换计算 $af(t,\psi)$。配置与图 4.4（等方向性阵元，间距 d 为 4 cm）相似，其阵列因子 $af(t,\psi)$ 如图 4.5 所示。该模型中使用的假设与上文提及的假设相同，即阵元因子相同，阵元的方向相同，且各阵元互不干扰。

这 4 个阵元在两个方向上相长干涉：ψ=90°和 ψ=270°。这些方向与频域中的主波束方向相对应，且相关的叠加脉冲延迟是 0。可以在除主波束方向之外的其他方向中，清楚地分辨单一辐射器发射的信号。传输线的数量与阵列中阵元的数量相等。单根传输线的角度延迟变化与正弦函数相关。这是距离变化的结果，即各个阵元与在距坐标系原点固定距离的观察点（图 4.1）之间的路径

延迟导致的结果。每对对称阵元的最大延迟是不同的，并且与阵元和坐标系原点间的距离成正比，即

$$\max \Delta t = \frac{d \cdot \frac{n-1}{2}}{c_0} \tag{4.3}$$

式中：d 为阵元间的距离；n 为阵元的编号；c_0 为光速。

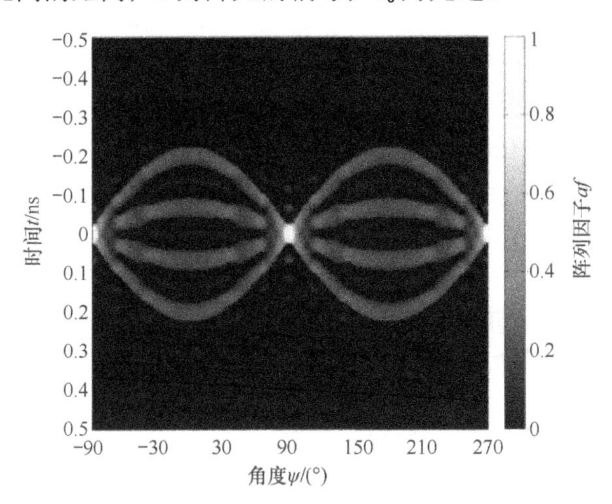

图 4.5　间距为 4cm 的等方向性四元阵列在时域中的阵列因子 $af(t,\psi)$（©2012 IEEE，经许可转载自文献[13]）

在式（4.3）中假设该阵列是对称放置在坐标系原点处。

角度为 ψ 时，单根传输线的振幅通常是恒定的。$f(t,\psi)$（在 ψ=90°或 ψ=270°时）的最大值与单根传输线振幅的比值等于阵元总数 N。假设与 $AF(t,\psi)$ 的情况相同，可以忽略信号衰减方面的差异（由阵元与观察点 P 的距离差异造成），则描述时域中的阵列因子 $af(t,\psi)$ 的数学模型为

$$af(t,\psi) = \frac{1}{N}\sum_{n=1}^{N} a_n(t) \cdot \delta\left(t + \tau_{\mathrm{d}}(\psi)\right) + n \cdot \tau_{\mathrm{e}} \tag{4.4}$$

式中：δ 为一个狄拉克脉冲；$a_n(t)$ 为一个振幅激励系数；$\tau_{\mathrm{d}}(\psi) = \max \Delta t \cdot \cos(\psi)$ 为辐射脉冲在特定方向 ψ 上的延迟，主要与阵元的位置相关；τ_{e} 为实现波束位移而特意应用的阵元间差分延迟（在图 4.5 中，τ_{e}=0ns）。

下面将讨论波束位移的情况（$\tau_{\mathrm{e}} \neq 0$ns）。

阵列在时域中生成的辐射方向图是单一阵元 $h(t,\psi)$ 与阵列因子为 $af(t,\psi)$ 的脉冲响应卷积。与频域中的阵列因子 $AF(f,\psi)$ 相似，可通过单一辐射器的定向特性抑制后向波瓣。

在频域中，随着阵元间距离的递增，在阵列因子 $AF\ (f,\psi)$ 中将出现光栅波瓣。光栅波瓣的振幅与主波束的振幅相同，且光栅波瓣的方向与频率有关。如果考虑到时域中的阵列因子 $af\ (t,\psi)$，则不会造成光栅波瓣。从单一阵元中产生的脉冲将随着时间的推移，在除主波束之外的其他方向上传播。在 0°或 180°的方向上，即在阵列扩展方向，出现最大脉冲传播（式（4.3））。这与光栅波瓣类似，可通过阵元的辐射方向图（阵元因子）抑制脉冲传播的振幅。

4.1.3 波束位移

通过在相邻阵元间的相位激励中引入一个常数偏移，可以在单一频率时实现阵列的主波束方向移动。如果是在窄带系统中，可以通过简单的移相器实现相移 φ_0，该移相器设计用于提供一个恒定相位偏移，与频率无关[24,173]（图 4.6（a））。而在一个超宽带阵列中，该方法可能会在波束位移中导致频率相关性。为克服该问题，使用了一个真延时（TTD）波束成型网络（图 4.6（b））。与标准移相器相反，TTD 可在相邻阵元间提供一个信号的恒定延迟偏移 τ_e（式（4.4））。这可以在单一阵元频率上生成一个线性递增相移 $\varphi_0(f)$（式（4.1））：

$$\varphi_0(f)=\tau_e\cdot f\cdot 360^\circ \tag{4.5}$$

式中：τ_e 为相邻阵元间的信号延迟偏移；f 为频率。

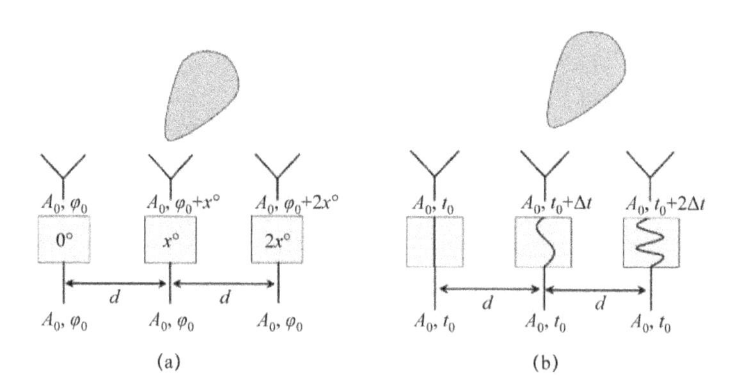

图 4.6 波束位移法则

（a）使用移相器实现的窄带波束位移（相控阵）；（b）使用真延时实现的宽带波束位移。

主波束的方向 ψ_{mb} 和信号延迟偏移 τ_e 之间的关系为

$$\psi_{mb}=\arccos\left(\frac{c_0\cdot\tau_e}{d}\right) \tag{4.6}$$

需要注意的是，主波束方向只取决于延迟偏差 τ_e 和阵元间距离 d。

真延时波束成型网络在实际中是存在的。最简单的解决方案是在每个阵元上应用不同长度的交换微带线[25]。一个更加复杂的解决方案是使用有限脉冲响应（FIR）滤波器[114]。FIR 滤波器可为激励信号振幅的灵活调整提供更多可能性，但其复杂性较高。TTD 波束成型的另一种方法是应用 Rotman 透镜[85]。该方法的设计灵活性较低，且在大多数情况下，该方法的效率较低。然而，根据应用透镜的技术，该方法可能会提供较大的功率容量，特别是在军事或安全应用中，该方法具有重要意义。

1. 频域

TTD 位移波束在频域中的阵列因子 AF（f,ψ）如图 4.7 所示。该阵列包含 4 个阵元，且阵元间距为 4cm。在阵元间延迟偏移 τ_e 为 70ps。主波束从 90°方向处偏移到约 58°方向处。后向波瓣从−90°处偏移至−58°处，而在所有频率中的主瓣和后瓣方向是恒定的。在该特定方向，天线阵列引起的脉冲失真最小。需要注意的是，在波束扫描的情况下，旁瓣和光栅波瓣不以主波束为对称轴。在扫描角较大时，光栅波瓣可能会向主波束的原始位置（在扫描前）移动。这在特定应用中可能是非常重要的，因为光栅波瓣将不再受单一阵元的辐射方向图抑制。

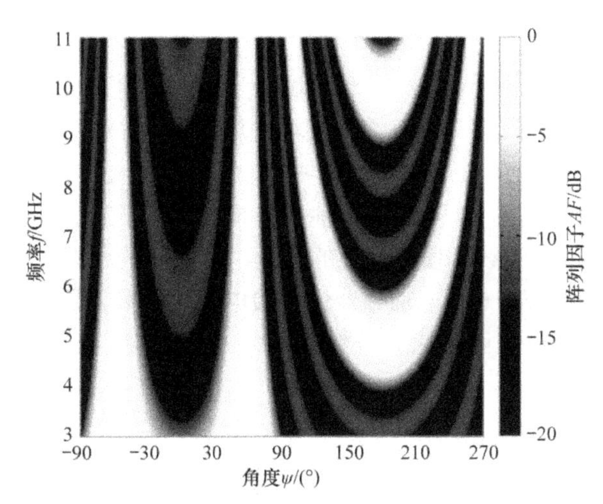

图 4.7　间距为 4cm 的等方性四元阵列在频域中的阵列因子 AF（f,ψ）

2. 时域

在图 4.8 中展示了其在时域中的相应阵列因子 af（f,ψ）。辐射只在±58°这两个方向上是相干的，这与图 4.7 所示的 AF（f,ψ）的主波束方向一致。对于所有其他方向，单一阵元发射的信号是可分辨的。与光栅波瓣相似，这些传输轨迹不以相干辐射的方向为对称轴。在各个时间段，0°和 180°的角度范围内，信号传播的局部极大与图 4.5 中的未扫描情况相似。然而，在扫描情况下，脉冲传播的局部最大值具有不同的数值。该数值空间分布范围的扩展与压缩与引入的延迟偏移 τ_e 成比例。

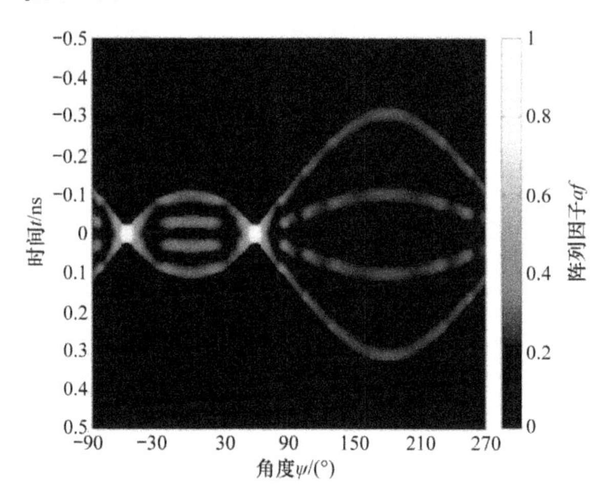

图 4.8　间距为 4cm 的等方性四元阵列在时域中的阵列因子 af（f,ψ）

4.1.4　实数 UWB 阵列的辐射特性

在本节中给出一个阵列在频域和时域中生成的辐射方向图示例。假设该阵列包含 N=4 个定向的双极化分开馈电的辐射单元，每个辐射单元包含 4 个椭圆天线子单元，如图 3.29（a）所示，其在频域和时域中的辐射方向图如图 3.30 所示。单极天线的主波束方向在 y 轴正方向上，且阵元沿 x 轴分布，正如图 4.1 所示。受单个天线元横向尺寸的限制，阵元间的距离取最小值 d=4cm。该阵列采用一个 4 路（6dB）功分器进行馈电，该功分器通过电缆与辐射器相连。可以通过实测传递函数来计算馈电网络中的损耗，包括所有损耗和信号畸变。

1. 频域

该模型也包括辐射器的所有损耗，且这些损耗已体现在（在时域和频域中）实测的辐射方向图中。假设阵元已被理想解耦且是相同的。根据这些假设和边界条件，阵列生成的复传递函数 H_{ar}（f,ψ）为

$$H_{ar}(f,\psi)=H_{ant}(f,\psi)\cdot AF(f,\psi)\cdot H_{feed}(f) \tag{4.7}$$

式中：H_{ant}（f,ψ）为单一阵元的复传递函数；AF（f,ψ）为复阵列因子；H_{feed}（f）为馈电网络的复传递函数。

在 τ_e=0ps 时，根据 H_{ar}（f,ψ）计算的阵列生成增益 G_{ar}（f,ψ）如图 4.9（a）

所示，而在 τ_e=70ps 时计算的生成增益如图 4.9（b）所示。在没有扫描的情况下，后向波瓣受到阵列定向辐射的显著抑制。光栅波瓣的振幅也受到抑制，因此在约 7GHz 以上时，其对增益具有显著影响。而单一阵元由于辐射方向性不够，在相关角域无法对其进行抑制。需要注意的是，最大增益约为 10dBi。根据该理论可知，在 N=4 时，其增加值应该正好是 6dB。这可能使阵列在该区域的最大增益达到 11dBi。之后，该最大增益会随着馈电网络中的损耗减少，这已经在模型中进行了考虑。由此说明，与图 3.30（a）所示的单一阵元的方向图相比，通过阵列应用可以显著减少波束宽度。

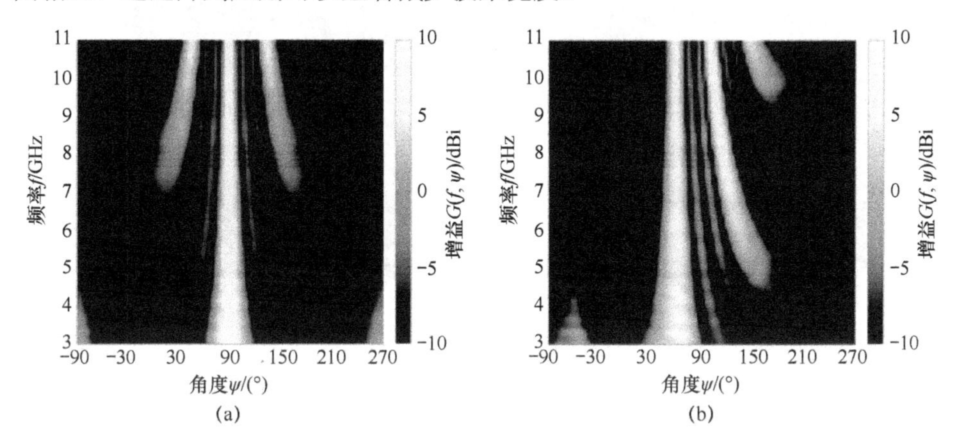

图 4.9 间距为 4cm 的四元阵在频域中的增益 $G_{ar}(f,\psi)$，图 3.29（a）所示的完整天线在此处被用作一个阵元（(a) ©2009 IEEE，经许可转载自文献[6]；(b) ©2012 IEEE，经许可转载自文献[13]）

（a）τ_e = 0ps；（b）τ_e = 70ps。

在波束扫描的情况下，主瓣明显出现在约 58°处。其主波束方向是恒定的，这与理论做出的预测相同。与无扫描的情况相比，其振幅稍微降低，这是受到阵列因子影响的结果（在式（4.7）中被列入 H_{ant}（f,ψ）中）。在该情况下，后向波瓣受到明显抑制，然而，在阵列单元照射区域的栅瓣却不受影响。如果该阵列主要应用于大带宽中的窄带信号使用，则该情况会对阵列天线的使用产生重大影响。

2. 时域

阵列生成的脉冲响应 h_{ar}（t,ψ）是天线阵列不同组件脉冲响应的卷积，即

$$h_{ar}(t,\psi) = h_{ant}(t,\psi) * af(t,\psi) * h_{feed}(t) \tag{4.8}$$

式中：h_{ant}（t,ψ）为单一阵元的脉冲响应；af（t,ψ）为时域中的阵列因子；h_{feed}（t）为馈电网络的脉冲响应。

相同扫描条件下的脉冲响应分别如图 4.10（a）和图 4.10（b）所示。在这

两种情况中，脉冲响应均出现显著延迟，且最大延迟大约为 3.5ns。累积延迟的主要造成因素是：①单一阵元的延迟（图 3.30（b））；②馈电网络（功率分配器和 50cm 长的电缆）造成的延迟。恰好只有一个相干辐射方向，且该方向与主波束在频域特征中的位置相符。在 $af(t,\psi)$ 中发现的相干辐射的第二个方向受到阵元脉冲响应的抑制。除了这些方向以外，单一阵元带来的影响是可以明显区分的。根据理论计算，阵列天线辐射单元的辐射特性会影响脉冲的最大分布。

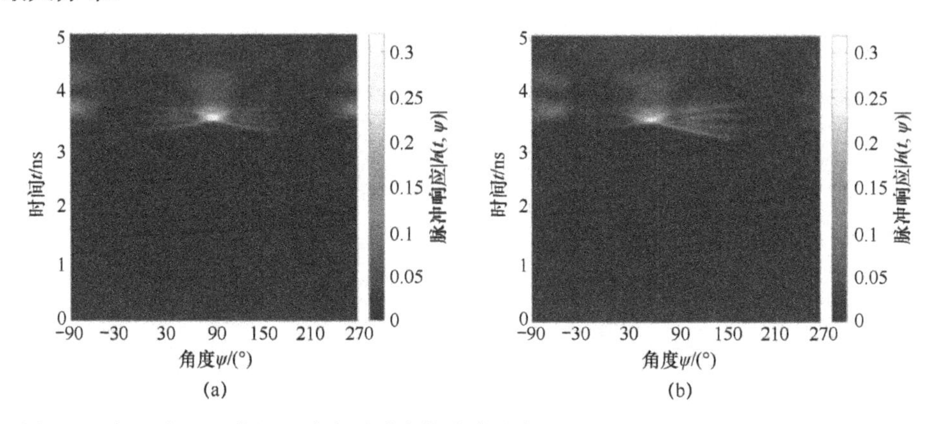

图 4.10 间距为 4cm 的四元阵在时域中的脉冲响应$|h(t,\psi)|$，图 3.29（a）所示的完整天线在此被用作一个阵元（（a）©2009 IEEE，经许可转载自文献[6]；（b）©2012 IEEE，经许可转载自文献[13]）

（a）$\tau_e = 0$ps；（b）$\tau_e = 70$ps。

3. 结论

在 UWB 天线阵列的设计中应尽量保持较小的阵元间距。在很多情况下，阵元间的最小距离是根据单一辐射器的最大尺寸确定的。通常为满足辐射条件，在频率最低时的间距应该是 $0.5\lambda_0$。在频率较高时，该距离则可造成光栅波瓣，且该光栅波瓣很难被阵元因子抑制。因此，我们需要区别窄带信号（在大带宽上切换）的使用与脉冲运用。如果使用的是窄带信号，在中心频率较高时生成的光栅波瓣会产生非常严重的影响，而在使用脉冲（瞬时宽带）的情况下是根本不可能生成光栅波瓣的，阵元间的较大距离只会致使脉冲在主波束外的传播较大，与集中的光栅波瓣相比，其影响较小。

4.2 UWB 振幅单脉冲天线阵列

单脉冲天线阵列至少可以在两种辐射模式下工作。应用不同的工作模式主要考虑传输的（或接收的）功率与辐射（或接收）角度的相互关系。通过天线辐射方向图的测量生成一个查找表。该查找表可以给出不同模型中的功率比与特定角域内的角度的明确关系。通过将多模工作中接收到的目标回波与查找表相比较，可以确定目标的精确角位置[156]。确定目标方位所需的信息可能包含相位（相位单脉冲技术）、振幅（振幅单脉冲技术），或两者混合（混合单脉冲技术）。通常一个和（Σ）模和一个差（Δ）模足以在一个二维平面中确定目标角位置。此类系统的主体是馈电网络/耦合器，该馈电网络/耦合器可分离和信号与差分信号，即可以生成一个和波束和一个差分波束。单脉冲天线阵列可以不对系统带宽进行要求，且通常可以工作在点频状态。然而，为了实现更高的距离分辨率，应该增加信号的带宽。单脉冲技术与 UWB 的结合是唯一可提供简单预测雷达目标方位的方法，以及同步最优距离分辨率。可以通过一个单一雷达回波和简单处理来实现该性能。在低分辨率雷达中，简单的 180°混合耦合器，如环形器，足以作为一个馈电网络使用。而在 UWB 中，则需要整合一些特定的单脉冲频率与宽带天线无关的馈电网络。

如前所述，单脉冲系统的核心组件是馈电网络。既然这样，需要将一个 UWB 180°混合耦合器整合到该系统中。此类耦合器具有两个输入和输出端口。在用于接收信号时，两个输入端口将与各自的辐射器相连。这两个输出端口被命名为和（Σ）端口与差（Δ）端口。在理想情况下，这两个端口是完全解耦的。耦合器的关键功能是把通过辐射器接收到的同相和反相信号相加，如图 4.11 所示。如果在 Σ 端口接收信号，则两个输入信号将被相干合成。这可以生成一个 Σ 波束，这是最典型的情况。正如上面所述。在 Δ 端口接收信号时，存在 180°相位差的两个信号将被结合。在 UWB 系统中，应该使用频率无关方式进行同相和反相信号的合成，即在专用带宽的各个频点相移一致[10]。

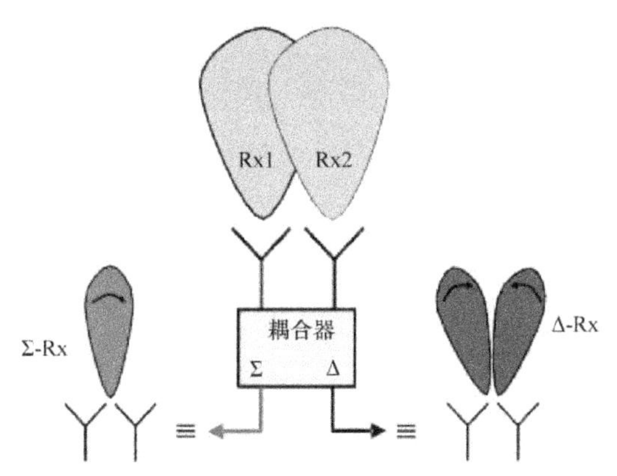

图 4.11　接收用振幅单脉冲的工作原理：生成和波束与差分波束
（箭头表示波束的相位是否移动 180°）

在 Σ 模式中，在主方向中生成了一个单波束，且与单极子天线的波束相比，该波束较窄。然而，在 Δ 模式中生成了一个辐射方向图，该辐射方向图包含两个在主轴两侧对称分布的波束。在 Δ 模式中，这两个波束间的零深角度正好处于 Σ 波束的最大处。受辐射的物理特性影响，波束的形式及其宽度受工作频率的影响。只要最大 Δ 波束和 Σ 波束的零深在角方向上保持恒定不变，这在 UWB 单脉冲系统中是可接受的，而只要满足了上面提及的关于输入信号相位差的要求，便可以实现该条件。我们在下面将会讨论 UWB 单脉冲天线阵列的一些实际设计结果。

1. UWB 180°混合耦合器

UWB 单脉冲应用所需的与频率无关的 Σ-Δ 混合耦合器工作原理如图 4.12 所示。黑色区域以及底部的明亮部分是指耦合器上的金属镀层。在图中两个输入端口为端口 1（Δ 端口）和端口 2（Σ 端口）。输入信号将从馈电端口被输送至输出端口 3 和端口 4 处。在端口 2 处于激发状态时，输出端口的信号具有相同的振幅，且是同相的。在 Σ 端口处于被激发状态时，耦合器结构内的电场分布如图 4.12（a）中箭头所示。在共面波导（CPW）模式中的两个相邻槽线中引导信号，并通过一套导通孔将信号输送到远处。导通孔可以通过外层金属镀层穿透的方式创建，其中金属镀层是通过位于基底对面贴片的金属化实现的。因为外层金属镀层具有相等的电位，所以导通孔不会对共面波导模式的传播造成重大影响。在下一步，将相邻的槽线分隔成同步的槽线。随后，通过孔径耦合将每个槽线转变成微带线。根据电场的方向可以推断出端口 3 和端口 4 处的信号具有相同相位。

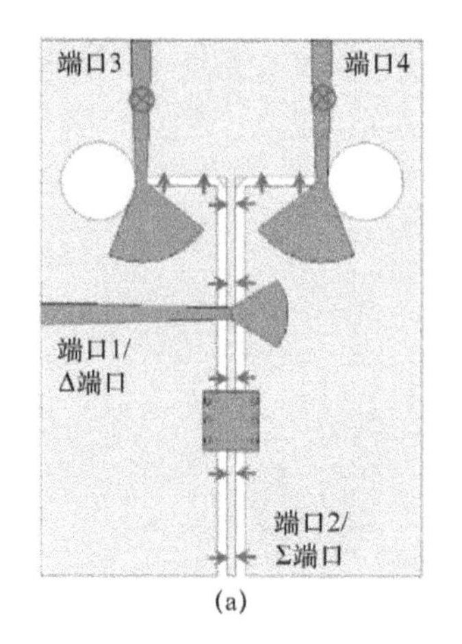

(a)

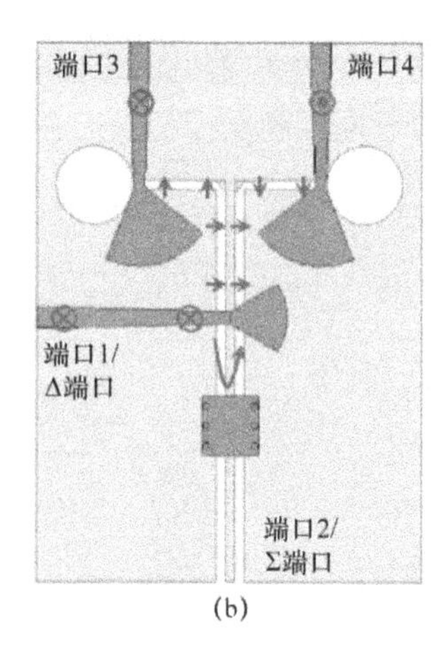

(b)

图 4.12　Σ−Δ 混合耦合器的工作原理（©2010 KIT 科学出版社，经许可转载自文献[3]）
（a）和模（同相输出信号）；（b）差模（反相输出信号）。

如果端口 1（Δ 端口）被激活，则端口 3 和端口 4 处的信号存在差异。通过微带线，电场被引导至该电路结构的中心（图 4.12（b））。接着，通过孔径耦合将能量耦合到两个相邻的槽孔中，耦合槽线（CSL）模式被激发。这会使两个槽孔被激发，且电场朝向相同的方向。耦合的电场将沿着输出方向传播。可以利用导通孔来完成电场到输出口的定向传播。位于有连接贴片的金属镀层上的导通孔可为耦合槽线模式提供一个捷径，并将信号反射。

2. 频域中的单脉冲波束

本节利用一个阵元数量 N 为 2，阵元间距 d 为 4cm 的阵列，来解释 Σ 波束和 Δ 波束的创建原理。这两个阵元均被排列放置在 x 轴上，并以 y 轴为对称轴，如图 4.1 所示。此外，图 3.29 所示的完整天线在该实例中被用作一个阵元。因为阵元扩展是在一个平面上进行，所以在该实例中，单脉冲技术只被应用于一个二维情境中。如果增加了适当定向的额外阵元，则可以应用单脉冲技术在所有三维空间中进行目标精确定位。该方法与窄带系统相同，可参考其他文献，如文献[156]。

处于 Σ 模式和 Δ 模式的二元 UWB 单脉冲阵列在频域中的实测方向图分别如图 4.13（a）和图 4.13（b）所示[5]。由图可知，波束的形态随频率变化。然而，Σ 模式的恒定最大值（主波束方向）为 90°，而在相同方向上，Δ 模式在辐射方向图中却存在一个较强零深。而且，零深位置对于所有工作频率，几乎是恒定不变的。此类波束组可成功应用于具有较大频率范围的单脉冲雷达中。

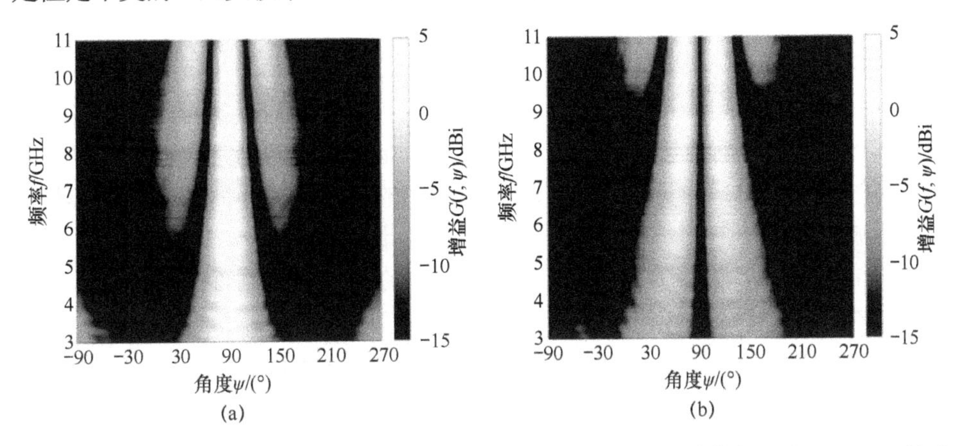

图 4.13　间距为 4cm 的二元单脉冲 UWB 天线阵列在频域中的实测增益，图 3.29（a）所示的完整天线在此被用作一个阵元（©2010 IEEE，经许可可转载自文献[5]）

（a）Σ 波束；（b）Δ 波束。

3. 时域中的单脉冲波束

在脉冲超宽带中，不能从接收到的信号中提取单频信息，不过，需要一个具有接收到的 UWB 信号特征的单值（全频带的辐射方向图），以进行单脉冲方向定向。为此，可以使用脉冲响应在两个模式中的特定方向上的最大值[8]。

图 4.14（a）和（b）所示为所述的实例在 Σ 模式和 Δ 模式时的实测脉冲响应。同样，如图 4.13 所示，Σ 模式的最大值与 Δ 模式的零深在同一个方向，即在 90° 方向。脉冲的相对较大延迟是由连接耦合器和天线之间的电缆造成的，有时也是由耦合器和天线本身造成的。

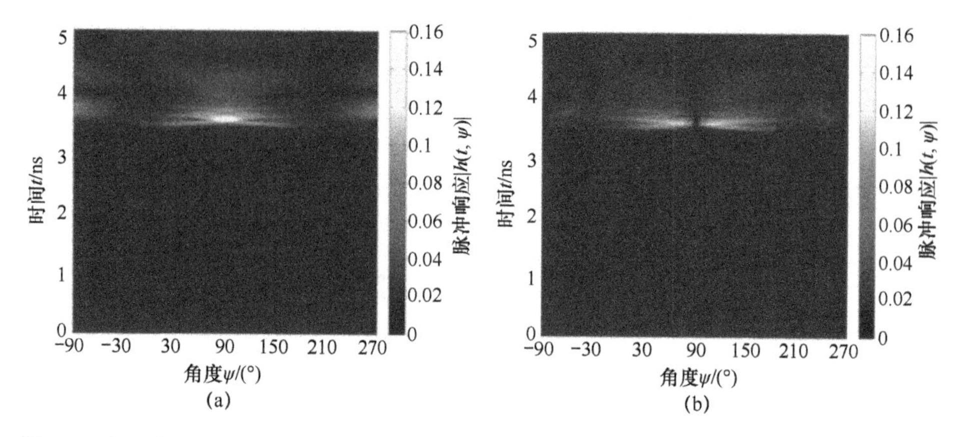

图 4.14 间距为 4cm 的二元单脉冲 UWB 天线阵列在 Σ 模式和 Δ 模式时的实测脉冲响应，图 3.29（a）所示的完整天线在此被用作一个阵元（©2010 IEEE，经许可转载自文献[5]）

（a）Σ 波束；（b）Δ 波束。

4. 查找表

下面使用 Σ 模式和 Δ 模式时的辐射方向图之比构建查找表。雷达在两种模式下接收到的目标回波的振幅比与查找表中指定方向的比完全一样，这使目标方向的精确预估成为可能。仅对辐射方向图的振幅进行评估会使角方位不明确。主波束方向两侧的角度分布对称性与振幅比例完全一样，这可以帮助进行精确的位置估算，且位于主波束左右两侧的对称方向之间没有差异。为了避免出现此类不明确性，应对相位信息进行评估。Σ 波束中，信号的相位在整个波束宽度中是恒定的。在 Δ 模式中，两个波束中包含的信息相位是完全相反的，即相差 180°。总之，可使用最大脉冲响应 max（$|h(t,\psi)|$）测定方向，而且，相位信息可用于进行目标方向的左右识别。例如，可以通过相关系数提取信息中包含的相位信息。可以使用 Σ 波束中主波束方向的脉冲响应实数部分 $h_\Sigma(t,\psi=90°)$ 作为基准脉冲。关于从脉冲响应中提取相位信息 $\xi(\psi)$ 的公式为

$$\xi(\psi)=\mathrm{sgn}\left(\mathrm{corr}\left(h_\Sigma\left(t,\psi=90^\circ\right),h_\Delta\left(t,\psi\right)\right)\right) \tag{4.9}$$

式中：$h_\Sigma(t,\psi=90°)$ 为处于 Σ 模式的单脉冲天线阵列在主波束方向 $\psi=90°$的脉冲响应；$h_\Delta(t,\psi)$ 为单脉冲天线阵列在 Δ 模式时的脉冲响应。在一个理想单脉冲天线阵列中，$\xi(\psi)$ 的数值为

$$\xi(\psi)=\begin{cases}-1 & (\psi<90^\circ)\\ 1 & (\psi>90^\circ)\end{cases} \tag{4.10}$$

可以使用相位信息绘制单脉冲天线阵列在两种模式中的脉冲响应极值。其数学描述如下：

$$p_\Sigma(\psi)=\max_t\left|h_\Sigma(t,\psi)\right| \tag{4.11}$$

$$p_\Delta(\psi)=\xi(\psi)\cdot\max_t\left|h_\Delta(t,\psi)\right| \tag{4.12}$$

在图 4.15 中绘制了间距为 4cm 的四元阵在各个角 Ψ 时的实测脉冲响应极值 $p_\Sigma(\psi)$ 和 $p_\Delta(\psi)$，该极值中包含相位信息。在 Σ 模式时，观察可知，频域和时域中的辐射方向图具有相似点，即都有一个单波束，且波束方向为 90°。在 Δ 波束中，$p_\Delta(\psi)$ 具有正负值。$p_\Delta(\psi)$ 与 $p_\Sigma(\psi)$ 之间的比值可创建查找表 $\varXi(\Psi)$：

$$\varXi(\psi)\equiv\frac{p_\Delta(\psi)}{p_\Sigma(\psi)} \tag{4.13}$$

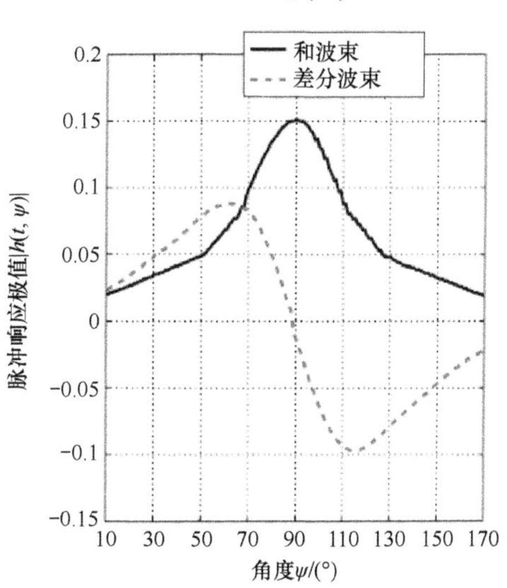

图 4.15　间距为 4cm 的四元阵在各个角 ψ 时的实测脉冲响应极值 $|h(t,\psi)|$，图 3.29（a）所示的完整天线在此被用作一个阵元

在图 4.16 中绘制了间距为 4cm 的四元单脉冲天线阵列的查找表。由此可知，在角 $\psi=90^\circ\pm20^\circ$ 时，$\varXi$（ψ）范围明确，但在角度较大时，$\varXi$（ψ）范围变得模糊，并且需要通过其他方式（模拟或通过附加算法）为其提供保证，以确保可以将来自相应角度的目标回波与在不明确范围内接收到的目标回波区分开来。可将计算的数值（根据目标回波）与图 4.16 所示的查找图进行比较，以发

现目标的方向。该技术只对位于各自时间段内的单雷达回波有效。可通过 UWB 技术及时（因此，也在范围内）分辨来自不同目标的回波的不同时间延迟，而且通常不会对检测性能造成影响。如果同时接收到了来自两个或更多目标的回波，对于单脉冲天线阵列可以采用多种工作模式或波束扫描，以区别每个目标。方向估计的精确度主要取决于接收机灵敏度和（机械与电气）阵列设计。

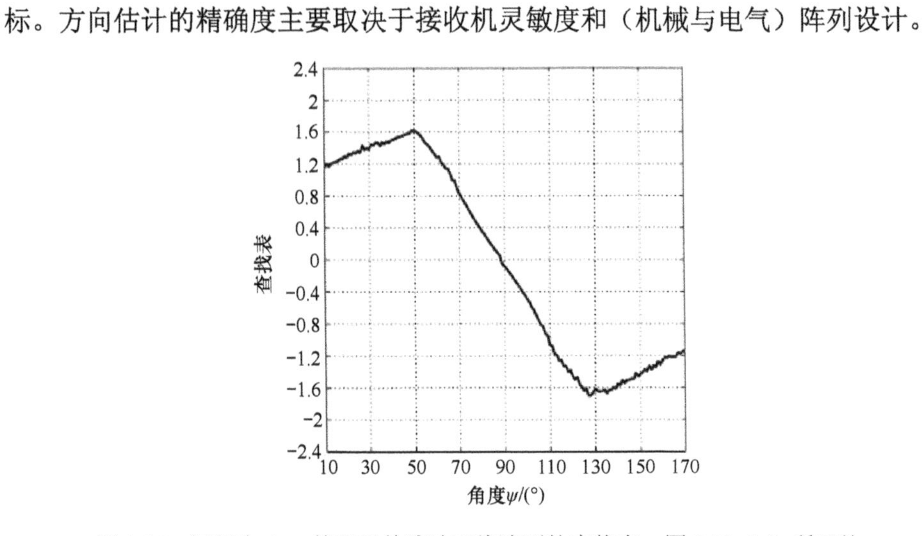

图 4.16 间距为 4cm 的四元单脉冲天线阵列的查找表，图 3.29（a）所示的完整天线在此被用作一个阵元

第 5 章　单片集成电路 UWB 收发机

UWB 系统的巨大信号带宽使人们产生了极大的兴趣。正如之前章节所述，超宽信号带宽可带来很多好处，例如非常高的数据传输速率和时间分辨率。如果与现有无线解决方案相比，其可以在功率消耗和性能方面取得较大优势，那么这一种或两种潜在的优势对于短程通信系统来说非常具有吸引力。尤其是时间分辨率远低于 1ns 这一独有特性，可以帮助实现精确室内定位。然而，巨大信号带宽需要一个合适的电路设计，而该设计在很多情况下与传统的窄带 RF 电路设计不同。为了获得需要的定时精确度，数字领域中的子电路也同样需要达到该要求。本章在综合考虑室内定位应用后，阐述了为什么在以到达时间（ToA）和飞行时间（ToF）为基础的定位系统中，脉冲无线 UWB 电路在定位精确度方面具有广阔前景。下面将介绍和解释不同的脉冲发生和脉冲检波原理，并会在介绍完整单片集成电路的过程中讨论一些重要的设计内容。最后列举一些实例进行说明。

5.1　脉冲无线电收发机要求

5.1.1　室内信道要求

为什么近代的短距离无线通信系统，如蓝牙、WLAN、无线局域网等，在室内定位领域未取得突破进展？总结第 2 章所述的室内信道特性可知，未取得突破的原因是：在室内环境中有限信号带宽不支持多径传播。

图 5.1 展示了室内的一个典型情况。一个发射机发射出无线电波，这些电波或被直接传输到接收机处（视距（LoS）情况）或在某处被反射，然后被传输到接收机处（非视距（NLoS）情况）。一个典型的无线电通信系统可以或多或少地应对该情况，因为信号到达的精确时间并不重要，而且可以通过较多的接收机增益补偿潜在的衰落效应。但随着定位系统的出现，该情况变得更加严峻，因为对于沿视距路径之外的其他路径传播的信号，其接收出现额外延迟，

这会导致到达时间预估错误，进而导致距离计算失败。为了区分相关度最高的LoS路径和其他NLoS路径，需要对接收到的信号解叠加。这对于窄带系统来说是非常困难的，因为在该系统中，与其他不同传播路径的典型的延迟量相比，被传输信号的持续时间通常更长。信号最强的路径（因衰落效应产生，但不一定是LoS路径）最终会在接收机的输出中占主要成分。因为脉冲通常比NLoS路径的延迟量更短，所以脉冲无线电传输在这一点上占有优势。在时域上，接收到的脉冲可被分隔并分配到不同的传播路径中。正如之前所强调的，第一入射信号（脉冲）（通常沿LoS路径传播）的识别对距离计算的精确度具有特别重要的影响。

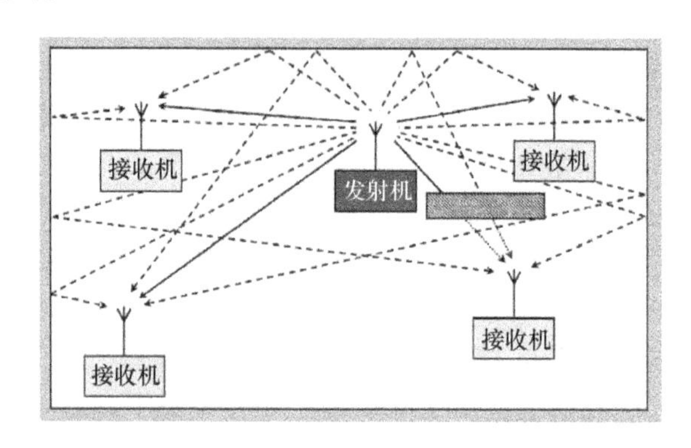

图5.1 室内定位应用中的LoS路径（实线）和NLoS路径（虚线）说明

5.1.2 室内定位的定时准确性

UWB定位技术将在6.2节进行概述，这里只考虑基于飞行时间的方法，因为它们对接收机体系结构具有重要影响。为了确定传播时间，这些定位技术需要具备确定发射无线电信号的传输时间（ToT）和信号接收的到达时间（ToA）的能力。当然，原始时间测量分辨率对两个无线电节点间距离的计算准确度具有重要影响。需要记住的是，因为无线电波以光速传播，时间测量中1ns的不确定度可导致距离测定中30cm的不确定度。这可能已在大多数应用中造成影响，因为一些单项错误可能会导致应用的方法出现相应的总体定位差异。例如，在采用双向测距（TWR）方案时，两个相关节点的不确定度将会增加。

5.1.3 示例研究

为对室内定位系统的定时要求进行粗略量化，假设一般的情况如下：人们（按照1m/s的步行速度移动）在大型建筑物（如贸易中心、机场）中需要根据导航系统的引导移动。这100名用户可能需要每秒更新一次他们各自的位置，且位置需精确到 1m。进一步假设这些用户共用相同的 RF 介质（信道），该介质可能与一个时分多址（TDMA）机制连接。此时，在整个定位程序中，每名用户的可用时间为 10ms。根据选择的定位方法，该程序包括移动节点和固定节点间的若干独立传输。

为了简化问题，可预估一个定位数据包的传输时间不超过 1ms，此处不再做详细叙述。根据统计规律可知，只要达到边际分布要求，随着样本数量的增加，方差将会按照二乘法函数逐渐减少。对于给定的时间测量间隔，这意味着采样率的增加和信号带宽的扩宽将提高准确性。关于我们提供的示例，可以说按照 1 MS/s 的比例抽取的 1000 份接收信号样本（如零交叉）足以获得小于 3.3ns 的量化误差。该说法只有在接收信号为周期性，且与抽样系统不相关，以及未受任何噪声影响的情况下成立。

然而，在现实系统中存在若干误差来源，这会对总误差造成影响。首先，以噪声本振为基础计时的噪声发射机将产生初始误差分布。来自传输信道以及接收机电路的额外噪声将会加宽信号的误差分布，最终会出现在采样系统（如模/数转换器）中。在采样系统中，本机时钟的抖动会使误差分布函数再次增加。因为需要相加所有误差贡献率，所以任何一项都不能超过规定的总准确度。例如，无法改善一个较差的传输信号，那么即使是使用理想的传输和采样系统也无法改善它。同样地，之后的采样系统的内在时钟抖动也无法进行弥补。如果传输信道的 SNR 较差，则可以通过增加样本数量的方式（通过扩宽信号带宽或延长测量的时间范围）将统计值提高到允许量，这可以减少不相关噪声的误差影响。

5.1.4 对电路设计的影响

根据上面提及的研究可知，利用 UWB 系统的超宽信号带宽可以显著降低由无线传输和一般不相干噪声引起的定位误差。假设发射机端和接收机端的定时足够准确，则带宽是当今无线电系统的限制因素。新兴的 UWB 系统不仅可以提供更好的定位精度，还能够提供更多样的应用——如：每个移动节点的更新率提高和系统中同时运行的节点数量增多；包含 1000 多个节点或更新率超过 1000Hz 的定位系统变得可行。此外，将短脉冲（小于 1ns）作为传播介质（载体）使用可以大大简化室内环境中的多路径传播的处理。这使脉冲无线电 UWB 系统在室内定位应用中具有显著优势。其他大信号带宽系统在数据通信方面也取得相似数据速率，但在室内定位领域很难与脉冲无线电系统匹敌。很多未满足需求的最终解决方案是使用一个无线前端将高数据速率通信与精确室内定位结合，与两个单一解决方案相比，该解决方案的功率消耗较低。如果可以满足一系列 RF 电路的设计要求，该脉冲无线电 UWB 电路将是最佳方案。

例如，巨大信号带宽在阻抗匹配方面需要使用不同的技术，并会使接收机更容易受噪声和其他干扰无线电信号的影响。此外，高精度定位的严格定时要求迫切需要高速数字逻辑和 RF 电路在芯片上同步运行，并减少相互干扰。下面讨论室内定位脉冲无线电接收机的 RF 电路设计。

5.2 脉冲生成

5.2.1 概念

为了生成具有 500MHz 或更大超宽带宽的脉冲，其持续时间应被限制在 2ns 左右或更短。在早期，这是不可能实现的。在 20 世纪初，火花隙式发射机用于无线电报技术，但之后该发射机便被禁用，因为它们对其他无线电系统的干扰过大。随着半导体技术的发展，可产生短脉冲的新设备，即“阶越恢复二极管”（SRD）问世。但遗憾的是，其重要参数，例如脉冲持续时间和光谱功率分布弧，是在制造过程中设定的，在操作期间不能再进行调整。在关于 UWB 技术使用的近代条例（见第 1 章）将其使用限制在特定频宽中，并将在这些频宽中发射的 RF 功率限定为最大值。SRD 的典型特性在这一方面是不利的，因为其生成的大部分 RF 功率在 UWB 之外。其中一些可以通过应用带通滤波器来满足该约束要求，但是该脉冲发生器的频谱效率和总功耗将会衰减。关于避免使用 SRD 的一个更现代的尝试详见文献[95]。

在最新的研究中利用了硅技术取得了进展。为了改善脉冲发生的电源功率效率，需要在相关频带直接生成 RF 功率。此外，需要进行专用脉冲整形（在时域内），以防止违反条例中规定的频谱掩模（详见第 1 章）。单片电路集成选用硅技术确保有源器件（晶体管）具有足够高的截止频率，且可以整合预期的无源元件。最后，为支持一定功率脉冲的发射，在天线输入电路中需要的峰值电压摆动可影响硅技术的选择。在综合考虑这一点后，可以在近期的文献[189]中找到脉冲生成的两个主要方法：第一个是快速数字逻辑中的直接脉冲合成；第二个是将形状明确的脉冲上变频至 RF 域。无载波和载波的这两种方法都具有各自的优势和缺点，下面将对其进行进一步研究。

5.2.2 全数字脉冲合成

首先从全数字解决方案开始介绍。其主旨是根据一系列已进行振幅调制的连续半单周期构建完整的脉冲波形，其中，周期长度与最终发射脉冲的预期中心频率对应。图 5.2 所示为整个过程中的主要步骤。此类脉冲生成方法的优势是避免使用第二原理中要求使用的无源 RF 组件，例如，线圈或变容二极管

（在压控振荡器（VCO）中）。在文献 [83,103,117]中列出了最新示例。

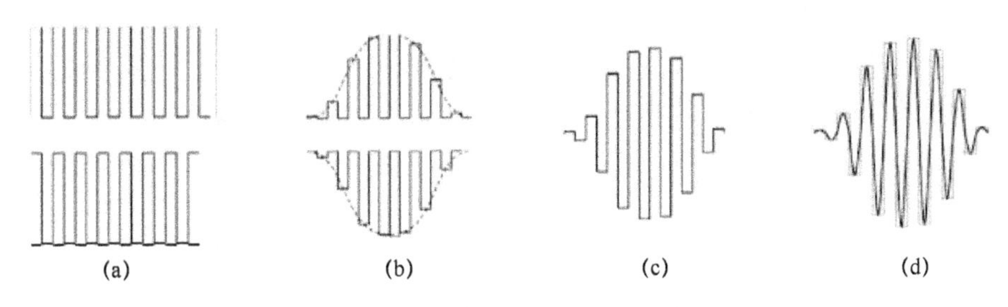

(a)　(b)　(c)　(d)

图 5.2　全数字脉冲生成的主要步骤

（a）时钟脉冲振荡；（b）脉冲整形；（c）半单周期的“无直流”组合；（d）通过滤波平衡光谱。

可以想象，由于频率为 3.1～10.6GHz，故此在数字域中生成主要 RF 信号并非那么简单。如果目标硅技术支持位于这样频率范围内的数字时钟，那么一个典型的时钟发生器就可在两个相反相位中理想地交付主时钟。应根据应用设定关于该时钟准确度的要求。例如，精确定位系统可能需要一些时钟抖动的最大电平和影响发射机信号频谱掩模的频率稳定性。因为在平常过程中，电源电压与温度（PVT）变化对不同步数控振荡器（DCO）的输出频率具有重大影响，所以需要应用一个反馈环路来稳定时钟。然后需要在该环路中设置一个时钟信号分频器（计数器），该设备通常需要消耗大量功率。

另一个实现方法要求在延迟锁相环（DLL）中设置环形振荡器或延时元件环，其中单一延迟时间与最终脉冲的半周期时间对应。此外，因为在光谱功率分布方面，延迟元件对 PVT 变化敏感，即使是脉冲中心频率的变化在光谱功率方面也可以以某种方法被接受（违反 UWB 掩模），所以需要使用 DLL。更好的情况是使用振荡器作为一个系统时钟，以提供进一步的定时事件（时间范围、脉冲释放时间等），因为任何一个显著的变化都会在同步和通信过程中造成麻烦。可以在两个一般任务中进行脉冲整形：一是 RF 功率频谱分布在频域中的定义（根据 UWB 条例和相应标准）；二是在多数情况下单脉冲传输时间的确定（释放时间）。这可以通过对时钟信号应用（增加）需要的脉冲包络来实现。如图 5.2（b）所示，包络可以切断一小部分需要进一步处理的时钟信号。实际上，这可以形成原始时钟半周期的波幅调整，随后将被合并形成最终波形。然而，总脉冲波形（包络）不会改变，这适合通过固定的方法应用到 RF 前端。在文献[83,117]中可以发现一个使用快读数/模转换器（DAC）的解决方案，它们由内置查找表或由创建一系列振幅电平的固定逻辑组合馈给信号。很明显，应尽可能确保离散电平精确，以减少频谱中可能违反频谱限制的不必要尖脉冲。一个折中办法，提供较少的振幅电平可使发射机输出端 RF 域中的滤波操作变多，这对总功率消耗具有不利影响。尤其是发射机输出端通常与 50Ω 的阻抗配对，需要的直流电流远大于数据域中可获得的直流电流。

为了简单起见，通常在两个独立的支路中生成构成最终脉冲的正负半周。然而，RF 脉冲应该是无直流的。因此，需要对两个独立的信号进行适当组合，以消除信号中包含的直流电。最简单的办法是通过电容器用交流耦合来适当组合信号。需要注意的是，这些电容器被用作高通滤波器，需要被考虑用来进行脉冲整形。各种直流偏移补偿中也需要考虑到相似考量，以消除直流电部分。此时，可通过简单地对换这两个信号将二相相移键控调整整合到发射机链中的后续阶段。在很多情况下，这两个单独的（且还是数字的）信号具有 CMOS 逻辑输出提供的轨对轨电压电平。应保持这些电平，以实现最大功率效率。因此，通常在功率放大器（PA）中完成两个信号的组合，在放大器中，一条支路为公用负载提供正半周，而第二条支路提供负半周。这允许峰值电压电平达到 CMOS 供应电压（上面提及的轨对轨电压）的两倍。在全数字解决方案中通常使用很多 CMOS 逆变器作为 PA 输出级，旨在实现射频负载（天线）所需的驱动能力。此外，可通过需要的脉冲包络控制驱动能力，以引入幅度调制。

负载包括连接传输天线与 PA 输出的匹配网络。应特别注意的是匹配网络也被用作带通滤波器，以最终确保传输信号的频谱纯度。全数字方法的本质将在频谱内引入很多由时钟、量化效应、转换作用等造成的不必要尖脉冲和脉动。然而，这可以抑制带外的杂散发射，并允许带内发射通过。有些时候，应该在发射机链路中尽早减少这些发射，否则可能会减少 RF 输出功率，降低系统的频谱效率。此外，抑制过多带外发射所需的高阶带通滤波器通常会造成较大的带内插入损耗。这也会导致发射机的总体功率效率降低。因此，不能只依靠功率放大器及其匹配网络确保发射的发射机信号的频谱纯度。

5.2.3 上变频方法

关于近期全数字方法的分析显示，吉赫范围内所需的时钟面临着非常严峻的挑战。因此确定了完善的载波方法，该方法避免使用高频数字时钟，而是使用一个通常嵌入在频率合成器中的本机振荡器。其明显的优势是本机振荡器信号的频谱纯度更好，频率调谐更简单且更广泛，而且其对数字逻辑电路的要求比较低，这主要由硅技术的最低特征尺寸决定。其明显的劣势是需要使用 RF 组件，例如，线圈和变容器、占据较大的硅面积。与较新的全数字解决方案相比，一个潜在缺点是需要消耗更多的功率。另外，模拟设计方法在很久之前已经确定，可以保证最佳性能，此外，总功率损耗也不一定那么严重。图 5.3 所示为该方法的一般原理。

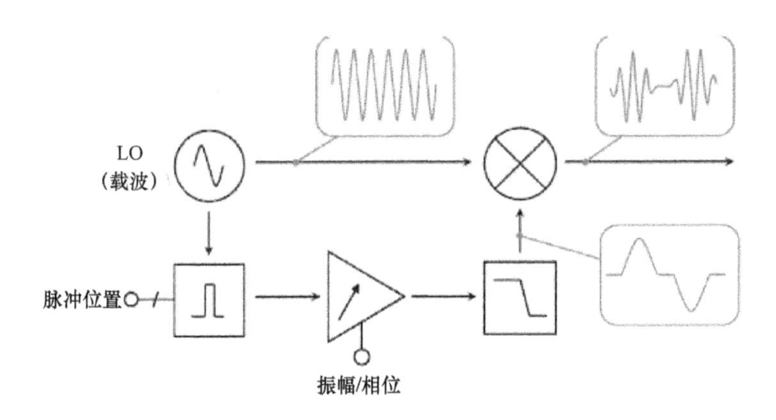

图 5.3　载波脉冲生成的一般原理：上变频脉冲包络至 RF 域

另外，该方法的主旨是将清晰的脉冲包络轮廓信号上变频至 RF 域。在文献[29,73,99]中列举了多种生成脉冲的方法。因为包络的形状对发射脉冲的最终频谱具有重大影响，所以需要特别注意包络形状：一方面，不能违反频谱掩模的约束要求；另一方面，应覆盖掩模下方尽可能大的区域，以实现最大输出功率，从而获得最大传输范围。其中有很多方面可以影响特定电路实现。例如，易于实现的环形振荡器在载波频率生成中的应用可使 PVT 变化造成脉冲中心频率的重大变化。

为了防止违反掩模的约束条件，脉冲整形应确保一个窄谱，并始终保持脉冲发射在掩模内。在将允许的频谱频率范围进一步划分到信道（如 IEEE 802.15.4a）时，不允许脉冲中心频率出现实质变化。相反，使用嵌入在锁相回路中的 LC 振荡器进行的复杂复合 LO 生成，可以允许进行更精确的掩模填充，即使是在典型 PVT 变化时。然而，该方法的功率消耗较高。在此将详细讨论其中一种可能的实现方法，这对其他实现也有效，并且根据预期应用可以进行一些简化。现在返回至图 5.3，该图展示了一个较为完整的实现过程。在上端支路中，LO 信号会与最终脉冲的包络进行倍频或混频。如果在使用理想倍频器的情况下，在输出频谱中不会出现不必要的谐波，而在使用典型上变频混频器时则会出现，就需要进行处理。在文献[133]中还可以找到使用直接调制振荡器的方法，其使用包络信号启动和停止该振荡器。该方法的主要问题是振荡时间较短，很难控制和锁定频率（如通过 PLL）。可以通过精选谐波元件或通过一些脉冲生成前的预校准克服该问题。此类方法的优势是功率消耗非常有限，只在振荡时产生功率消耗。

图 5.3 所示的下端支路属于脉冲包络创建。其中，LO 也用于脉冲发生时的定时。这对于任何一种要求 LO 信号和脉冲包络严格同步的相位调制都是非

常有用的。需要注意的是（拟随机）相位调制是合理的，即使在非相干接收时也是合理的。通过脉冲相位调制可以使其输出频谱光滑，不再是梳齿状结构，以便进行更好的掩模填充，从而获得更好的频谱效应，这是根据 IEEE 802.15.4a 标准，即使使用了简单的能量探测器进行接收，依然需要对传输信号进行相位调制的原因。在使用一个整体-N 锁相回路进行 LO 生成时，分频器链中的一个输出可作为脉冲生成的时基。

通过应用一个适当的逻辑，可以生成一个数字（矩形）脉冲，可作为之后的脉冲包络的基础。该脉冲可以定义最终脉冲的传输时间。根据之前关于定位精确性的研究可知，需要特别注意该定时的准确性。系统时钟的速率和准确性可以判定发射机的定时不准确度。因此，根据预期的定位准确性，需要应用尽可能高的系统时钟，但这将造成较高的功率消耗。接着在数字域中，可以根据系统时钟生成任何类型的脉冲序列，并应用任何类型的脉冲位置调制。

生成的数字脉冲有可能未获得合适的形状，不能作为最终脉冲包络。因此，需要插入一个脉冲整形滤波器，以整合数字脉冲和滤波器的传递函数。因为数字脉冲的持续时间不能是零，所以其之前的形状也会影响形成的脉冲包络，并最终影响脉冲的输出能谱。图 5.4 展示了一些实例，其中不同脉冲整形滤波器被相同数字脉冲激发，并使用 7.25GHz 的相同载波信号将形成的包络上变频至 RF 域。所有滤波器的计算方式应确保生成的脉冲频谱恰好与 ECC 掩模（在 6.0GHz 和 8.5GHz 时出现-30dB 拐点）拟合。对于滤波器 $A \sim E$，我们可以观察到频谱掩模下方的覆盖区域增加，这表明 RF 功率较大。但是，在脉冲形状中还出现了瞬时振荡（在滤波器的脉冲响应中显示）。因为上变频的 RF 信号也包含此类瞬时振荡，这在定位应用或脉冲群传输机制中可能是不利的，因为在该机制中，之前传播的脉冲中的瞬时振荡将会被之后的脉冲覆加。

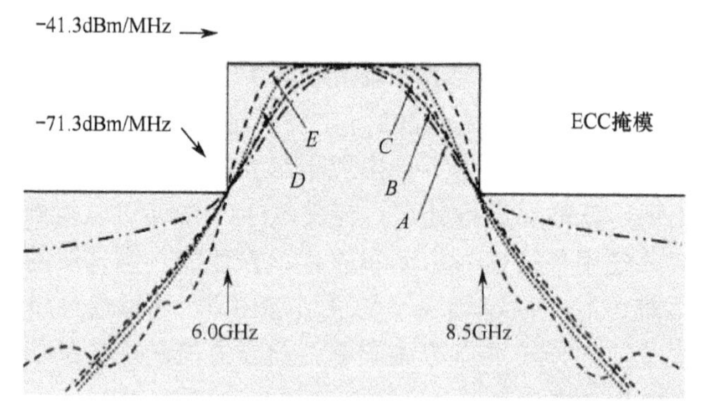

图 5.4 通过不同的脉冲整形滤波器生成的脉冲频谱（与 ECC 掩模适应）

A—五阶贝塞尔滤波器、400MHz；*B*—五阶线性相位滤波器、440MHz；*C*—五阶巴特渥斯滤波器、640MHz；*D*—五阶切比雪夫滤波器、780MHz；*E*—五阶椭圆滤波器、950MHz。

脉冲整形滤波器的结果是形成一个需要处理的模拟信号。此时，从信号的模拟本质中受益的一个有效方法是在此处引入可能的振幅和/（或）相位调制。然而很少使用振幅调制，因为正如上面所述，（二相）相位调制通常是强制性的。可以使用一个可变增益放大器（以吉尔伯特单元为基础）改变振幅，以及脉冲包络信号的标志。实际上也可以考虑使用振幅调制控制发射机输出功率。为了降低总功率消耗，最好将其直接应用在功率放大器上，因为在功率放大器处可以节约最多的直流电。

5.3 脉冲检波

5.3.1 带宽相关设计折中

上面广泛讨论了 UWB 传输的超大信号带宽的优势。例如，多径信号的可分辨性显著降低了必要的衰减极限，这在典型窄带系统中是必需的。为了从中受益，接收机需要处理大信号带宽，并保持接收信号中的信息。由此可见，接收机中可处理的信号带宽与生成的功率消耗之间的折中会影响体系结构的设计。此外，分辨和评估多径信号需要占有很多计算功率，这在移动和/（或）电池设备中可能会受到限制。因此，采样率和分辨率的确定对可实现的性能具有重要影响。

大信号带宽的第二个重要方面是可实现的接收机灵敏度。例如，一个宽带接收机（在带宽方面）不只接收预期信号，还会接收多种干扰信号，包括噪声。根据理论可知，热噪声在室温时的频谱功率密度为-174dBm/Hz。例如，将接收机带宽限定为 1GHz 时，可产生-84dBm 的底噪，底噪基本上限制接收机的灵敏度。因为 UWB 信号的允许传输功率是非常有限的，接收机灵敏度在可实现的无线电通信线路距离方面变得尤为重要。额外的应用损耗，例如，激活装置的噪声成分（通过噪声因数总结）或匹配网络的插入损耗等，将进一步降低接收机的灵敏度，这意味着通信范围将减少。因此，接收机带宽和接收机灵敏度之间的折中是定义 UWB 子系统参数的另一个重要设计标准，因为其可以直接影响定位准确性、可能的原始数据速率、总功率消耗、通信范围，并最终影响系统成本。下面将讨论简单的接收机体系结构（不相干脉冲检波），以及更复杂的体系结构（相干脉冲检波）。应根据应用确定这些体系结构的适用性。

5.3.2 检波概念

如何检测到一个持续时间大约为 1 ns 的短脉冲？首先，传统的窄带接收机将只接收一小部分信号能量，这将导致 SNR 过低。其次，此类接收机将会扩宽时域中的脉冲，这会降低时间测量的精确度。因此，需要使用一个可以捕捉 UWB 信号中的大部分传输能量的宽带接收机。传输 UWB 信号的最好方法是利用超短脉冲（在时域中），其可以在接收机上引起同样短的事件，这些事件将被识别并最终记住，以便进一步处理。两个连续脉冲之间没有传输，这有助于接收机保持调谐和同步。但是，因为接收机带宽较宽，接收机在间隔内仍然会捕获很多不需要的 RF 能量，这可被理解为脉冲接收。因此，建立了两个主要短脉冲检波程序：①在给定时间间隔内进行能量检测（不相干检波）；②接收到的信号与预期脉冲模板间的互关联（相干检波）。在图 5.5 中展示了这两种方法。图 5.5（a）中展示了不相干能量检测原理，通常以接收信号的矩形脉冲形成、短时段内（与脉冲持续时间对应）的捕获能量的集成，以及集成结果的评估为基础；图 5.5（b）中展示了相干互相关原理，通常以接收信号的连续或周期性模板信号增加，相关时段内的积累，以及结果评估为基础。关于调制、编码以及检波概念的一般说明，可参考 2.6 节～2.8 节。

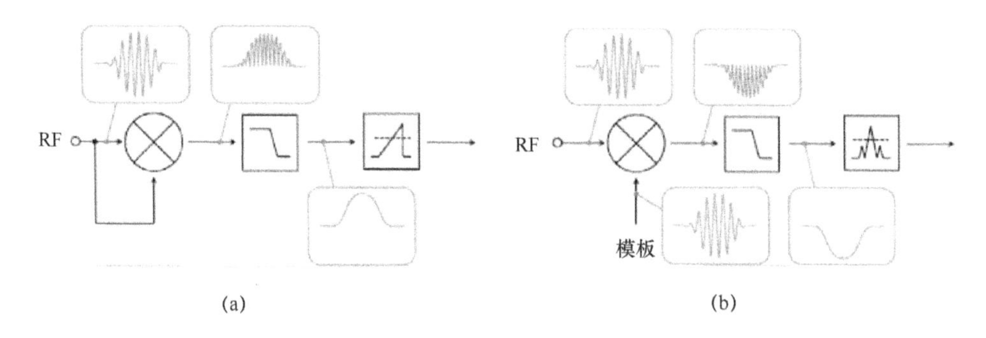

图 5.5　脉冲检波原理

（a）不相干能量检测——在矩形脉冲形成后，信号波形显示全正信号；（b）相干互相关——信号波形表明接收到的脉冲与具有反相的模板完全相关，这表明相位信息守恒。

5.3.3　能量检测原理

在最初的考虑上，不相干能量检测似乎更容易实现，因为其不需要生成一个模板，而是在倍频器中将接收的 RF 信号形成矩形脉冲。在使用增益为 1 的理想倍频器时，倍增结果的动态范围在应用的 RF 信号的对数尺度上加倍。例如，RF 输入信号的典型动态范围是 60dB，则倍增结果的动态范围是 120dB。此类动态范围对之后的阶段来说具有很大挑战性。此外，实际的倍频器会引起一些额外的噪声（使用噪声系数表示），这会使输入信号的操作限制变低。根据这两方面可知，需要将接收到的 RF 信号放大（最好是通过 LNA 放大），且增益应是可变的，以相应地减少中间信号的动态范围。在 RF 域中应用的可变增益越多，在线性和噪声贡献率方面对倍频器级的要求越少。倍频器的最实用情况是通过引入适当的 RF 可变增益放大器（VGA）级来完全承纳 RF 域内的动态范围。但是，这会使 RF 域内功率损耗变高，而且如果总增益较大（大于 50dB），RF 放大链中将会出现严重的稳定性问题。另一方面，在 RF 信号到达倍频器之前遗留的一些可变性将会导致倍频器的变频增益随输入信号的强度变化，这实际上是不能预测的。如果接收机的自动增益控制增加一项未知参数，则会使算法变得更加复杂。在文献[78]中讲述了将接收机放大链的总可变增益分成两部分，并将其中一部分应用在 RF 域中，另一部分应用在基带信号域中，以尝试应对该情况。

假设 RF 信号有适当的放大和矩形脉冲，则应使用一个低通滤波器来消除不必要的倍增结果（如接收脉冲中心频率加倍），并尽可能多地消除高频噪声。然而，噪声的带内部分以及带内干涉仍然留在信号内。因为信号矩形脉冲形成操作只保留了正信号分量，所以不相干噪声不再与其相互抵消。这会生成一个带有正平均值的底噪（直流分量），该底噪通常较强，且取决于放大链的增益调整（由其自身的噪声成分造成）。能量检测的另一个缺点是接收信号的相位或频率信息丢失。在文献[36，83]中提供了不相干接收机应用的相关信息。

最后，为了成功检测到入射脉冲，在判定阶段（如比较器）应获得比噪声和干扰电平足够大的振幅。其中，检测灵敏度与集成和采样间隔时间的折中将影响接收机的采样率，进而会影响之后阶段的功率消耗。为解释这种情况，假设 1bit 检测电路来确保判定结果，需要脉冲振幅为并入噪声 RMS 数值两倍。与单脉冲持续时间相关的集成间隔持续时间大致确定了所需的 SNR。例如，如果集成窗口比脉冲持续时间大 10 倍，单脉冲的能量则以 10 倍的速度传输，因此，需要在积分器之前应用一个 10 倍大的振幅。诚然，在模/数转换器（ADC）的帮助下使用一些先进的判定电路，可不再需要使用 SNR，但这会增加复杂性和功耗。不过，仍然需要保持采样率、分辨率与影响接收机灵敏度的 SNR 之间的基本折中。通常，有效的采样率应在码片速率（一个脉冲持续时间的倒数）与脉冲重复率（两个脉冲间的时间距离的倒数）之间。数据速率较低的系统可通过使用多个发射脉冲形成一个数据位的判定，从而改变折中诱导限制。例如，通过应用 10 脉冲每比特可提供 10 dB 的处理增益，这可对简单的硬件体系结构进行补偿。

5.3.4　互相关原理

与能量检测情况相反，在互相关探测器的第一阶段（图 5.5（b））中，应使用预期脉冲的模板放大接收到的信号。在理想情况下，该模板应与接收脉冲的预期波形完全匹配，其中包括所有的实现减损和信道效应。然后，不需要的和不匹配的信号分量，例如噪声和干扰，对相关结果和之后的比特判定的影响将大大减少。因此，与能量检测原理相比，接收机的灵敏度更高，这可以使通信范围大幅度增加。然而，模板生成及其计时更加复杂，且需要消耗更多功率。模板生成器与发射机的脉冲生成器相似，甚至完全相同，且可以在接收机体系结构内应用。

实际上，与接收信号相关的模板生成计时是这一概念的主要问题，文献[174]中对该话题进行了适当讨论。可见，只有在接收到的脉冲与模板在时间方面吻合时才会出现一个可评价的倍增结果。此外，如需推导相位信息，所需的计时精度只是脉冲中心频率的周期持续时间的一部分。例如，假设将要识别BPSK，且中心频率为8GHz，则需要的最小计时精度应该是31.25ps（与90°相移对应）。然而，无法确定接收脉冲的准确时间。根据规定的精度不能预测传输节点处的发射时间，也不能预测信道的时间不变性。因此，在互相关中，接收时间的不确定性大于所需计时的数量级。为应对该情况，可以将相关性与并行相关支路间的特定时间延迟并行化。对于给定的时间步长和若干并行的相关支路，可以无缝地观察一个更大的时窗。观察窗越长，同步过程越短。为获得更好的环形连续互相关，需要使用多个并行支路，且支路数量应与根据时间步长划分的模板的持续时间一致。电路复杂性主要依赖于并行支路的数量，如图5.6 所示。减少复杂性的一个选项是两步相关方法，其中，在第一步相关中，使用较大的步长识别脉冲的存在情况，在第二步相关中，使用最小步长对相位进行评估。

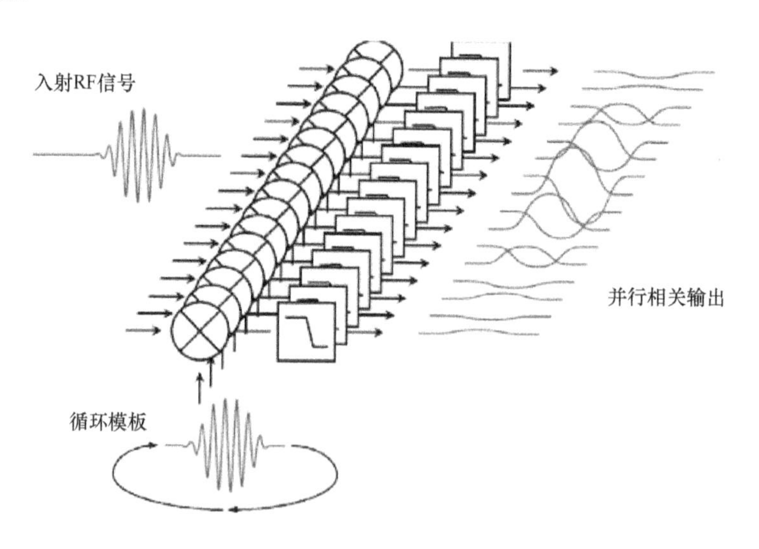

图 5.6 配备步进式延迟模板的并行互相关的图解

可通过步进式延迟接收到的信号或通过提供步进式延迟模板来实现滑动相关。其中，第一个选项很难实现，因为（仍然是模拟）通过一个延迟阵元馈对接收信号将会造成信号损坏。在通过电路、每个延迟阵元，直到末端时，额外噪声和信号振幅变化将会增加，而且，最后的相关支路将会生成一个更差的结果。此外，模拟延迟阵元的精确延迟时间受 PVT 变量的影响，很难进行控制和预测。这些变量带来的不确定性在较长的延迟阵元链中的影响更大，可使涉及大量并行支路的连续互相关难以实现。因此，生成步进式延迟模板的方法看起来更可行。例如，基本的解决方案是对模板进行量化和抽样表示，并使其在相位寄存器中循环。其中，通过时钟确定时间步长及其精确度。此外，所有的时间延迟模板在形态方面是相同的，这可防止并行相关支路的数量或位置引起的不必要变量。

尽管如上所述，该概念的实现十分复杂，且要求并行相关支路间准确计时，我们依然继续讨论提供延迟模板的更可行方法。怎样才能在不造成过多性能丢失的情况下简化该检测方案呢？现有 3 种可能的选项：

（1）可以减少并行相关支路的数量，以按照相同因数减少电路复杂性。但这会使观察时窗变窄，并最终影响系统的同步速度。例如，减少一半的观察窗会使系统的平均同步速度加倍。此外，还存在同步损失增加的风险。如果信道条件变更（由移动节点的移动造成），预期的接收信号可能会落在观察窗之外。因此，搜索算法应从起点开始，这通常需要花费非常多的时间。

（2）可通过放松相关支路间的严格计时要求来减少复杂性。其中，需要确定接收信号的相位识别。如果脉冲的相位不包含需要解调制的数据，则可以扩大支路间的时间步，但其精确度会变低。需要注意的是，这也可能会减少基于飞行时间测量的应用的范围或定位精度。

（3）可通过简化模板生成来减少互相关接收机的复杂性。理想上，如果模板与接收到的脉冲完全匹配，则可以获得最佳相关结果。在使用一个 DAC 进行模板生成时，与应用的分辨率相关的量化误差将造成偏差。即使是 1 位分辨率（矩形模板形状），造成的互相关结果也是显著的。如果模板与接收脉冲间的形状不匹配造成的性能损失是可接受的，则可以对模板生成进行实质性简化；将其简化为选通振荡器（时钟发生器）。此外，应用所需的连续相关的尝试甚至可能会使选通被淘汰。整个接收机结构将退化至一个传统的直接下变频体系结构，其中，相关结果与一个具有相对大信号带宽的基带信号相似。通过应用一个低通滤波器，可获得脉冲包络，并对其进行进一步处理。相应的实现实例如文献[171,189,192]所示。依旧保留接收脉冲中与模板（本机时钟）相关的相位信息，且可以使用传统的正交直接下变频体系结构对其进行恢复。根据上面的讨论可知，这可以被视为是时移与一个 90°相移相对（中心频率周期的 1/4）的两个连续互相关。

5.3.5 传输参考方案

为了完整起见，还要介绍一下传输参考方案的接收机。这类接收机可被视为以上两种概念的综合。其理念是发射两路脉冲，而不是一路，其中第一路脉冲作为第二路的模板（或参考），这两路脉冲相差一个明确的延迟量而相继发射。在接收机端，信号被馈入两条路径，其中一条被延迟，且延迟的时间量要跟发射参考信号和数据脉冲间的时间差一样。由于一个信号路径的延迟，两路同时出现在混频器输入端的脉冲将会产生输出信号。如果接收机的时间延迟与两路发射脉冲的时间差不匹配，则探测失败，该概念的主要优势是取消了模板生成。接收到的模板与数据脉冲非常匹配，因为它们具有相同的信道条件。另外，模板脉冲中增加的噪声和其他干扰会使相关结果降级。其主要实现问题是接收机独立路径中的延迟元件。正如之前所讨论的，在单片式集成电路中很难实现规定的精确度（延迟时间、信号形状畸变）。应根据发射机的 LO 偏移对这些延迟元件进行调整，且应抵消任何形式的 PVT 变化。实际上，受这些实现需求的影响，接收机的复杂性将会增加，而接收机灵敏度的改善却不大。

5.3.6 比较

设计项目开始时做出的关于接收机概念的设定对实现过程具有重大影响，且其重要优点和缺点如表 5.1 所列。该对比中未涉及的是用于传输的参考传输机制的接收机，因为它们的性能和复杂性位于不相干（能量检测）和相干（互相关）接收机之间。

表 5.1 不相干（能量检测）和相干（互相关）接收机的通用比较

参　数	不相干（能量检测）	相干（互相关）
接收机灵敏度	较低	较好
脉冲检测概率	较低	较好
鲁棒性	较低	较好
脉冲相位识别	不可能	可能
带宽效率	较低	较高
时钟准确度要求	低	高
同步速度	慢	快
PLL 要求	低	高
定位精度	较低	较好
ADC 要求	低	高
平均功率消耗	较低	较高
电路复杂性	较小	高

5.4 RF 前端组件

除了信号带宽较宽之外，IR-UWB 接收机的很多组件与传统窄带无线电系统中的组件相同或相似。其说明和设计策略在很多优秀教材中都有提及。然而，由于缺少类似窄带阻抗匹配的成熟技术，由接收机端的低噪声放大器和发射机端的功率放大器组成的 RF 前端是不同的。在这种 RF 前端中，需要在宽带功率匹配、噪声优化匹配与功率损耗之间做个折中考虑。此外，受有源器件宽带性能的影响，还会出现稳定性问题和相位线性问题。因此，应详细论述这两个器件。

5.4.1 低噪声放大器

首先从低噪声放大器说起。低噪声放大器的任务是提供足够的增益，并不将过多的自身噪声混入接收信号中，克服之后阶段的噪声影响。此外，应尽可能完美地匹配输入级与来源的功率，以确保天线至放大器间的最大 RF 信号传输。需要注意的是，还应考虑到可选天线开关和带通滤波器。此外，在确保充分线性和低功率消耗的同时还应获得一个较高的平坦增益。然而，没有完美的一体化解决方案，这导致处理各种问题的多种方法出现，例如宽带功率分化和噪声最佳匹配。现在，最常见的方法是：使用一个具有串激分流电阻反馈的二级放大器，其中，第一级是共源和折叠共源阶段。在文献[37]列举了一个包含设计说明的实例，简化示意图如图 5.7 所示。

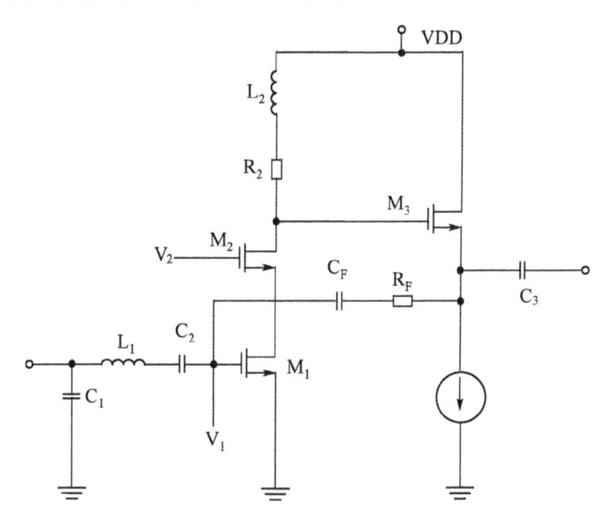

图 5.7　配备串激分流电阻反馈、具有级联型拓扑的第一阶段和缓冲输出阶段的二级 LNA 的简化示意图

反馈被用于确定输入阻抗匹配和总噪声系数之间的一个良好折中。与此相反的是，利用电感（源极/发射机）退化的最合适的窄带技术并不支持符合要求的宽带操作（平坦增益和噪声性能）。此外，常作为输入级的常用共栅结构在噪声性能方面存在一些缺陷，因为所需的偏置不足以进行噪声优化。然而，该结构在输入静电放电（ESD）保护方面具有自然优势。

使用电阻反馈可明显降低总增益，但由于宽带输入阻抗匹配较好，噪声因数也下降。第一级的级联型拓扑可帮助增加增益，从而加宽工作的频率范围。如果工作频带不大，则可以考虑负载时的电感峰值。根据线圈的品质因数，可以在收缩带宽的同时增加增益。这意味着应根据预期应用互相转换可实现的最大增益和带宽。例如，关于标准 IEEE 802.15.4a 中规定的相对较小信道的要求，信道选择性电感峰值似乎是最佳方法。此外，如果在频率中出现负梯度增益，也可以考虑使用电感器作为负载元件，以改善增益平稳度。其中，应确保线圈的自谐振频率在工作频率之上，以获得整个频率范围内的增益改善。先进硅技术所面临的挑战是同时实现较大电感器数值和较高品质因数。

LNA 的二级方法可支持更独立的输入和输出级优化。这支持级联阶段在噪声因数方面的更好优化。第二阶段更容易适应后续阶段。此外，可以进一步改善反向隔离。显然，通过这两个阶段获得改善的同时会增加功率消耗。反馈电容可简单用于分离输入和输出的偏移，而反馈电阻器可决定增益衰减和输入阻抗匹配改善，而且不会显著影响 LNA 的噪声因数。因为电阻器不能太大（以避免稳定性问题），所以可以在反馈中插入一个电感器，这在高频率时（一定）会引入可导致增益增加的频率相关性。因为可以对频率范围内的常见增益亏损进行补偿，所以也可从中获益。

5.4.2 功率放大器

另一个重要的前端组件是发射机的功率放大器。功率放大器的功率消耗在整个发射机中占主导地位。该功率放大器需向通常表示为 50Ω 阻抗的天线提供一定的峰值功率。例如，假设天线的 1Vpp 峰间电压需要 20mA 的临时 RF 电流，这在集成 RF 电路中已经是一个较大数值了。另一方面，只有在真实脉冲传输过程中才需要该 RF 功率容量，而在两个连续脉冲之前不需要交付 RF 功率。因为典型占空比可能是 1%或更低，所以可以假想传统的 A 类功率放大器的功率效率实际上较低。理想上，功率放大器应只在瞬时脉冲传输时消耗 DC 功率。然而，即使占空比非常低，配置的功率器件也必须承受非常大的峰值功率。这将导致器件尺寸较大，进而产生较大的寄生电容。实际上，这将减慢在省电模式中开关功率放大器电路的必要开关速度。在实际脉冲传输之前，功率放大器的必要准备时间间隔比单脉冲本身的持续时间要长很多。此外，现代硅技术中的快速功率器件通常受到击穿电压限制，需要仔细考虑预期的脉冲峰值功率。因此，必须使用传输机制的巧妙协同设计（确定 PRF、脉冲峰值功率、符号与帧速率等）以及 RF 前端电路设计（受设备截止频率、击穿电压、电流驱动能力等的影响），以将系统的总体平均功率消耗降到最低。

很多实现功率放大器数字化的方法已经在上面提及。如果可以克服生成 RF 信号频率效率（不违背掩模的可用频谱掩模覆盖范围）的困难，则这些方法在功率效率方面很有前途。这个主题已有一些相关的近期出版物。另一种非常明显的方法是采用 A 类功率放大器电路拓扑，将其设计用于宽带工作，并增加快速接通和断开能力，以改善平均功率效率。我们将在下面详细说明此类设计。

与描述的 LAN 设计相似，功率放大器也可以由两级组成，以允许对输入和输出级进行更独立和更灵活的优化。而且，第一级是提供较大增益且输入匹配与之前阶段相结合的共源阶段。第二级是一个提供将要被输送到输出阻抗（通常为 50Ω）的预期 RF 功率的激发器（或缓冲器）。用于在频率范围内获得宽带阻抗匹配和平坦增益特性的技术与 LNA 设计相似。其中，电阻并联反馈被用于扩大带宽和平坦增益。电感器被用作负载元件，以增加较高频率时的增益，它们也被用于扩大增益，但代价是带宽变窄。在文献[112]中列举了一个包括设计说明的实例，简化示意图如图 5.8 所示。

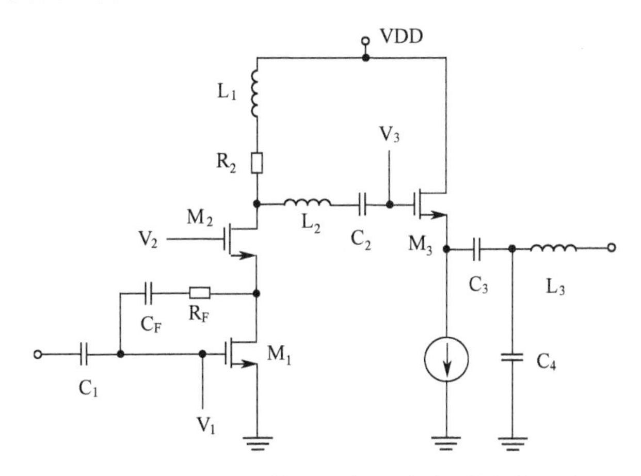

图 5.8　配备串激分流电阻反馈、具有级联型拓扑的第一阶段和缓冲输出阶段的二级 PA 的简化示意图

迄今为止，该拓扑结构的功率效率不是很高。可以通过引入一个快速可切换偏置电路来克服该缺点，该电路可在无须传输脉冲时将直流功率消耗降低到几乎为零。幸运的是，该传输机制定义明确，且可以简单地应用到功率放大器芯片上。需要注意的是，与脉冲的持续时间（大约 1ns）相比，功率放大器电源开启和关闭的速度太慢（大约在微秒至毫秒之间）。造成该问题的原因是用

于稳定芯片上电源电压的阻断电容较大（加上较大的寄生电容）。在充电后，电流将被限定在一定水平——因此，充电时间增加。理想上，交换延迟的数量级应该与脉冲本身相同，以将在两个连续脉冲间隔中浪费的 DC 功率减少到最低。其最佳办法可能是转换主要 DC 功率消耗器材的偏置。在大多数情况下，这将是功率放大器的最后阶段。可以根据该阶段的拓扑结构转换不同阶段的尾电流、双极结型晶体管（BJT）的基电流，或金属氧化物半导体场效应晶体管（MOSFET）的栅电压。因为偏置节点本质上对任何干扰（如噪声）非常敏感，所以应非常仔细地设计此类偏置转换选项。因此，通常使用较大的阻断电容来提供良好的 AC 接地。然而，其将与引入快速偏置转换的期望相抵触。另一个选项是在偏置网络内使用电容器。如此，与大多数情况相似，关于电路性能、芯片成品（硅面积）、总功率消耗和单片集成电路的设计偏好将影响设计结果。

5.5 单片集成电路

一般说来，无线通信系统中的 RF 子系统使用的单片集成电路在形状因数、功率消耗和最终系统成本方面是非常理想的。与配备现成零件的离散解决方案相比，因生产成本将进一步降低，大批量的开发成本还算是合理的。根据上述可知 UWB 系统的巨大信号带宽带来新的电路设计挑战，窄带系统使用的传统 RF 设计技术不再适用于常规方式。然而，其在匹配整体 RF 设计与预期工作频率范围方面变得更加重要。这改善了系统的直流功率效率，并减少了对带外干扰和噪声的敏感性。另外，与具有分离元件的 PCB 相比，在单片 IC 中的芯片上保持级间接口连接上的宽信号带宽更简单。因此，IR-UWB 射频电路是高度集成的最佳选择。

对于任何新的射频设计来说，需要解决的问题是创建一个单端设计还是一个差分设计。差分设计的一个公认优点是共模噪声或串扰较低，且接地电感容差较高。尤其是在很多情况下，接地连接线的电感可大幅降低增益，减小输入阻抗匹配。因此，差分设计可改善对电源噪声和衬底噪声的抗干扰能力。但是，在特定截止频率下，该电路的功率损耗通常会加倍。由于 UWB 电路的带宽较宽，对任何类型的干扰非常敏感，因而一个全差分设计通常是更合适的，即使该设计将带来较高的功率消耗和较大的硅面积。唯一的障碍通常是外部 RF 组件，例如天线、开关和带通滤波器，因为此类设备大部分是设计在单端工作的。还有，为了时域脉冲波形不能失真，单端和差分信号间的宽带转换设计是非常困难的（反之亦然）。不过，现在偏向全差分设计的趋势是明显的。图 5.9 所示为一个全集成和全差分 IR-UWB 收发机系统框图，以说明对架构设计的考虑。需要注意的是，很多其他收发机体系结构也是可行的。

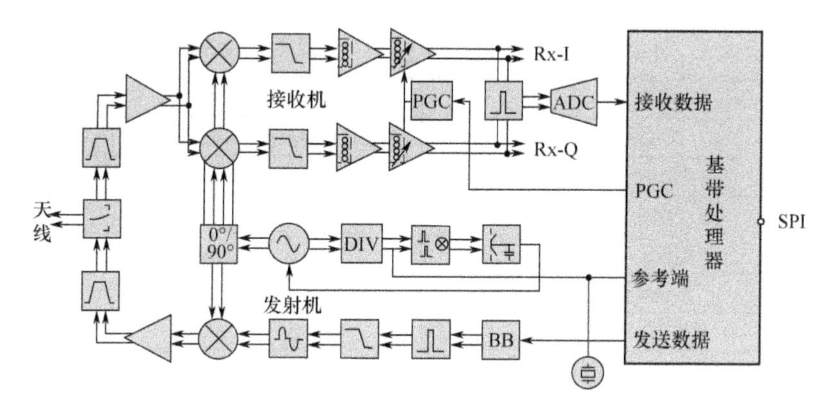

图 5.9　全集成和全差动 IR-UWB 收发机系统框图（包括整个 RF 和模拟前段、ADC 和基带处理器）

提供主要 RF 部分的辅助装置未在图 5.9 中显示。不过，因为此类装置提供与电源噪声相关的隔离，并且可引入睡眠模式，所以此类装置非常重要。根据传输和接收情况，基带处理器可以决定接通和切断整个 RF 部分（如接收机、发射机、频率合成器）。该特性被广泛用于占空比方案中，尤其是在平均功率消耗非常重要的无线传感器网络中。其中，下限是由睡眠组件消耗的泄漏功率和正常运行所需的保护时间决定。正如功率放大器设计范围中所提及的，减少这些保护时间容限始终是一个重要设计目标，如此以延长移动装置的蓄电池寿命。因此，应在设计项目的开始便考虑如何和何时调用 RF 子系统组件。

图 5.10 所示为一个符合图 5.9 所示方框图的 IR-UWB 收发机应用的实例。该收发机设计依据标准 IEEE 802.15.4a 的规定，在高频段信道（7.9872GHz）中工作。该收发机是使用 IHP GmbH 的一项 0.25μm SiGe-BiCMOS 技术制造的[69]。芯片尺寸大约是 3.25μm×3.25μm。我们在表 5.2 中列出了该电路的关键性能参数。

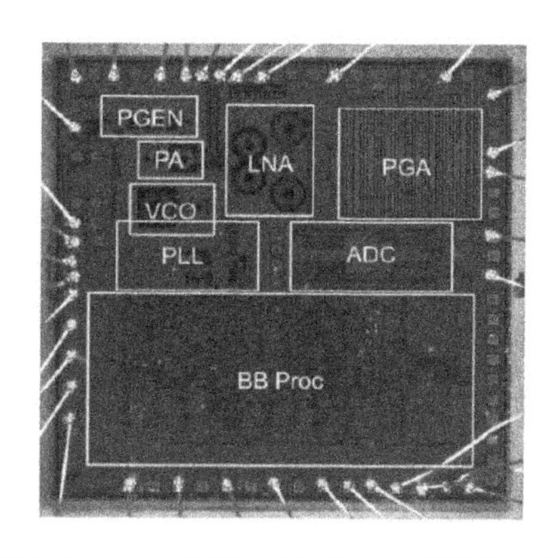

图 5.10　设计根据标准 IEEE 802.15.4a 工作，使用 IHP（德国）的 0.25 μm SiGe-BiCMOS 技术组装的全单片集成 IR-UWB 收发机的模具照片

表 5.2 符合 IEEE 802.15.4a 的单片收发机的关键性能参数

参数	性能
Si 技术	IHP SGB25V
芯片尺寸	3.25μm×3.25μm
工作信道	7.9872GHz
数据速率	0.85Mb/s
信号带宽	500MHz
基准时钟	31.2MHz
PLL 建立时间	<10μs
基带处理器接口	SPI
基带处理器时钟	31.2MHz
发射机 RF 输出幅度	250 mV
发射机调制方案	BPSK, OOK
接收机灵敏度	−65dBm
接收机最大电压增益	75dB
可编程增益调整	4 bit
ADC 分辨率	6 bit
电源电压	2.85～3.3V
BB 处理器功率消耗	0～44.0mW
频率合成器功率消耗	1～68.5mW
发射机功率消耗	1～65.5mW
接收机功率消耗	1～65.0mW
ADC 功率消耗	1～70mW
睡眠模式切换延迟	<2.5μs

第 6 章 UWB 应用

6.1 UWB 通信

6.1.1 系统组件建模

非理想脉冲无线电传输的系统模型包含发射机、UWB 室内信道和接收机，如图 6.1 所示。在发射机端，脉冲发生器可以在脉冲位置调制（PPM）机制定义的时刻生成脉冲和跳时（TH）码。在没有调制和编码时，脉冲在脉冲重复时间的倍数时出现。如需通过 PPM 信号，应使用比特流的二进制值确定在脉冲重复时间中是否引入常量延迟 T_{PPM}。

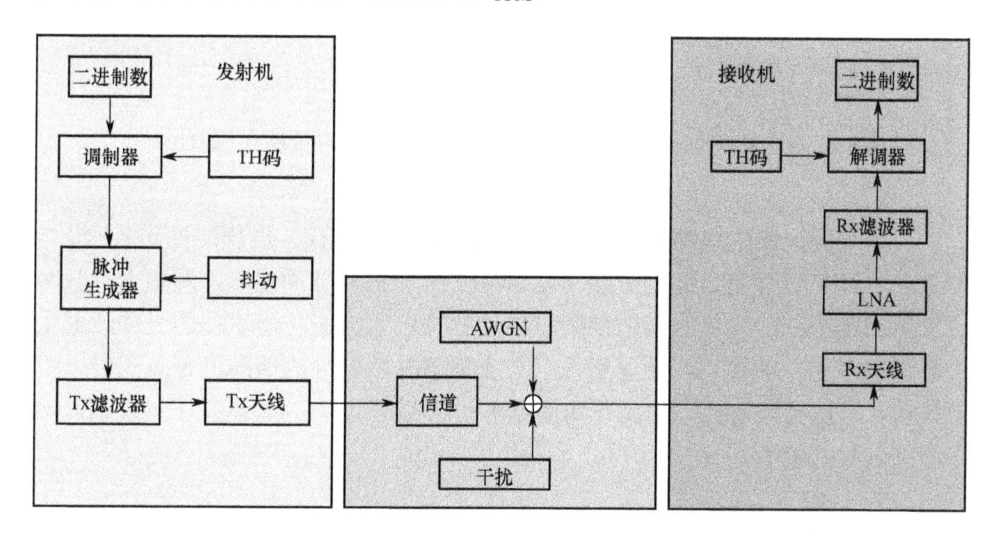

图 6.1 非理想脉冲无线电传输的系统模型（©2010 KIT 科学出版社，经许可转载自文献[168]）

TH 码将增加一个进一步的伪随机延迟，用以平滑频谱。接收机端也应了解该码序列以解调信号。为了确保辐射信号不违反频谱掩模的约束条件，可在发射天线前放置一个模拟传输带通滤波器。辐射信号通过一个包含 AWGN 的室内无线信道传播到接收天线，然后信号被放大、滤波和解调；可使用不同的解调机制。我们将在之后的内容中说明非理想系统组件的建模。

脉冲无线电因其简化的硬件架构被认为是一种低成本技术。例如，因为信号是在基带中辐射的，没有必要使用上变频器。为保持低成本，相关脉冲波形是由简易设备生成的。但问题是常规脉冲波形通常违反频谱掩模的约束条件，且不能完全利用该约束条件，这将导致信噪比（SNR）下降以及性能下降。在性能优先而不用顾及成本的应用中，最优化的脉冲波形可帮助改善信噪比。可以通过脉冲成型网络获得最优化脉冲波形[43]。脉冲在 FCC 调节方面的效率 η 的计算方式如式（2.32）所示。目前使用最优化脉冲波形具有 90%的效率（详见图 6.2）。

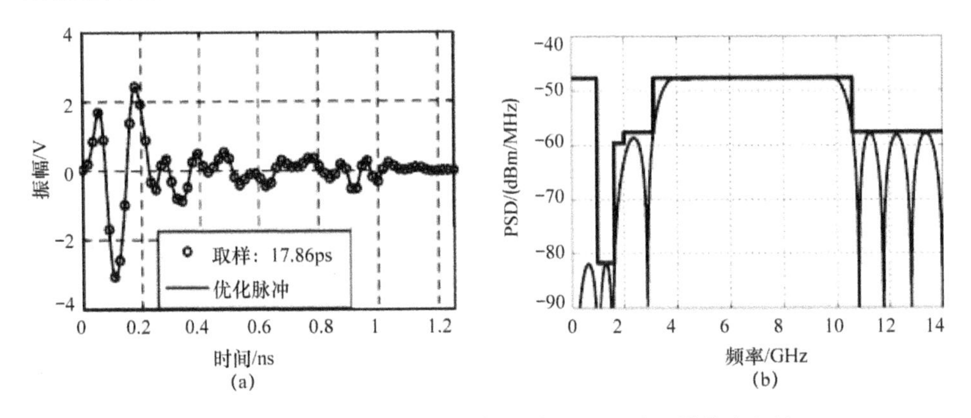

图 6.2　优化脉冲波形（©2010 KIT 科学出版社，经许可转载自文献[168]）

（a）时域；（b）频域。

在系统模拟器中根据样本在 TD 中为脉冲波形建模。取样时间步长 T_0 为 17.86ps，这可确保有足够的分辨率，以在 TD 中描绘脉冲波形。理想上，脉冲波形生成器在脉冲重复时间的倍数时创建脉冲。因为振荡器驱动的脉冲波形生成器可能会受抖动影响，所以引入了关于理想时钟位置的伪随机正负延迟以模拟抖动。根据高斯特性，使用平均值 0 和一个标准偏差 σ_{jitter} 建立了抖动延迟概率密度函数的模型。

6.1.2　调制与编码

当前的考虑主要集中在 PPM 上，该调制机制将导致脉冲波形在时间范围内按照 T_{PPM} 移动或脉冲波形不变，这取决于实际比特值。PPM 调制信号在 TD 中具有较强的周期性，这将在 FD 中导致较高的离散峰值。这些峰值可能违反频谱掩模，所以应采取相关方法使其衰减。编码是一个合适的解决方案，可用于分隔用户，并平滑频谱。该系统模型使用了一个二级 TH 码。首先，脉冲重

复时间被分隔成 $N_{TH,1}$ 个时隙。一个时隙的长度是 $T_{TH,1}=T/N_{TH,1}$，时隙长度应该是步长 T_0 的倍数，因为系统模拟器执行的是离散模拟。伪随机 TH 决定时隙数量，并将脉冲波形移到时隙中。然后，第二个 TH 码判定一个额外的精确时移，以作为 T_0 的倍数 n，这将生成条件 $n \cdot T_0<T_{TH,1}-T_{PPM}-T_p$。其中，$T_p$ 是指一个脉冲的持续时间。该条件可确保脉冲波形在下一个时隙内不会出现重叠。进行模拟时使用了下列数值：$N_{TH,1}=4$ 和 $n=31$。精 TH 码可被视为一个高频脉动代码[181]，该代码主要负责平滑频谱。

1. 滤波器

为确保辐射信号一直满足 FCC 掩模的约束条件，且独立于脉冲波形，则需应用一个模拟传输滤波器。需要的传输特性与 FCC 调节相对应。使用微带线技术的 N_F 阶超宽带滤波器的一个设计方法是，通过 1/4 波长传输线连接的 1/4 波长 N_F 短路短截线[136]，但在设计过程中使用的是中频波长。滤波器阶数增加会造成一个陡峭的滤波器斜率；该技术被用于设计 FCC 掩模滤波器。为了在滤波器设计过程中充分考虑到非理想滤波器斜率，选择的通带频率不是 3.1～10.6GHz，而是 3.5～10.2GHz。选定的滤波器阶数为 7，且采用了通带内有 0.1dB 瞬时振荡的切比雪夫滤波器系数。通过应用文献[136]中列出的滤波器设计方程式，可以确定微带线的宽度和长度。在使用 CST Microwave Studio 2008 关于 FCC 掩模模拟软件对滤波器进行优化后，组装形成最终的滤波器，如图 6.3 所示。

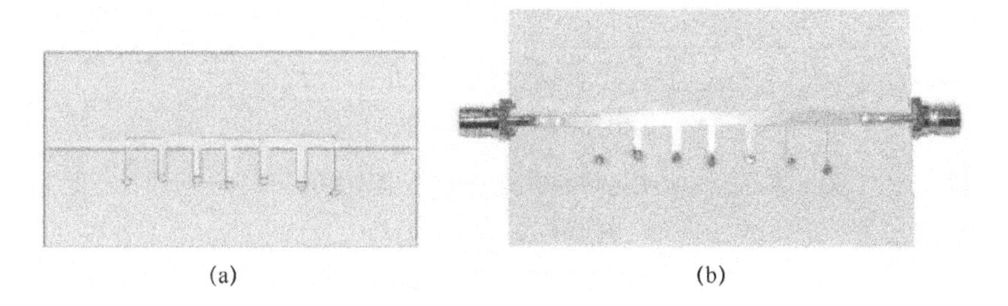

(a)　　　　　　(b)

图 6.3　FCC 调节用模拟滤波器：CAD 和组装的模型（©2010 KIT 科学出版社，经许可转载自文献[168]）

图 6.4 所示为其传输与反射特性，由图可知，模拟与实测吻合较好，且相关频率范围内的反射低于−10dB。其脉冲响应包络和群延迟特性如图 6.5 所示。根据脉冲响应包络可确定在 $\alpha=0.1$ 时，瞬时振荡大约为 0.9ns。实测的群延迟变化大约为 0.8ns。因为脉冲在时域内传播，所以群延迟变化与频率可能会造成码间串扰。因此，直接影响信号时间特性的系统设计参数，例如 TH 槽隙长度、PPM 偏移和脉冲重复时间等，必须一直适应系统组件的群延迟特性，以将畸变减少到最低。实测的滤波器 S 参数作为系统模拟器一部分，可

描述滤波器模型。测量数据是在 2～14GHz 范围内 801 个等距频率点。因为时间步长为 17.86ps 的系统模拟需要 0～28GHz 范围内的数据，所以使用一个理想带通行为的 S 参数来说明剩余的频率数据，其中频率阶跃并未发生改变。在发射机（Tx）端和接收机（Rx）端使用了该滤波器模型，以说明 Tx 和 Rx 模拟滤波器。

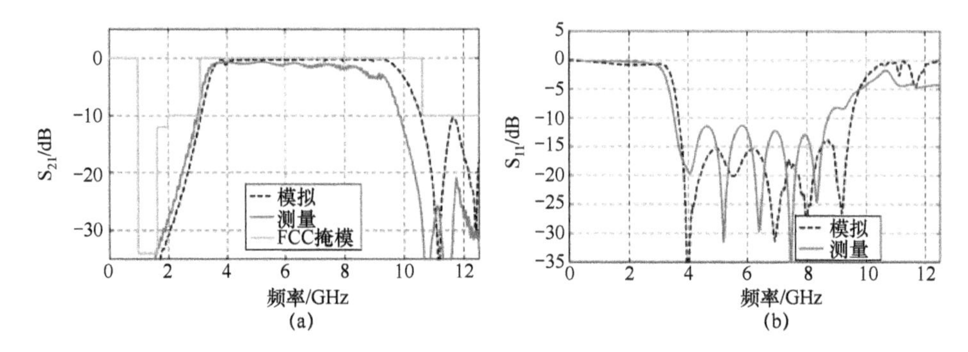

图 6.4　FCC 滤波器的传输与反射特性（©2010 KIT 科学出版社，经许可转载自文献[168]）

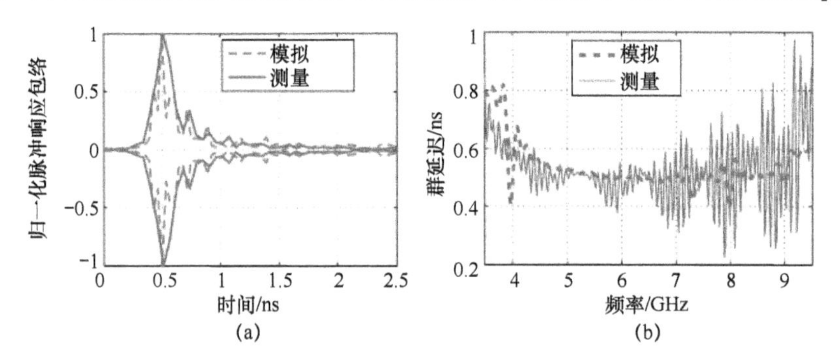

图 6.5　FCC 滤波器的脉冲响应包络和群延迟特性（©2010 KIT 科学出版社，经许可转载自文献[168]）

2. 天线

除了在整个相关频带内的良好匹配和需要的辐射方向图之外，UWB 天线还应具有一个小的信号失真（详见 2.3.4 小节中的瞬态振荡部分）。在较大频率范围内有一个几乎全方向的方位角辐射方向图的典型 UWB 天线，即单极锥天线，如图 2.8 所示，该图也对仰角 θ 进行了说明。在微波暗室内使用 4°的角幅测量了该天线在给定频率上的三维辐射方向图。测量数据是在 2.5～12.5GHz 范围内的等距频率上得到的，且频率间隔为 6.25MHz。图 2.8（b）显示了 3 个频率上的实测天线增益与仰角。由图可知，最大增益出现在大约 50°仰角上。与最大增益相关的精确角度取决于频率，如图 6.6 所示。需要提及的是，受测量设置的影响，图 6.6（a）中的角度分辨率被限制为 4°，最大增益 G（f, θ）也取决于频率。图 2.8 中最大增益 $G(f,\theta)$ 为 6dBi。因为是在 Tx 和 Rx 天线被放在相同高度时对该情景进行的测量，所以直接视线（LoS）传播路径在 θ=90°。因此，天线在该仰角的增益特性具有特殊意义，如图 6.6（b）所示。

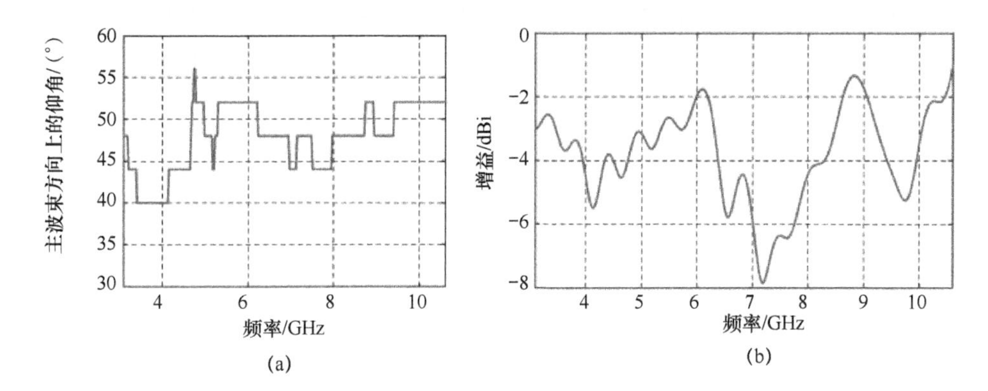

图 6.6 （a）天线主波束方向的频率相关性以及（b）90°仰角上增益的频率相关性（（a）©2010 KIT 科学出版社，经许可转载自文献[168]；（b）©2009 德古意特出版社，经许可转载自文献[169]）

由图 6-6 可知，增益随着频率在−8～−1dBi 之间变化，这导致在 LoS 方向出现脉冲畸变。在系统模拟器中，天线模型包括从 0～28GHz 范围内获得数据，而实测数据在 2.5～12.5GHz 范围内得到；其余频率范围采用了零填充数据。实测数据说明了单极锥天线在 2.5～12.5GHz 范围内 801 个等距频率点的复仰角方向图，其角度分辨率为 4°。可使用一个全方向特性说明相关的方位角方向图。

3. 室内信道

在系统模型中应用了基于射线追踪的室内信道，如 2.2 节所述。

4. 噪声与干扰

噪声和干扰可决定接收机端的信噪比。现假设其为加性高斯白噪声（AWGN）。因为天线位于一个室内环境，所以可以在室温条件下模拟接收到的热噪声。可确定相关噪声功率为

$$N=\sigma_n^2=kTB \tag{6.1}$$

式中：k 为玻耳兹曼常数；T 为热力学温度；B 为带宽。表达式 kT 代表频谱噪声密度，在 T=300K 时，kT=−113.83dBm/MHz。7.5GHz 的带宽在 UWB 频带中实现的总噪声功率为−75.08dBm。使用 T 的增值对一个可能的 AWGN 干扰建模。

5. 低噪声放大器

在接收机端，LNA 是 Rx 天线和滤波器后面的第一个组件。因为其控制着

整个接收机前端的噪声系数，所以其噪声系数应该非常小，且其增益应该较高。在这里列举的实例中使用了在市场上可买到的组件 HMC-C022。图 6.7（a）展示了增益行为与频率之间的关系，增益在 3.1～10.6GHz 范围内较为平坦，且变化低于 1dB。在图 6.7（b）中展示了相关群延迟，并表明其变化大约只有 0.04ns。为了模拟 LNA，我们综合考虑了数据表中所有的 S 参数[65]及 1dB 压缩点和三阶截点。LNA 的节点噪声系数和之后的接收机前端被建模为 2dB。

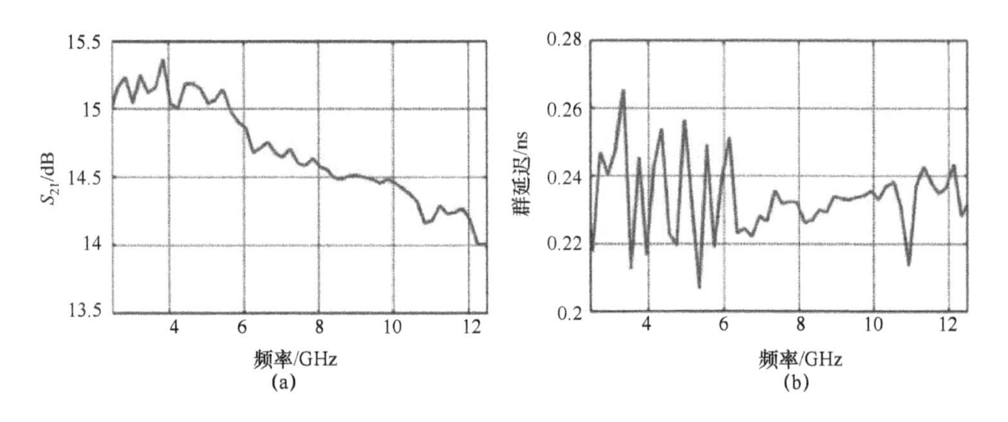

图 6.7 （a）LNA 的传输行为和（b）相关群延迟（©2010 KIT 科学出版社，经许可转载自文献[168]）

6. 相干解调

2.9.1 节说明了相干解调的原理。在系统模拟器中，通过一个理想倍频器和一个计算时域内离散数值的理想积分器实现相干解调。模板信号以图 6.2 所示的最优脉冲波形为基础。下面只考虑 PPM。

6.1.3 不同系统设置的性能——系统分析

6.1.2 节详细讲述了脉冲无线电传输用非理想组件的建模以及应用的相干和不相干解调方法。可以在专用仿真程序中实现该接口，例如，在 Agilent 公司的 Advanced Design System（ADS）中实现的 Ptolemy 环境[15]，以确保灵活的系统考虑和模拟是可能的。下面将形象地说明非理想组件的影响，并研究不同系统配置在比特误码率方面的系统性能。这里所列结果以 PPM 和一个二级 TH 码为基础。

为了研究单一组件的效果，将在下面两个小节讲述非理想系统各阶段后的信号在 FD 和 TD 中的可视化。距离是 r_{TxRx}=3.57m。其中，关闭抖动效应，但考虑了所有其他非理想组件。

选择的系统设置为

$$T = 1600 \cdot T_0 = 28.57\text{ns}，\quad T_{\text{PPM}} = 200 \cdot T_0 = 3.57\text{ns}$$

根据图 6.2（效率为 0.9）可知，脉冲幅度的设置使脉冲恰好符合 FCC 规定条件。确切地说，Tx 天线的最大增益为 6.4dBi，这可使天线前的脉冲波形符合−47.7dBm/MHz 的限制。该脉冲的幅度也取决于脉冲重复时间 T。应对其进行调谐，以确保脉冲在 T 的观察周期内的 PSD 实现最大值−47.7dBm/MHz。信号在 3.1～10.6GHz 间的功率 P_{dBm}（单位：dBm）可计算为

$$P_{\text{dBm}} = 10 \cdot \lg\left(\frac{\eta \cdot 7500\text{MHz} \cdot 10^{-\frac{47.7}{10}} \dfrac{\text{mW}}{\text{MHz}}}{1\text{mW}}\right) = -9.4 \tag{6.2}$$

1）频域中的非理想效应

6.1.4 节将详细说明每个系统组件后的模拟 PSD 的可视化。图 6.8 直观展示了 PPM 调制信号的 PSD。集成 PSD 可实现−9.4dBm 的总功率。频谱并不平坦，并超过−41.3dBm/MHz。然而，在引入 TH 编码后，频谱特性变化较快。粗 TH 码可抑制很多频谱线，而一个额外的精 TH 码可以基本上使频谱变得平滑（详见图 6.9）。总功率一直是−9.4dBm，未出现变化。一个精 TH 码可被视为一个典型高频脉动码，这可用于平滑信号的频谱。获得的最大 PSD 数值更接近需要的−47.7dBm/MHz。可通过优化最大码长度和一个较好 TH 码进一步改善频谱平滑度。其中，可使用一个本原多项式来生成 TH 码。使用 Gold 代码序列、模除等也可能生成 TH 码[111]。

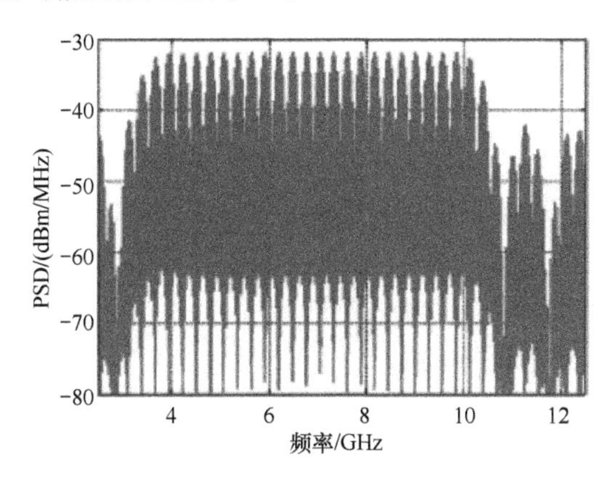

图 6.8 PPM 调制信号的 PSD（©2010 KIT 科学出版社，经许可转载自文献[168]）

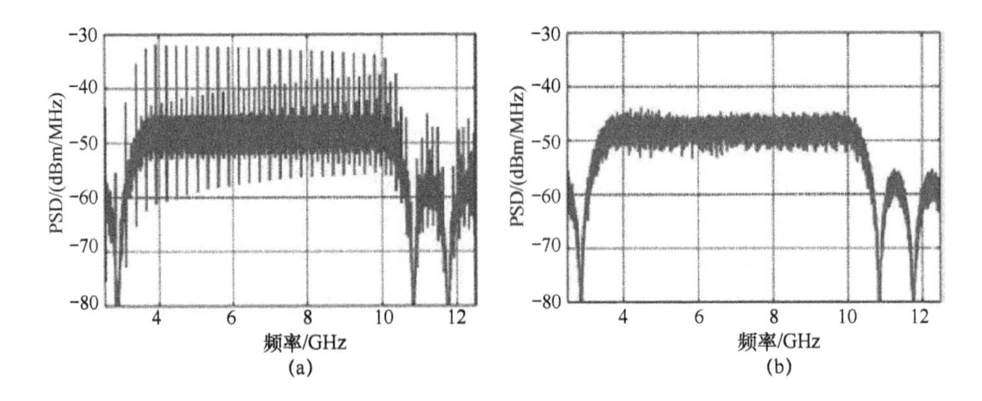

图 6.9 （a）粗 TH 编码后的 PSD 和（b）附加精 TH 编码后的 PSD（©2010 KIT 科学出版社，经许可转载自文献[168]）

图 6.10（a）所示为 Tx 滤波器后的 PSD。由图可知，频谱依旧是比较平坦的，但是因为滤波器的插入损耗增加，频谱幅度随着频率增加略有下降。

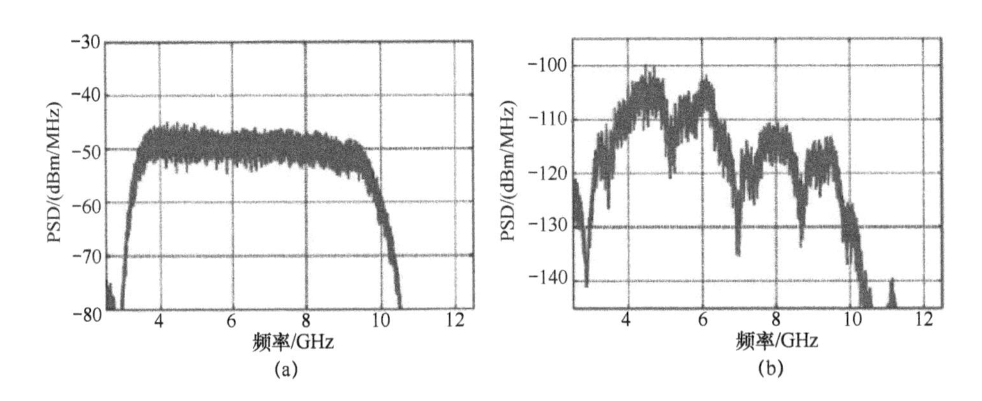

图 6.10 （a）Tx 滤波器后的 PSD 和（b）Tx 天线、信道和 Rx 天线集成后的 PSD（©2010 KIT 科学出版社，经许可转载自文献[168]）

信号的功率为−11.3dBm，这意味着滤波器引入了 1.9dB 的平均衰减。因为 Tx 天线、信道和 Rx 天线是通过一个单一传递函数一起建模的，所以可被可视化的下一个信号是 Rx 天线后的信号。其 PSD 严重失真（详见图 6.10（b））。因为 Tx 天线处的输入频谱非常平坦，如图 6.10（a）所示，所以其主要特性与图 2.10（b）有关。Rx 天线后的功率为−72.14dBm，这与信道（包括天线）造成的 60.8dB 的衰减相对应。该数值可以如下解释。在距离 r_{TxRx}=3.57m 时，图 2.11（b） 表明射线跟踪模型出现大约 55dB 的衰减（不包括天线效应）。剩余的 6dB 衰减是由负天线增益（Tx 和 Rx 天线在 LoS 方向上的增益分别为大约-3dBi）引起的（详见图 6.6（b））。

图 6.11（a）显示了加性高斯白噪声后的 PSD，其至少可达到-113.83dBm/MHz。LNA 后的 PSD 如图 6.11（b）所示。除了大约 14 dB 的放大外，其主要特性几乎没有发生变化，因为倍频器或多或少具有一个恒定的增益—频率。LNA 后的功率是-55.4dBm。最后，Rx 滤波器削减了相关频率范围，且其实现的 PSD 如图 6.12 所示。Rx 滤波器后的功率是-56.8dBm，这表明 Rx 滤波器可引起 1.4dB 的平均衰减。该衰减与相同的物理 Tx 滤波器造成的衰减（1.9dB）略有不同。这可以用以下事实来解释：只有在频率低于 6GHz 时，LNA 后的信号具有较强的信号分量；低于该频率时，滤波器的插入损耗仍然很小（详见图 6.4（a））。

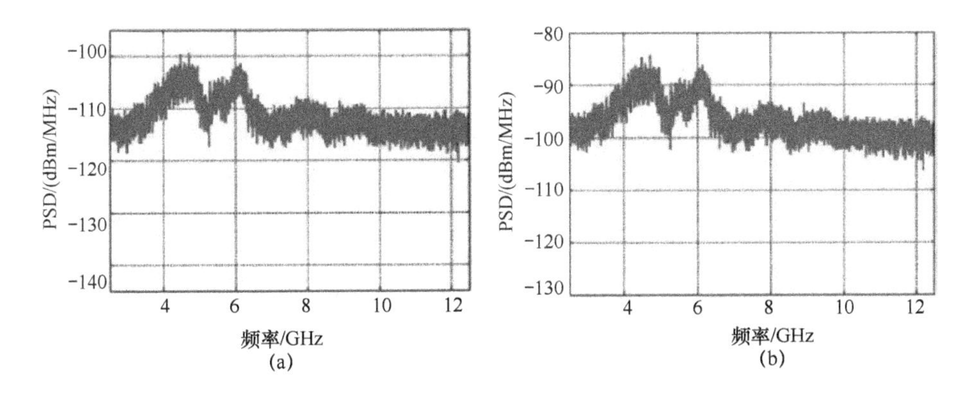

图 6.11　（a）热噪声后的 PSD 和（b）LNA 后的 PSD（©2010 KIT 科学出版社，经许可转载自文献[168]）

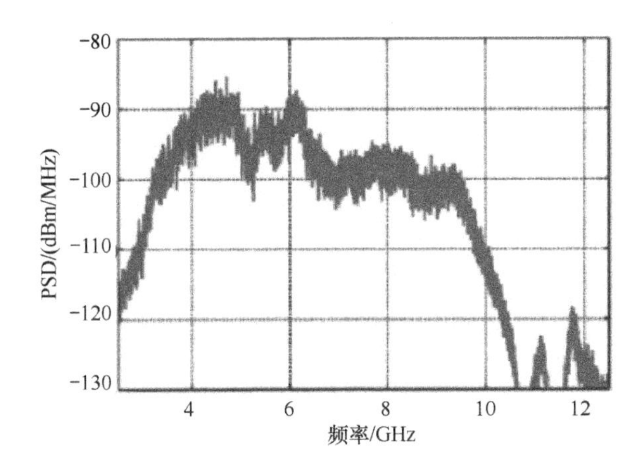

图 6.12　Rx 滤波器后的 PSD（解调制之前）（©2010 KIT 科学出版社，经许可转载自文献[168]）

2）时域中的非理想效应

也可以在 TD 中展示系统组件的影响。受其实际长度的影响，所有硬件组件可在 TD 中增加延迟，且其非理想构件行为可导致脉冲波形畸变。接下来的研究直观展示使用 TH 编码的 PPM 调制信号的脉冲波形畸变。该研究旨在展示非理想系统组件的主要影响。

在图 6.2（a）中直观展示了输入脉冲波形。调制和 TH 编码不会改变脉冲波形，因为只引入了可能的延迟。使脉冲波形发生畸变的第一个组件是模拟 Tx 滤波器。发生畸变的脉冲波形如图 6.13（a）所示。受滤波器的非平坦频谱的影响，脉冲的瞬时振荡增加。然而，信道（包括天线效应）造成了进一步脉冲波形失真，如图 6.13（b）所示。生成的脉冲波形中出现额外的零交点和一个延长的持续时间。图 6.14 直观展示了 AWGN 后的和 LNA 后的脉冲波形。最后一个模拟 Rx 滤波器后的脉冲波形如图 6.15（a）所示。滤波过程可削减相关带宽。在时域中，与同步模板信号相比，生成的信号看起来相似。与图 6.2（a）中的输入脉冲波形相比，信号出现严重失真和衰减。图 6.15（b） 展示了同步模板信号在 Rx 端的第一部分（只有正脉冲）（回顾之前所述，PPM 解调需要使用正负脉冲）。该模板脉冲与图 6.15（a）所示的接收脉冲波形相关（倍增）。可以看出，图 6.15（a）中的主要峰值和图 6.15（b）中的主要峰值位于相同位置（大约在 42.9 ns 处）。第二大峰值的位置也一致，出现在 43 ns 处。根据可接受性能充分关联两个信号，以进行相干解调。6.1.4 节将分析其在比特误码率方面的性能。通过比较原始的发射脉冲波形与接收机端的一个波形可知，总体脉波长度（如通过瞬时振荡定义）出现大幅度增加。该效应可限制可用脉冲重复频率和数据速率，但不会造成码间干扰。

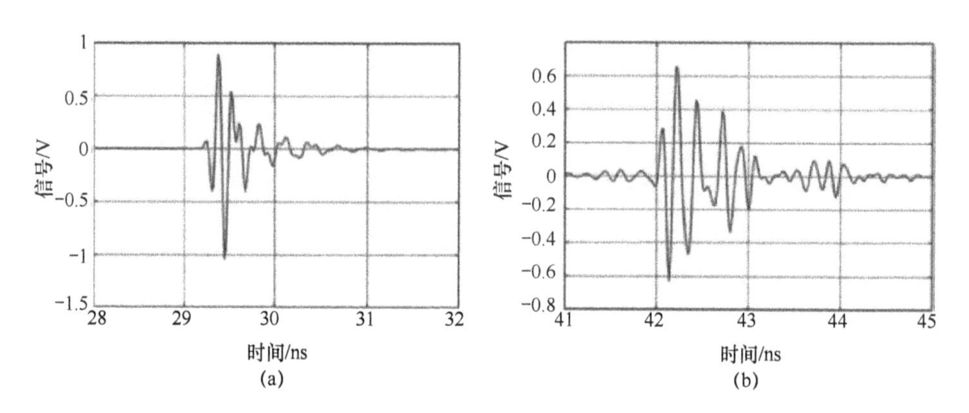

图 6.13 （a）TX 滤波器后发生畸变的脉冲波形和（b）Rx 天线后进一步失真的脉冲波形（©2010 KIT 科学出版社，经许可转载自文献[168]）

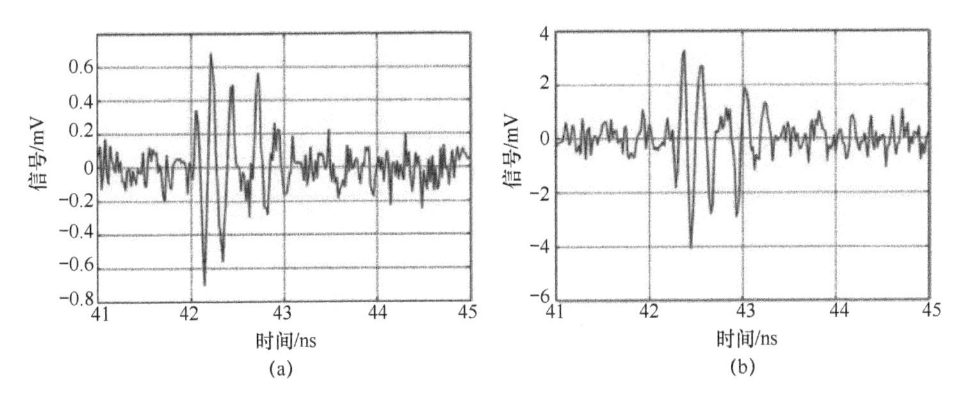

图 6.14 （a）AWGN 后的脉冲波形和（b）LNA 后的脉冲波形（©2010 KIT 科学出版社，经许可转载自文献[168]）

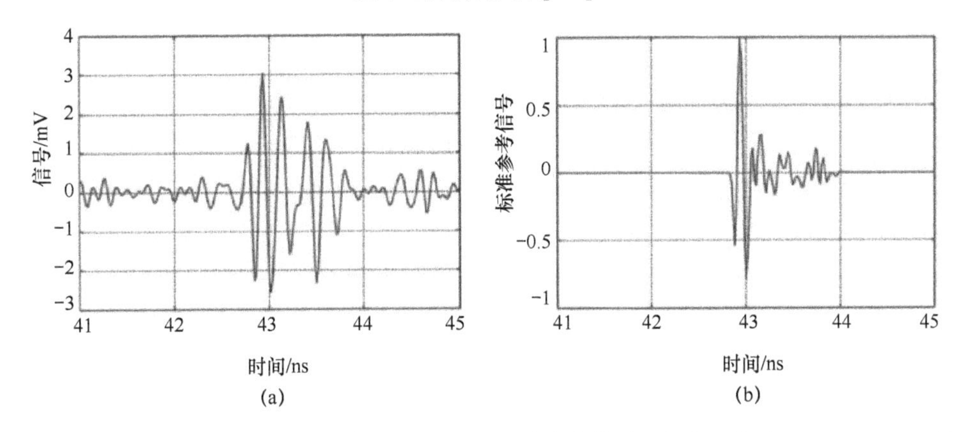

图 6.15 （a）Rx 滤波器后的脉冲波形和（b）同步参考信号（只有正脉冲）（©2010 KIT 科学出版社，经许可转载自文献[168]）

6.1.4 相干解调的性能

系统仿真器可根据不同系统配置进行灵活的系统模拟。下面给出一些在使用最佳脉冲波形时可实现的性能的选择结果。此类研究旨在研究数据速率、同步误差和系统抖动对相干解调的影响。最后，将该性能与非相干解调的情况进行对比。为了只研究非理想系统组件的效应（而不是硬件和编码的综合效应），其中的二级 TH 码被关闭，而其他系统设置未发生任何改变。

1. 数据速率的影响

图 6.16 所示为不同数据速率 R 时的比特误码率与 E_b/N_0。数据速率为 280Mb/s 时，其与 6.1.3 节提及的系统配置相对应（如脉冲重复时间为 28.57ns）。可通过减少（增加）脉冲重复时间来获得一个较高（较小）的数据速率。图中的实曲线是通过仿真获得的。

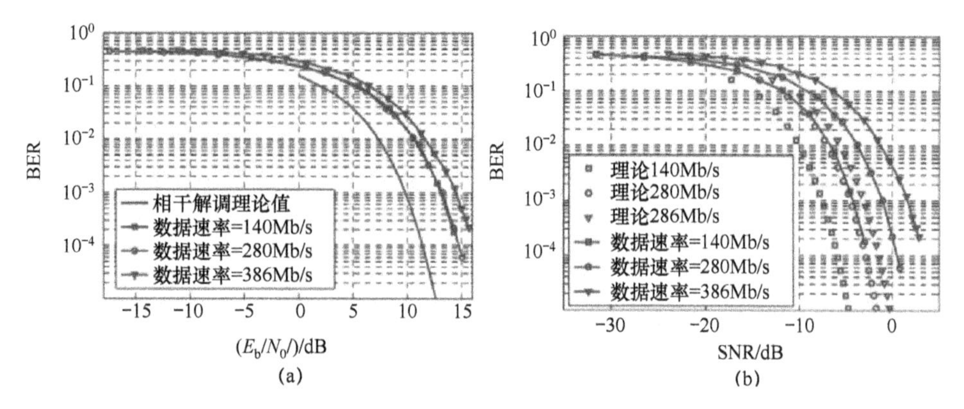

图 6.16 （a）BER vs E_b/N_0和（b）BER vs SNR（©2010 KIT 科学出版社，经许可转载自文献[168]）

图中所示为与 AWGN 信道的理论值[141]相比而存在的恶化，其给出的比特误码率为

$$\mathrm{BER} = Q\left(\sqrt{\frac{E_{\mathrm{b}}}{N_0}}\right) \tag{6.3}$$

式中：Q 为误差函数，有

$$Q = \frac{1}{\sqrt{2\pi}}\int_x^{\infty} \mathrm{e}^{-\frac{t^2}{2}}\mathrm{d}t \tag{6.4}$$

恶化是由非理想系统组件（包括信道）造成的。140Mb/s 和 280Mb/s 的图像是相同的，因为与系统组件的传播特性相比，脉冲重复时间是足够大的。386Mb/s 的数据速率对应的是脉冲响应时间只是脉冲持续时间和 PPM 偏移 T_{PPM} 的总和，并不包括任何保护时间的情况。这造成码间干扰增强，并从而使性能变差。也可以使用 SNR 表示比特码错误率。SNR（S/N）和 E_b/N_0 之间的关系为

$$\frac{E_{\mathrm{b}}}{N_0} = \frac{S}{N}\cdot\frac{B}{R} \tag{6.5}$$

式中：B 为带宽（详见文献[155]）。

图 6.16 展示了在不同数据速率时，BER 随着 SNR 变化的特性。数据速率的改变可导致曲线移动。然而，如需要对不同系统配置的比特误码率进行比较，通常只根据 E_b/N_0 绘制该性能，因为表达式 E_b/N_0 被隐式地归一化到带宽中。

2. 同步精度的影响

正如之前所述，相干解调制需要接收信号和模板信号在 TD 中精确同步。下面主要研究在非理想同步时会发生什么情况。假设同步是以常数计时误差

t_{synch} 为特征。该误差可能是正误差或负误差，其中正误差意味着与接收到的信号相比，模板信号被正延迟。因为系统仿真是以离散时间步为基础的，所以可能的同步误差是时间步 T_0=17.86ps 的倍数。在图 6.17（a）所示的研究中比较了不同 t_{synch} 数值时的比特误码率随 E_b/N_0 的变化特性。研究用的数值是 UWB 系统中的典型数值。例如，文献[33]研究了 50ps 这一数值。由此可见，与理想同步相比，同步误差可引起严重恶化。此外，相同数值的正同步误差的性能与负同步误差的性能不同。这可以通过脉冲波形的不对称来解释，脉冲波形不对称也会使自相关出现不对称现象。因此，接收和模板脉冲间的互相关也是不对称的。除了不对称性之外，还应考虑信号频率覆盖范围与其自相关特性间的一般关系。一个广谱通常会使自相关变小[88]，这将使以计时误差为特征的相干解调制的性能快速降低。因此，在频谱使用与脉冲波形的自相关特性间的折中可能是物理设备的一个解决方案。具有最优抖动—鲁棒性脉冲波形设计的初步结果如文献[88]所示。然而，根据图 6.2 所示，只要与脉冲波形的自相关特性相比，计时误差足够小时，在功率方面进行的脉冲波形优化才是有意义的。

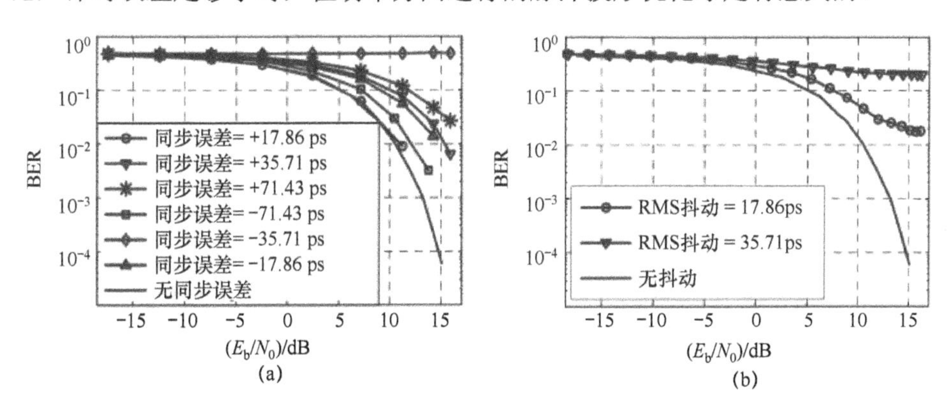

图 6.17 （a）BER vs E_b/N_0（存在同步误差）和（b）BER vs E_b/N_0（存在抖动）（©2010 KIT 科学出版社，经许可转载自文献[168]）

3. 抖动的影响

因为抖动也可造成计时误差，所以在存在抖动时，性能也会恶化。图 6.17（b）展示了不同抖动均方根（RMS）标准偏差 σ_{jitter} 时的比特误码率。选择的抖动数值覆盖 0～35.71ps，其是超宽带应用中的典型数值。例如，文献[118]提及了 15～150ps 的典型数值，而文献[96]使用了 20ps RMS 抖动。图 6.17（b）中的曲线显示出饱和特性，也在文献[184]中观察了该主要特性，与给定贡献率相反，其研究了抖动在理想化系统中的影响。此外，σ_{jitter}=35.71ps 时可以观察到严重恶化，因为在那种情况下，−35.71ps 的临界计时偏差出现的可能性（详见之前的章节）最大。

6.1.5 实际收发机实现

在第 2 章中，我们从通信工程方面介绍了 UWB 收发机体系结构，在本节中，将从 RF 系统方面研究发射机和接收机概念。我们根据模拟和测量结果对上述提及的 3 种最常见接收机结构进行了比较。为了进行公平比较，所有的接收机使用相同的组件，评估指标是当发射机与接收机之间采用相同的间距 r_{TxRx} 时的经过处理后信号的信噪比。

1. 收发机结构

基于脉冲的 UWB 系统的特征是具有非常简单的发射机模块，其在发射机中使用了无载波信号。可通过一个由基带信号触发的专用脉冲发生器电路（脉冲生成器，PG）生成几百皮秒长的短脉冲，可以将该脉冲直接或放大后发送给天线。发射机模块结构如图 6.18 所示。

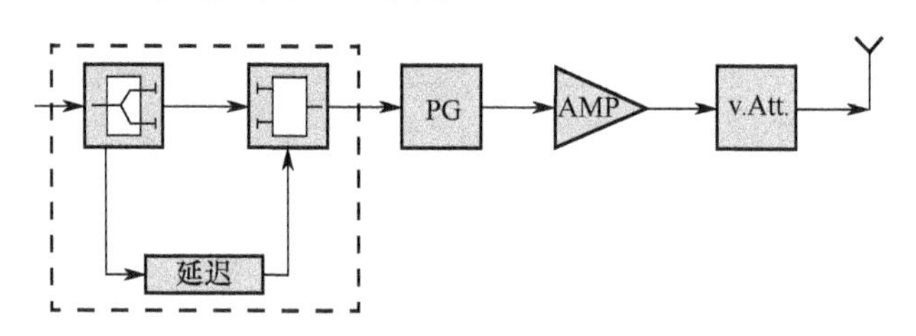

图 6.18 发射机模块结构（虚线框中的组件供 TR 系统使用）（©2012 EuMA，经许可转载自文献[197]）

PG 生成的脉冲波形[152]与高斯脉冲五阶导数（PG5）非常相似，其半极大全宽度（FWHM）为 250ps。PG5 的时域和频域特点如图 6.19 所示。

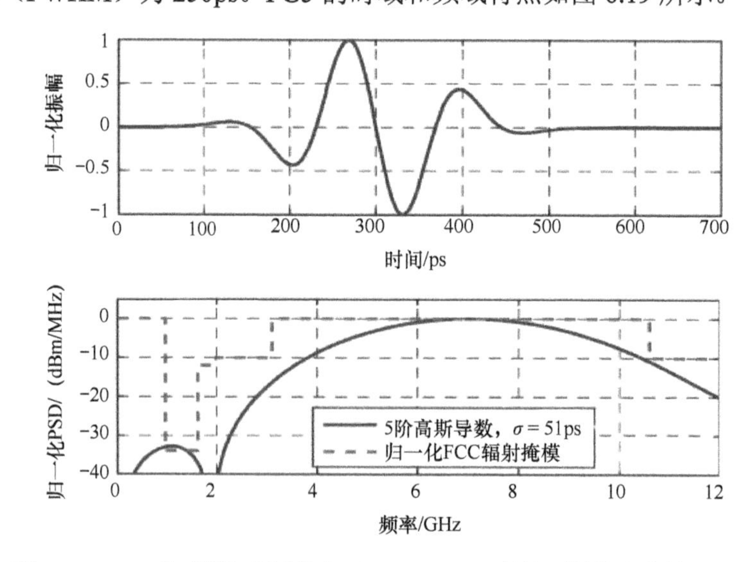

图 6.19 PG5 的时域和频域特点（©2009 IHE，经许可转载自文献[205]）

2. 接收机结构

因为在文献[142]中已对其进行了介绍，所以在此只对接收机结构进行简要概括。可根据匹配滤波器相关的实现方式（相干或不相干），及使用的脉冲模板对接收机进行分类[197]。

1） 相关接收机（CR）

该接收机结构（参考图 6.20（a））是基于与具有本地生成模板的接收信号进行模拟相干的相关。理论上，这是 AWGN 信道中最有效的接收方式[120]。使用干净模板倍增的噪声脉冲会产生一个远大于只有噪声的互相关的输出。因为 UWB 脉冲的持续时间非常短，所以关于计时精度的要求非常高。图 6.19 所示的信号的自相关函数如图 6.21 所示。这表明为了保持在至少 80%最大值的范围内，允许存在一个 30ps 的容差。这对实际系统的要求非常高[197]。

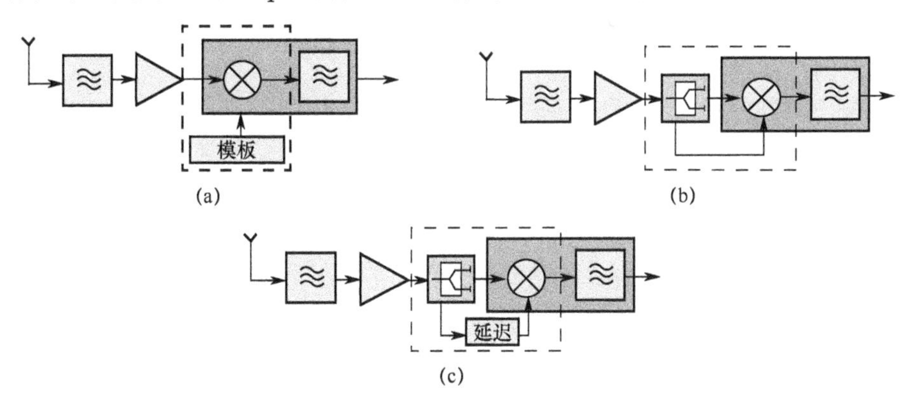

图 6.20　3 种常见接收机结构，虚线框表示的是重要的结构差异（©2012 EuMA，经许可转载自文献[197]）

（a）相关接收机（CR）；（b）自相关接收机（ACR）；（c）传输参考接收机（TR）。

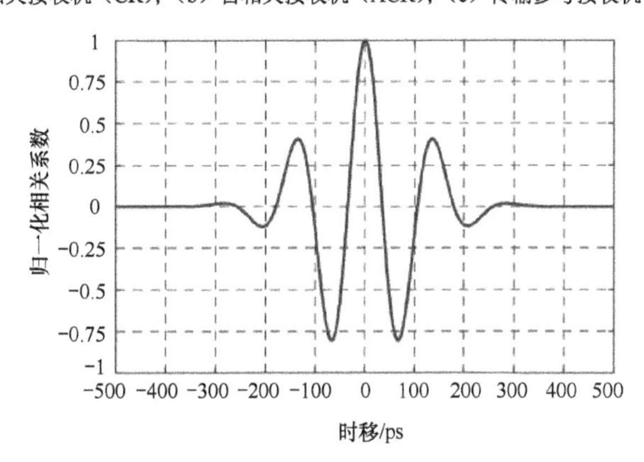

图 6.21　高斯脉冲五阶导数的自相关函数

2）自相关接收机（ACR）

不要求同步的一个替代方案是 ACR，该接收机以能量检测为基础。接收到的信号被分开，并形成矩形脉冲（图 6.20（b））。该解决方案的主要缺点是噪声与其本身呈正相关，并会造成底噪增加。因此，可以使用一个混合系统（TR）来解决该问题[66]。

3）传输参考型接收机（TR）

在这个结构中，可根据预先定义的距离传输两路脉冲，其可以通过触发 PG 来实现，如图 6.18 所示。分解接收机中的信号，并通过发射脉冲的间歇时刻使其中一条路径延迟（图 6.20（c））[32]。这可以确保第一路脉冲（引导段）的延迟副本与第二路脉冲成正相关。通过分解生成的另外两路脉冲与噪声一起倍增。该结构的主要优势是时移热噪声不再与其本身成正相关。然而，信号和噪声的互相关也会造成底噪增加。

4）闪弧接收机（FR）

一个复杂度更低的接收机是闪弧 UWB 接收机[164]。该接收机主要由两个不断搜索入射信号中的正负峰值（脉冲）的比较器组成。然而，该接收机类型没有纯粹的模拟体系结构，因为比较器（1bitADC）被直接放置在 LNA 之后。关于脉冲方向的判定是在数字域中实现的，并以特定方向图为基础，因此，在该项比较中不考虑该判定。

5）正交模拟相关接收机（QACR）

这是一种基于载波恢复的接收机结构。在两条支路中分解接收到的脉冲，使用 I 和 Q 组件将其下变频至基带，然后对其进行 A/D 转换[21,172]。该机制不是 UWB 专用机制，其中，脉冲检波在 ADC 后（在组合 I 和 Q 组件后）进行，因此，无法与其他结构进行直接比较。

我们将根据这些简单的描述，对前 3 种接收机类型进行比较。因为受非理想硬件影响，所以仅通过数理考量几乎不能评估哪个系统具有最佳性能，它们是由相同组件构成的[198]，其性能已被评估过。

3. 对比的指标

为了在接收机处提取通过信道传输的信号中的有用信息，信噪比应足够高。如果 SNR 较低，则 BER 将会增加，传输质量则会降低。通常，接收机对输入 SNR 的处理不同，这将导致已处理信息中的 SNR 不同。因此，已处理信息中的 SNR 是对接收机进行比较的最简便方法。

SNR 定义为信号平均功率与噪声平均功率之间的比值，即

$$\mathrm{SNR}_{\mathrm{dB}} = 10 \cdot \lg\left(\frac{P_{\mathrm{signal}}}{P_{\mathrm{noise}}}\right) = 10 \cdot \lg\left(\frac{U_{\mathrm{eff,signal}}^2}{U_{\mathrm{eff,noise}}^2}\right) \tag{6.6}$$

信号功率由信号电压 u_{singal}（t）和阻抗 Z 计算的得到，有

$$P_{\mathrm{signal}} = \frac{1}{Z \cdot T_{\mathrm{n}}} \int_0^{T_{\mathrm{n}}} u_{\mathrm{signal}}^2(t)\mathrm{d}t \tag{6.7}$$

而噪声功率是使用噪声的方差 σ^2 计算得来的：

$$P_{\mathrm{noise}} = \frac{\sigma^2}{Z} = \frac{1}{Z \cdot T_{\mathrm{n}}} \int_0^{T_{\mathrm{n}}} n^2(t)\mathrm{d}t \tag{6.8}$$

式中：T_{n} 为积分窗口的持续时间。

将式（6.8）带入到式（6.6），得

$$\mathrm{SNR_{dB}} = 10 \cdot \lg \frac{P_{\mathrm{signal}}}{P_{\mathrm{noise}}} = 20 \cdot \lg \frac{U_{\mathrm{eff,signal}}}{\sigma} \tag{6.9}$$

然而，式（6.9）不能用于计算接收链中不含积分器的脉冲基础系统的 SNR，因为其考虑的是信号和噪声的平均幅度。

固定积分窗口 T_{n} 的平均值取决于信号周期（或脉冲重复频率（PRF）。因此，SNR 随着信号的占空比变化。在几个周期没有进行积分的系统中（该项研究涉及的情况），变化的 PRF 不能影响 SNR。出于这个原因，需要引进另一个只涉及脉冲瞬时功率（或幅度）的定义——信号阈值比：

$$\mathrm{STR_{dB}} = 20 \cdot \lg \left(\frac{A_{\mathrm{peak}}}{3 \cdot \sigma + A_{\mathrm{xt}}} \right) \tag{6.10}$$

式中：A_{peak} 为接收脉冲的峰值的平均电平；A_{xt} 为噪声或串音信号的平均峰值级（如从相关器模板端口到输出）；σ 为噪声信号的标准差。

使用该定义计算的噪声电平，可被直接用作信号检测所需的阈值电平，故此得名信号阈值比。

该参数可为不同接收机体系结构间的公平比较提供依据。在与发射机距离相同的位置上对这 3 个接收机进行测试，且 STR 可给出关于收发机性能的明确信息。

下面将根据图 6.22 和图 6.23 解释 STR 预估。使用一个 12GHz 带宽的示波器记录，按照 40 GS/s 的采样率记录相关器后的接收信号。在第一路信号中存在接收到的脉冲（对于 CR，需要最优同步）。第二路信号只包含噪声（而且如果是 CR，还包含模板脉冲的串扰）。出于统计原因，每个距离和每种接收机都记录了 300 次脉冲。这能够帮助发现接收脉冲的平均幅度和噪声信号的统计参数。将这些项带入到式（6.10）中可以获得一个 STR。0dB 的 STR 表明接收到的脉冲在阈值电平之上。低于这一点时不能接收。

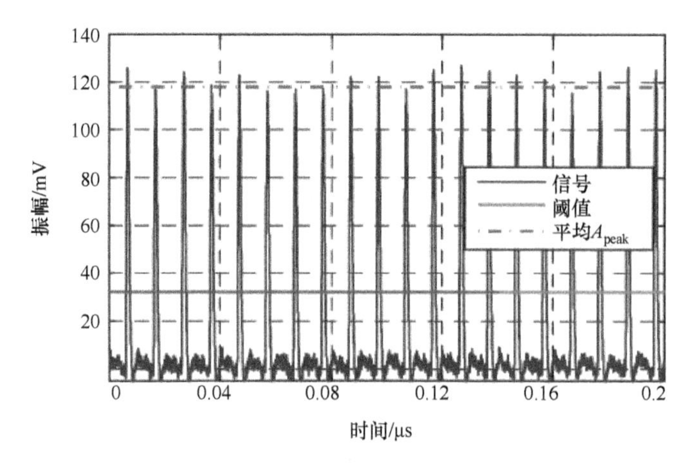

图 6.22 CR 在接收信号与模板脉冲的最佳联配阶段的输出，水平虚线表示相关结果的平均峰值幅度

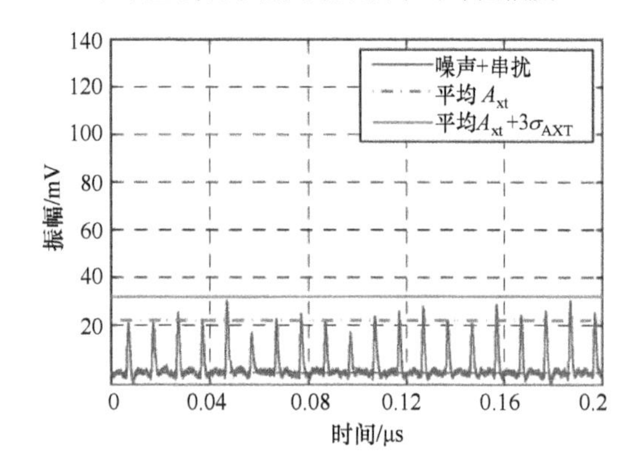

图 6.23 未接收到脉冲（只有噪声）时 CR 的输出，模板脉冲的串扰及其与噪声的互相关生成主要峰值

4. 仿真和测量

所有收发机的模型是在 Agilent 公司的 ADS 中实现的[15]。带通滤波器、LNA、功率分配器（在使用 ACR 和 TR 时）和 PG 的模型是根据测量数据实现的[198]。相关器被建模为一个简单的倍频器，而天线则被建模为一个增益模块(测量中使用的一个角方向，通过在一个微波暗室进行测量获得的其数值)。

此类测试是在实验室中进行的。配备相同硬件组分的接收机被放置在距离发射机 3m 的位置，然后依次对其进行测试。为研究在 Tx-Rx 间隔中的 STR 性能，在 Tx 位置使用了一个可变衰减器（图 6.18）。使用了 7 个不同的衰减设置。增加到自由空间衰减的衰减量可导致 Tx-Rx 距离的理论增长（详见式（2.12））。衰减设置（D_{set}）、生成的 Tx 信号幅度 V_{pp}、等效路径损耗 L 和生成的等效距离 R 如表 6.1 所列。

表 6.1　幅度 V_{pp} 在 Tx 端的变化以及在范围 R 内的等效增长

V_{pp}/mV	D_{set}/dB	L/dB	R/m
900	0	58.7	3
600	3.6	62.3	4.54
435	6.6	65.3	6.41
293	9.6	68.3	9.06
235	11.6	70.3	11.41
186	13.6	72.3	14.36
150	15.6	74.3	18.08

测试的所有接收机类型的仿真和测量结果分别如图 6.24 和图 6.25 所示。在测量和仿真时，PRF 被设置为 10MHz。仿真和测量曲线的主要形状吻合较好。距离较小而信号幅度相对较大时的差距最大，其原因是相关器的简化建模（不包含串扰）。对于 ACR，在距离大于 6m 时，而对于 CR 和 TR，在距离大于 8m 时，其仿真和测量间的区别小于 1.5dB。

在距离为 4～6m 时，TR 的性能优于 CR。其原因是如之前提到的，CR 的可接受同步误差的小容限，该特性的原因很可能是延迟元件的热漂移。因为时间延迟中出现轻微变动，自相关函数并未达到其理论最大值，CR 性能恶化。

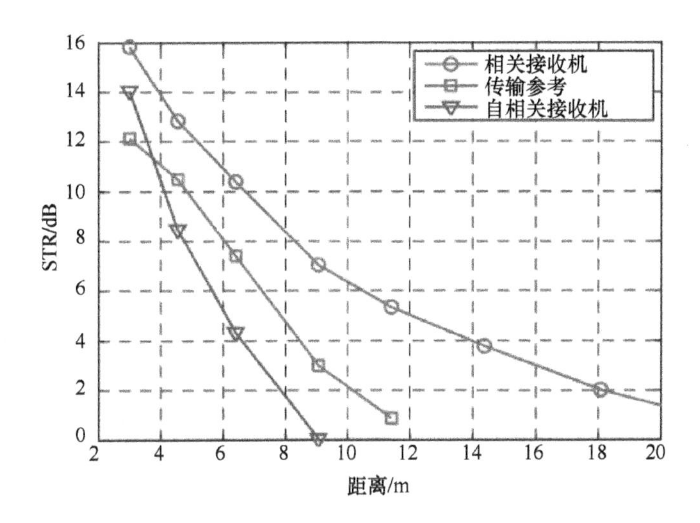

图 6.24　随 Tx-Rx 间隔变化的 STR：仿真结果（©2012 EuMA，经许可转载自文献[197]）

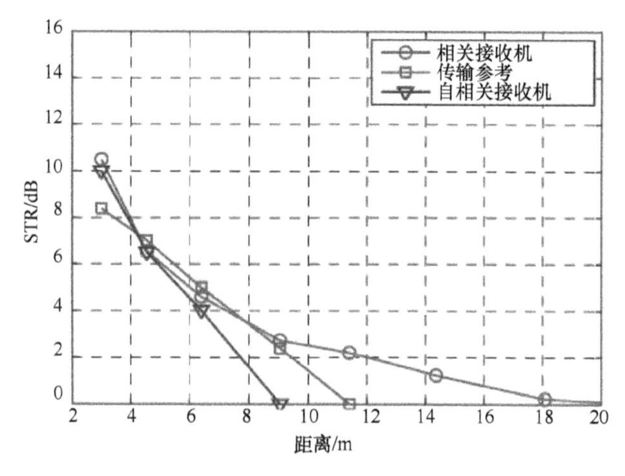

图 6.25 随 Tx-Rx 间隔变化的 STR：测量结果（©2012 EuMA，经许可转载自文献[197]）

上述的研究表明，相关接收机的理论优势通常并不突出，只有在距离较大时，CR 的性能才能优于其他两种接收机。然而，只有在保证理想同步时才存在该优势。即使接收到的脉冲和模板脉冲间存在一个小到 20ps 的时间未对准，其性能也会大幅退化。如果体系结构需要保持简单，且信噪比较高，自相关接收机是一个很好的选择（用于很短的距离或高传输功率）。传输参考接收机可提供在复杂性与可实现传输范围间的最佳折中。因为会降低 50% 的传输功率效率（是 CR 和 ACR 的接收用脉冲的两倍），该优势的代价很高。

在实践中，不能在性能方面对 UWB 接收机进行简单的分类。STR 曲线的拦截点表明没有明确的最佳解决方案，且应该做出折中。还需要注意的是，硬件的精确建模在性能预测准确度方面是非常重要的。

6.2 UWB 定位

对封闭设施内的物体进行定位已经成为一个共同需求。例如，追踪办公室内的工作人员，或在工业环境下对自动导航车进行定位。如果能够进行精确定位，则可以为更先进应用提供一系列新的可能性。在该情景中可以想到的一个技术是 UWB。因为其具有大信号带宽，且在时域内的持续时间较短，UWB 看起来是进行精确距离和定位测量的最佳选择。在本节，我们将介绍 UWB 定位的若干方面。如需对移动设备（MU）进行定位，则需要使用位于已知位置上的基站（BS）。根据系统概念，MU 可以是发射机（Tx）或接收机（Rx）。

6.2.1 UWB 系统的定位技术

可以使用下列被测信号参数中的一个或多个参数判定目标的位置[57]：

（1）接收信号强度（RSS）;

（2）到达角（AoA）;

（3）绝对到达时间 （ToA）;

（4）相对到达时间差（TDoA）。

根据这些被测信号参数和已知的 BS 坐标，可以估算自主物体（此处：MU）的位置。除了以上述参数的数学评价为基础的算法（例如，传统的三角测量；定位算法）之外，可使用场景分析或邻域进行简单粗略的位置估计。这些算法都具有独特的优势和劣势。因此，同时使用一种以上的算法可以提高系统性能和精确度[122]。

1. 三角测量

三角测量是指利用三角形的几何性质，在根据一系列基站中的一组相关参数获得的位置线交叉区域预估物体位置。该测量方法有两个衍生物：使用距离测量值的最小二成法，以及使用主要角和方位角测量值的角度测量[64]。

1）最小二乘法

使用最小二乘法，可通过测量多个 BS 的距离计算一个 MU 的位置。估算该距离的 3 个主要方法如下：

（1）ToA。目标节点（此处：MU）到 BS 的距离与传播时间成正比例关系。为了能够进行二维定位，应根据从至少 3 个基站发出的信号计算 ToA 测量值，如图 6.26 所示。为防止 ToA 估计中出现不确定性，所有的发射机和接收机在该场景中应精确同步，且周密分布。

基于 ToA 的系统的性能对带宽和 NLoS 条件的发生较为敏感；然而，自主 MU 情况中的最大问题是 MU 和 BS 间的精确同步[56,147]。可以充分利用 ToA 的一个情景是双向测距[38]。在这种情况下，移动设备将测量脉冲到达 BS 并返回的往返传播时间，并根据该结果计算相关距离[48]。

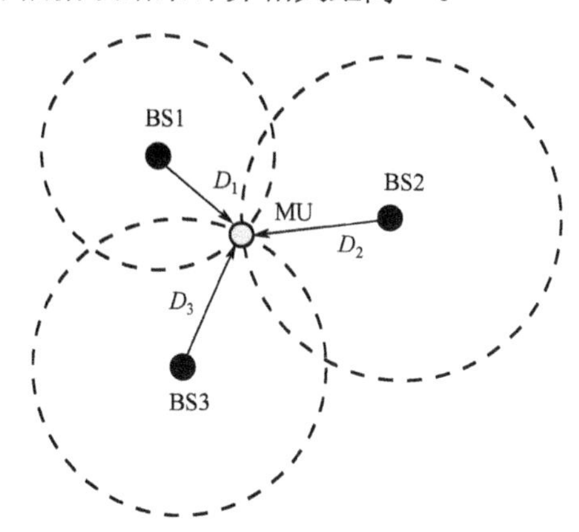

图 6.26 根据 ToA 测量值进行的定位

（2）TDoA。通常，基于 ToA 的距离测需要目标（MU）与参考节点（BS）的同步。然而，即使 MU 和基站不存在同步也可以获得 TDoA 测量值。其唯一的要求是基站之间保持同步[56,97]。这可支持测量在移动设备和两个基站之间传输的两路信号到达时间的差异。根据在两个基站间测量的时间差异计算得出一个双曲线。该双曲线是一个点集，表示两个基站间的一个常数距离（时间）差异，且该双曲线可以指出 MU 的所有可能位置。通过使用至少 3 个基站，可以根据至少 2 个双曲面的交叉点估算二维 MU 位置，如图 6.27 所示。如果需要获得明确的三维位置，则需要使用 3 个双曲面（4 个基站）的交叉点。

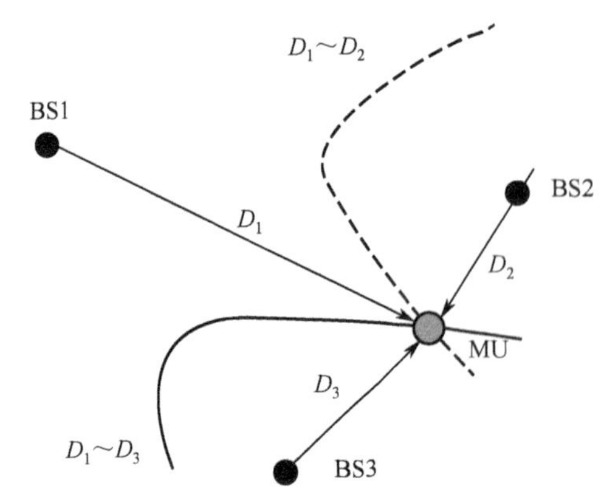

图 6.27　根据 TDoA 测量值进行的定位。

（3）RSS。两个节点间传输的信号的功率是一个包含节点间距离相关信息的信号参数。可以用两种方式使用 RSS 信息：

第一种方法是将接收信号的功率映射到从 BS 到 MU 的传播距离的信号中。在已知 BS 的发射功率和频率时，可通过重写式（2.12）来计算距离。通过测量至少 3 个发射机的 RSS，可使用三角测量确定 MU 的位置。然而，在处于室内场景时，不能假设自由空间传播，因此，基于路径损耗的 RSS 不可用。

第二种方法是在一个指纹识别机制中使用 RSS[22,137]，并在测量活动中收集关于应用场景的信息。首先创建一个数据库，该数据库应包含位于场景不同位置的基站的 RSS 信息，且该数据库可被用作查找表。然后，将实测的 RSS 数值与该数据库进行比较，以获得更准确的目标位置。

2）角度测量

到达角（AoA）测量值可提供关于入射信号方向的信息，即两个节点间的角度。正如图 6.28 所示，AoA 方法使用至少两个已知基站（BS1 和 BS2），以及两个被测角（θ_1、θ_2）来计算目标的二维位置。

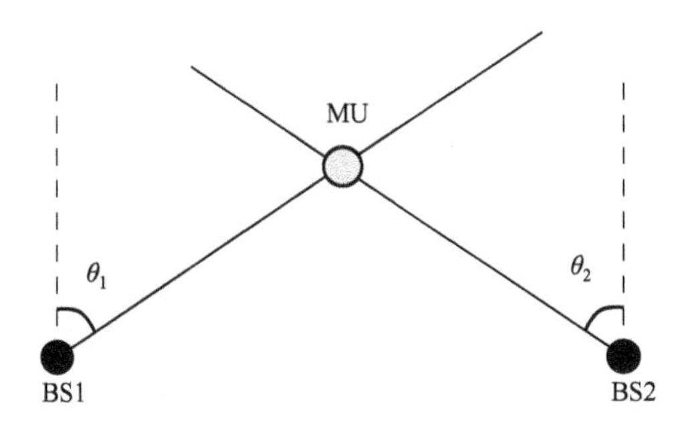

图 6.28 根据 AoA 测量值进行的定位

AoA 的优势是可以使用两个测量单位估计位置，以进行二维定位。如需进行三维定位，每个 BS 应集成至少 3 个接收单元（不同轴放置）。主要优势是不存在关于时间同步的要求[134]。

2. 场景分析和邻近

场景分析方法使用可用信息，如训练数据（指纹），并通过匹配当前测量值与根据指纹推断的最接近位置对目标节点的位置进行估计。为此，可使用模式匹配算法，例如 k 最近邻算法（k-NN）、支持向量回归（SVR）和神经网络等。通常使用基于 RSS 的定位，例如在 WLAN 中。

本机指纹识别有两大阶段：脱机和联机。在脱机阶段，应在该场景中的多个位置，沿着真位置（如到周围墙壁的距离）测量位置相关数据（如信号强度）。在联机位置计算阶段，测量 MU 物体的位置相关数据。并将其与脱机阶段收集的预测量数据进行比较，然后在数据库中搜索最接近的类似条目，以获得位置估计[56,97,137]。

邻近位置传感技术测量目标物体相对于已知位置和区域的位置。该技术要求在已知位置放置一些探测器。在一个探测器探测到跟踪目标时，该目标的位置被认为是位于该探测器代表的邻近区域。这只能给出一个粗略的预计，且主要取决于预部署探测器的数量。

3. 结论

不适合在 UWB 室内定位系统中使用 RSS 方法以及与其关的场景分析的原因是信道的多路径特性可产生多重回波（区分多路径的问题）。此外，为精确评估信号强度，需要对若干脉冲进行集成（这是不确定的，因为 UWB 信号的占空比非常小，且缺少积分电路）或需要应用非常精确的 A/D 转化。具有较高分辨率比特和输入带宽（需要几个 GHz）的 ADC 很少，且功率消耗较高。

也不适合在 UWB 中使用 ToA 方法，因为该方法要求进行大量的同步工作（在实践中不能通过一个高效的方法实现）[199]。对称的两面双向测距（或简单的双向测距）是 ToA 系统的一个特殊版本，其测量的是从 BS 到 MU 及返回的双倍传播时间[38]。该方法中的同步要求较低。

适用于 UWB 定位的方法是 TDoA 和 AoA，因为这些方法的系统配置非常简单。在 TDoA 系统中，只有分布在其中的参考节点需要保持同步（如通过电缆），这非常易于实现。在 AoA 情况下，每个参考节点应包括排列在一个阵列中的多个接收机；只有在这种情况下，这些参考节点应彼此保持同步。与单个独立系统相比，由 TDoA 和 AoA 组合而成的定位系统可以生成更好的结果[183]。在文献[170]中展示了同时应用这两种技术的一个商业系统。

6.2.2 UWB 定位系统设计步骤

我们将在本节详细介绍 UWB 定位系统的最重要设计步骤：从算法的选择开始，详细介绍情景描述和精确度预测、系统设置、潜在测量误差分析，并最终介绍相关定位实例，以及如何将定位拓展至跟踪系统。所有描述是用 TDoA 定位系统作为一个实例。

1. 关联时差与 MU 位置

如需根据测量数据计算 MU 位置，应将真位置与预估位置间的误差函数降到最低。然而，不能对每个输入自变量在该函数中的数值进行研究。因此，研发了一系列解决此类非线性问题的专用算法。它们都遵循相同的模式：首先，应对该解决方案进行粗略预估，这可被理解为误差图中的起点。可以从该点开始计算误差图中的下降方向，且其计算方式应确保误差函数值的下降具有较高可能性。随后，从起点的下降方向设置具有一定步长宽度的点进行计算。并将该点作为新的起点，执行用相同的算法，直到满足停止条件。该停止标准可能是误差函数中的变化，或是计算位置的变化。如果该数值足够小，可被假设为恒定状态，则停止标准应该是达到全局或局部最小值。

以下算法最适合求出 TDoA 系统的定位分辨率：

（1）使用默认值一维搜索程序（qLSP）的高斯−牛顿算法（GN）；

（2）列文伯格−马夸尔特算法（LM）；

（3）信赖域反射算法（TRR）；

（4）内点（IP）与改进的 Bancroft 算法（BA）[202]。

比较标准如下：

（1）平均计算时间，计算一组位置的计算时间的平均值；

（2）解决方案的准确性，其中品质因数是平均三维定位误差，其计算为

$$\text{mean 3D error}=\frac{1}{M}\sum_{k=1}^{M}\left\|\boldsymbol{r}_{\mathrm{MU}_k}-\hat{\boldsymbol{r}}_{\mathrm{MU}_k}\right\| \tag{6.11}$$

式中：k 为定位解决方案的数量；$\boldsymbol{r}_{\mathrm{MU}_k}$ 为 MU 的真实位置；$\hat{\boldsymbol{r}}_{\mathrm{MU}_k}$ 为 MU 的估计位置。

因为评估的一些算法没有额外的限制（如可行解决方案应保持的范围），会出现大量定位误差，这会影响平均数值。因此，我们也给出了一些中值。

使用一个具有 5 个 BS，尺寸为 10m×10m×2.5m 的虚拟空间进行评估。其中 4 个接收机被安放在每个角中 1m 高的位置；第五个被放置在虚拟空间顶部中心。该虚拟空间如图 6.29 所示。

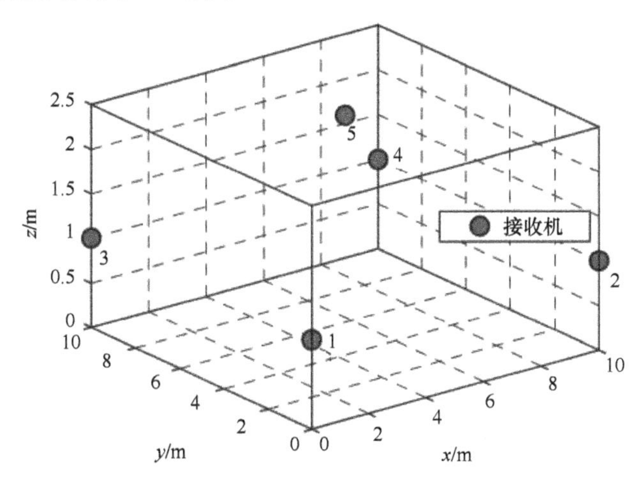

图 6.29 虚拟空间（具有 5 个 BS 和 1 个接收机）

评估中使用的 TDoA 数据是通过减去 BS 至 MU 间的伪距，包括人工增加的误差而获得的。测量噪声被建模成正态分布，且标准差 $\sigma_{\mathrm{t}} = 333\mathrm{ps}$（与 $\sigma_{\mathrm{d}} = 10\mathrm{cm}$ 相对应）。对每个 BS 上时间误差的同方差性假设是为了进行算法测试而安排的，在实践中一般不适用。应根据平均分配的随机函数在场景边界内选择 MU 位置。根据 Bancroft 算法选择迭代算法的起始点。M=1000 位置计算的结果如表 6.2 所列。作为内点和 Bancroft 算法的约束条件，这意味着解决方案必须在空间内。

表 6.2 各种算法的平均三维误差和计算时间[204]

算法	平均计算时间/ms	3D 定为误差平均值/中值 /m
改进的 Bancroft 算法（BA）	0.580	0.406/0.312
高斯—牛顿算法（GN）	31.85	0.386/0.276
列文伯格—马夸尔特算法（LM）	15.41	0.386/0.276
信赖域反射算法（TRR）	40.96	0.386/0.276
内点算法（IP）	98.10	0.311/0.251

第一印象是 GN 算法的结果较好。然而，如果通过随机方法，而不是通过 BA 选择起始点，则会出现收敛问题。根据其余算法可知，与迭代算法相比，BA 的计算时间最短，但其准确性较低（如较大的误差）。LM 和 TRR 具有相似的精确度，然而，LM 的计算时间较短。IP 实现的结果最精确，然而，其计算时间是所有算法中最长的[204]。根据这些结果可知，最优组合是基于 BA 的起始点位置判定，和使用 LM 进行的邻近最终计算[102]。在需要考虑关于几何结构的附加条件时，IP 是最佳选择。

2. 场景描述和误差预测

定位系统中的一个重要方面是参考节点位置的最优选择。在文献[153,186]中表明，MU/BS 的几何星座图对定位精度具有决定性的影响。几何设置质量的参数是几何精度因子（GDOP）；表明不完全时间测量对定位精度的影响程度的一个因子。在使用 TDoA 的情况下，在已知时间测量的标准偏差（σ_{time}）和一个 GDOP 数值时，可按照以下公式预测定位精度[200]：

$$\sigma_{\text{3Dpos}} = \text{DOP} \cdot \sigma_{\text{time}} \cdot c_0 \tag{6.12}$$

式中：DoP 为精度因子。DoP 在场景内的分布越均匀，观察到的定位误差变化越小。

已知这一点后，下面将详细讨论场景中的参考节点星座图。不同参考节点位置的 DoP 数值（分为 HDOP（水平）和 VDOP（垂直））在 20m×20m×2.5m 空间中的示例分布如图 6.30 所示。图 6.30（a）所示组态表明 4 个接收机位于 2.5m 高的位置。星座图中的 HDOP 在 1～5 范围内，并增加至 10，位于范围之外。而 VDOP 的分布并不均匀，并在空间的中间达到非常高的数值，其中目标的垂直移动不会使测量时间差出现任何变化。在应用一个额外的接收机后，该情况可被避免，如图 6.30（b）所示。在组态 C_2 中，放置在中间的接收机对 HDOP 几乎没有影响，然而，这不能保证 HDOP 的值在 2～10。可通过将中间站移出所有其他接收机所在的平面，或降低其他接收机高度，例如降低至 1.5m，对 VDOP 进行进一步改善。该情况如图 6.30（c）所示。VDOP 得到改善 2～3.5，而 HDOP 未出现任何明显变化。

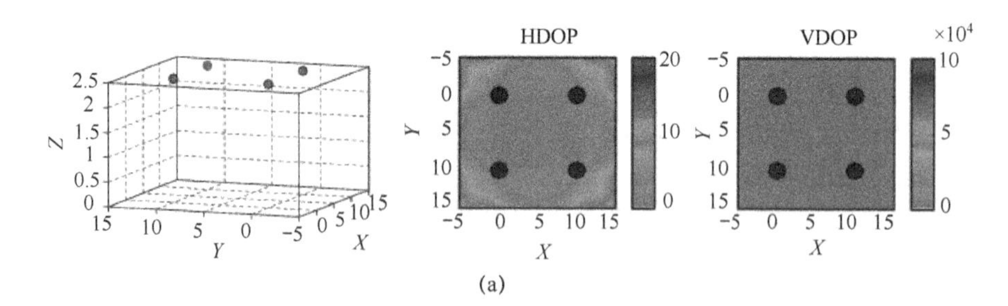

(a)

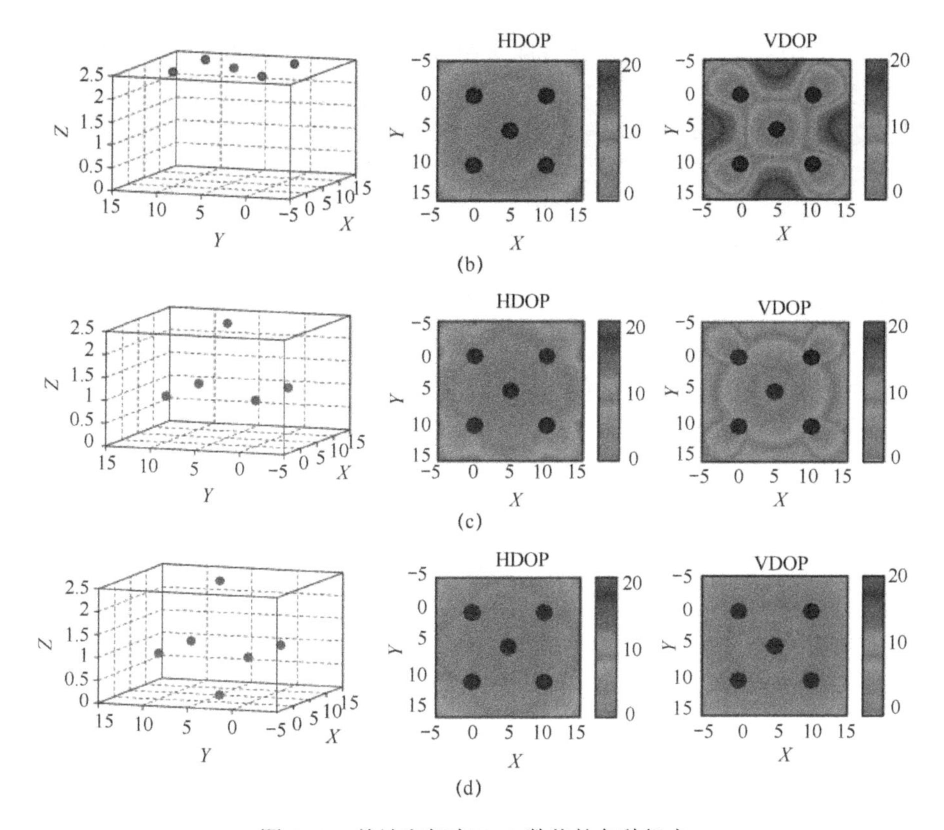

图 6.30 基站和相应 DoP 数值的各种组态

(a) 组态 C_1，具有 HDOP/VDOP 分布；(b) 组态 C_2，具有 HDOP/VDOP 分布；(c) 组态 C_3，具有 HDOP/VDOP 分布；(d) 组态 C_4，具有 HDOP/VDOP 分布。

改善垂直方向上的分辨率的另一个方法是，在所有现有接收机下方设置一个额外的站。这使两个相邻发射机位置间的测量时间差变长（图 6.30（d)），这会生成一个在 1.5～2.5 范围内的 VDOP。需要注意的是，在所有情况下，系统水平精度增加较快，与位于接收机星座图外部的发射机一样快。理论上，可以对几乎无穷多的不同组态进行测试，然而，在考虑到基站在通常室内场景的实际布局情况时，会应用一些额外限制。因此，应避免如 C_4 所示的排成直线情况。尽管 DoP 数值在地面或略高位置的分布几乎是均匀的，但因内部设施造成的遮蔽效应，位于此处的一些基站对 MU 是不可见的。需要提到的是，大量基站的应用可以使 DoP 分布更加均匀，且在遮蔽方面的性能更好；然而，实际执行的成本将增加。因此，建议在实践中使用组态 C_3 或相似组态。

3. 系统组态和时间测量

TDoA 定位场景示例如图 6.31 所示。连接每个基站以确保同步，并使用配备 UWB 标签的自主 MU 传输脉冲。通过物理差异路径（信道）在场景中传播信号，并将其传输到 BS 处。通过同步网络，将来自所有 BS 的接收信号转发到时间测量装置中，并且在触发 TDC 处的时间测量之前，该信号将出现一定延迟（$T_{\mathrm{stop}N}$）。可以用如下方程式表达：

$$T_{\mathrm{meas}\ N} = T_{\mathrm{channel}\ N} + T_{\mathrm{BS}} + T_{\mathrm{stop}\ N} + T_{\mathrm{offset}} \tag{6.13}$$

式中：T_{BS} 为 BS 特定延迟，例如在 RF 路径中（在天线和 ADC 之间）；T_{offset} 为偏置时间，是由 MU 与 BS 不同步，且传输时间不知道引起的。接收到的第一路脉冲将触发时间测量，以计算之后脉冲的差异。需要对此类系统进行初始校准，以判定 T_{BS} 和 $T_{\mathrm{stop}\ N}$。在从另一个方程式减去 $T_{\mathrm{meas}\ N}$ 等式后（为获得时间差），T_{offset} 被排除。

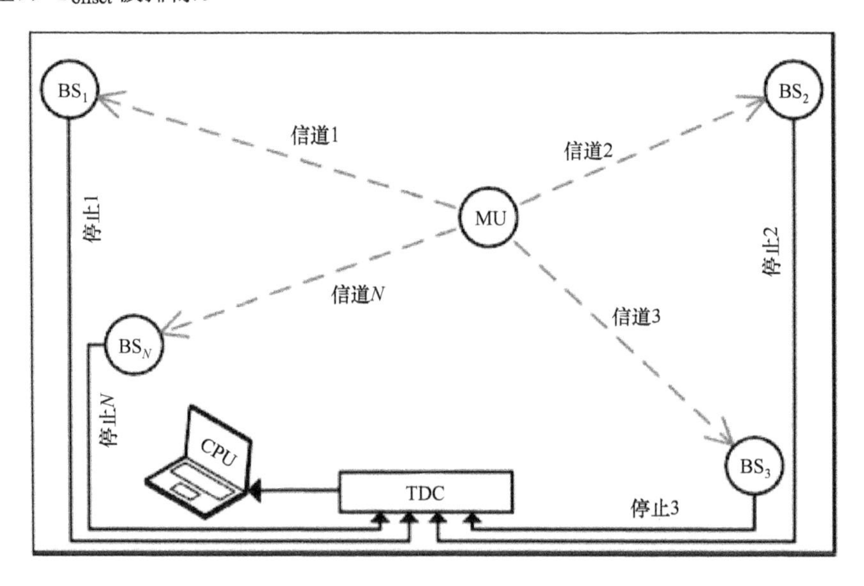

图 6.31 TDoA 定位场景示例（配备 N 个同步接入点和一个移动用户）[204]

为获得精确的时间测量值，使用了一个时间数值转换器（TDC）。该设备可测量两路（或更多）信号在其输入端所经过的时间。应根据传输时间，通过逻辑选通估计时间差。第一路入射信号可生成一个开始事件，而之后的信号可生成终止事件。在文献[76]中列出了其详细信息。此类设备的一个实例是在市场上可买到的 ATMD-GPX，该设备是由 Acam® 生产的[2]。根据工作模式，其能够探测两个入射数字信号，分辨率可达到 27ps。

4. TDoA 系统中的误差来源

在无线系统中，天线是最重要的设备。其主要负责匹配系统阻抗和自由空间阻抗。然而，真实天线在辐射过程中会引入一定的信号失真[179]，且大多数情况下，其随角度变化[127]。可表明时域特性的参数是天线脉冲响应（AIR）

h_{ant}（t）。AIR 的形状和其最大值的延迟可在 TDoA 测量过程中造成额外的时间偏移。因此，通常情况下，定位精度取决于 BS 天线与 MU 的相对角度。实际上，没有关于 MU 朝向的初始信息，因此，应同等发送和接收（至/来自）所有方向的信号，以确保与所有 BS 连接。这意味着 MU 天线应具有一个全方位的辐射方向图。另外，BS 天线最好有一个可照亮场景中一个特定部分的特定指向图。

移动用户天线的一个可能选项是平面单极子或单极锥天线，此类天线具有一个接近于全方位的特征（在水平面）。受时间差方法的影响，MU 天线的影响可以忽略，因为可以假设每个方向上的畸变相同。在 BS 中可以使用带有定向辐射特征的天线，如 Vivaldi 类型天线，其角度相关脉冲响应延迟的仿真结果如图 6.32 所示。在角度从主辐射方向向垂直位置变化（水平面）时，AIR 最大值的时移为 260ps。

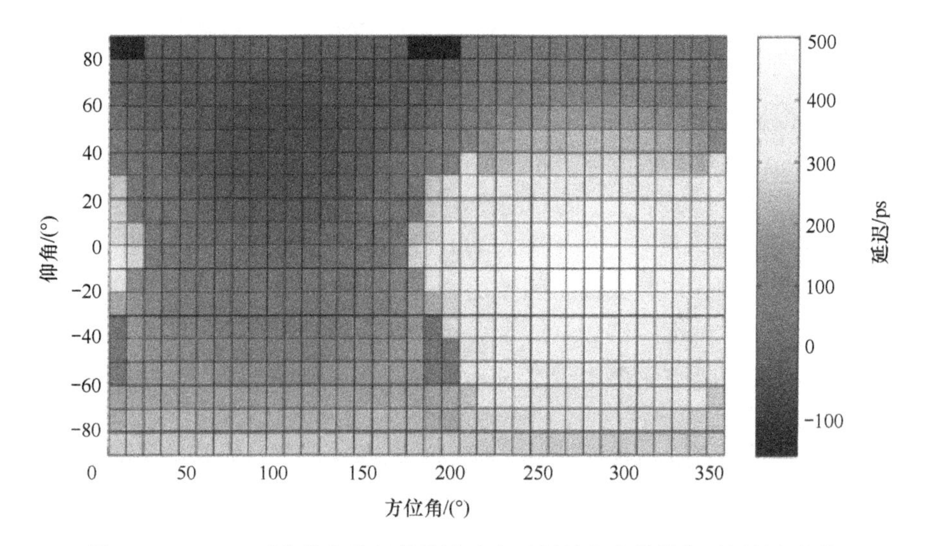

图 6.32　Vivaldi 天线的角度相关脉冲响应延迟的仿真结果主要辐射方向是方位角 90°、仰角 0°

BS 天线最好是被放置在空间的各个角上（对照图 6.30），并朝向其中心，因此，最大传输/接收角不能超过±60°。不过，如果接收到的 UWB 脉冲来自±60°角方位，则可以通过天线向信号增加多达 200ps 的额外时间延迟。在文献[203]中解释了该现象的物理学本质，并进行了实测验证。该时间延迟与自由空间内的 6cm 距离相对应。这样一个偏移对整个系统的准确度具有重要影响。尤其是尝试在较小距离范围内达到一定精确度时，这会成为一个重要问题。

为了消除 BS 天线的影响，可以使用文献[203]推荐的迭代方法。该算法的要求是知道 BS 天线的空间定向。在系统部署阶段可以很容易地了解到其空间定向。AIR 的补偿机制算法流程图如图 6.33 所示。

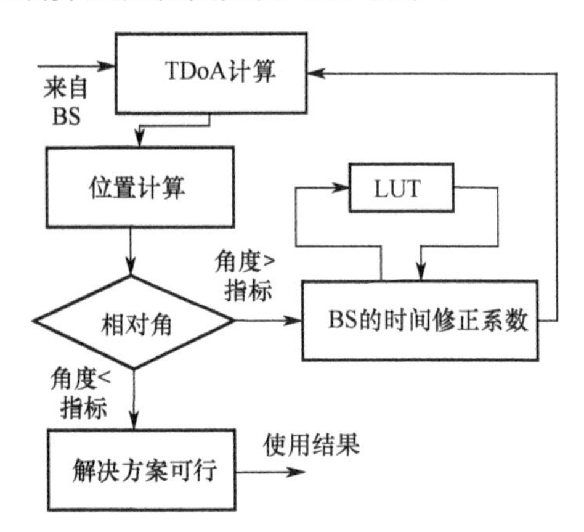

图 6.33 AIR 的补偿机制算法流程图（©2012 Hindawi，经许可转载自文献[204]）

在获得一个有效的 TDoA 测量值后，第一步是定位解的标准计算。这可生成第一个定位解，可作为迭代的一个起始点。在知道近似的 MU 位置后，可以计算 BS 间的相对角、参考方向和预估的 MU 位置。对于这些角度，可以从查找表（LUT）中获得每个 BS 的时间修正系数。LUT 包含所有角度相对于参考方向的 AIR 峰值延迟信息（如主瓣方向）（图 6.32）。

在从最初时间差中减去校正因数后，可以计算新的位置。可重复该操作，直到满足一个停止标准，例如，两个迭代次数间相对角的变化低于标准数值。另一种标准是计算的定位解出现变化。生成的位置可进一步用于其他应用，如跟踪。

需要应用延迟校正的原因是在天线测量和系统部署时的基站选择：馈电点（SMA-插口）。最正确且比较简单的方法是选择天线的相位中心（通过仿真或测量判定），以作为参考。可以在该区域中存在多个天线时判定相位中心；然而，例如，在信号频率范围内，Vivaldi 天线在辐射方向而不是主要方向上的相位中心是不稳定的，在这种情况下，LUT 方法更可靠。

在每个无线系统中，模拟和数字域之间都存在一个接口，可能出现幅度和时间误差。因应用的数字化设备（分辨率超过 1bit 的比较器或 ADC）不同，幅度误差的数值不同。显然，8 位或更高的 ADC 可以将信号传输到数字域中，并只造成边际振幅畸变。现在，高分辨率 ADC 的问题是其带宽有限，加之其成本和功率消耗较高（如管道 ADC 的消耗超过 1W），这使其在面向大众的 UWB 系统中的应用较少。比较器的精确度较低，但非常便宜，对该应用来说，似乎是一个更好的选择。这些设备可以实现接近 10GHz 的带宽，

80ps 的等效输入信号上升时间[79]。需要解决的问题是阈值电平的选择。在具有较大动态范围时，触发器对信号电平的时间依赖性具有重要影响，如图 6.34 所示。最优解是使用一个恒定系数鉴别器或自适应阈值，以提供固定的峰值–阈值比。

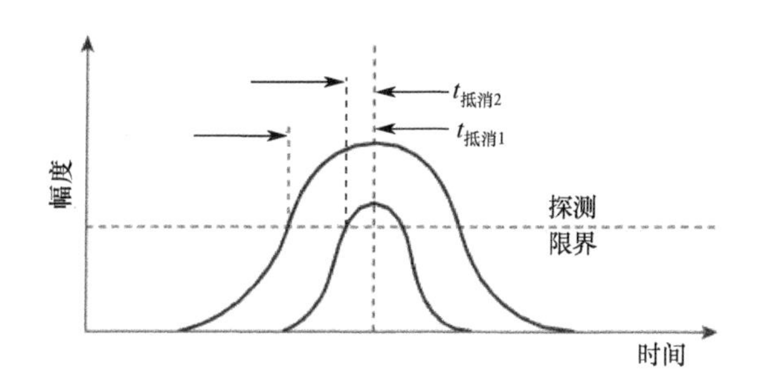

图 6.34　触发器对阈值电平的时间依赖性

可以使用类似方法将阈值电平在特定场景中的影响减缓至 AIR 情况相似的水平。应在计算 MU 的初始定位解后进行时间校正。在知道精确的 BS 坐标和 MU 的估计坐标后可以得到所有 BS-MU 对的距离差。距离与信号衰减对应（如基于自由空间路径损耗），且这与接收信号的幅度相关。在 LUT 中保存了预估的相对时间触发误差，该误差取决于距离差。校正过程的剩余部分与 AIR 情况下的校正过程相同。

比较器触发时间的不确定性是由电子抖动引起的，可被建模成具有正态分布的随机过程，并可通过计算测量值的平均值将其影响减少到最低[79]。在相似距离上，例如，如果 MU 被放置在接近 BS 星座图中心的位置，则该影响是可忽略的，其原因是 TDoA 程序可以抵消所有的共同时间偏移。

6.2.3　基于到达时间差的 UWB 定位的实例结果

根据本节前面提及的方法，在实验室设计并部署了一个基于 TDoA 的 UWB 定位系统[196]。该设置包括总共 5 个基站，并被部署在一个 4m×6m 的区域内。BS 高度的选择应尽可能确保 DoP 数值的分布均匀。该场景的几何形状如图 6.35 所示。BS 天线 1 和 2 沿着正 x 轴放置，而 3 和 4 放置在负方向上。第 5 个天线沿着正 y 轴放置，并略微向下倾斜（负 z 方向）。

移动用户被放置在位于空间中部桌子上的 4 个位置上（使用菱形标记）。在进行 TDoA 测量之前，应根据式（6.13），使用 TDC 对连接 BS 的电缆延迟进行校准。可使用该标定系统对这 4 个位置中的每个位置进行 1000 次时间差测量。重复进行该测量，获得不同的时间差平均值。

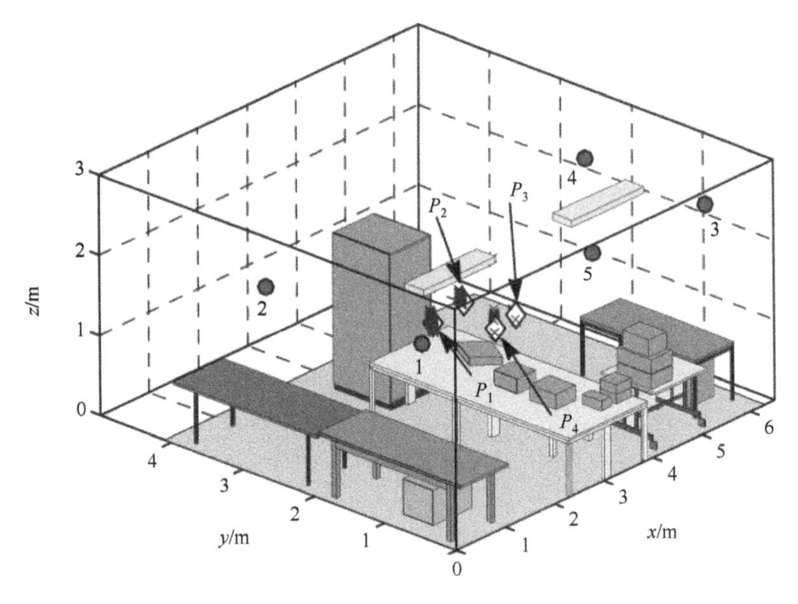

图 6.35　定位系统性能验证用定位场景（使用编号的圆圈表示 BS 位置，使用菱形表示 MU 的位置）

在表 6.3 中对测量结果进行了总结，并说明了通过应用本章所述技术获得的精度提高。第一列中的 MU 位置标记与图 6.35 中的标记对应。在第二列中列出了位置 1～4 处的 DoP 数值。可计算这些位置的 1000 次 TDoA 测量值的标准偏差（未平均），并将其与 DoP 相乘（根据式（6.11）），以进行误差预测（第 3 列）。预测与从 1000 次未平均测量值中获得平均定位误差（在第 4 列）的一致性较好。因为 TDC 的 TDoA 测量误差为正态分布（参考 6.2.2 节），可通过计算平均值（第 5 列）来大幅度改善定位结果，再可通过速度滤波（如 6.2.4 节所述）进行简单的非真值排除，以进一步改善定位结果。最后一步（第 7 列）是应用 6.2.2 节介绍的迭代校正算法，该算法用于计算天线中随角度变化的信号延迟。最后两个步骤间的精度提高主要取决于与移动用户相关的 BS 天线的初始定向。

表 6.3　图 6.35 所示场景的测量数据（单位：cm）

位置标记	对应的 DoP（无单位）	预测误差	计算平均误差	平均误差（100-平均）	删除值	LUT
P_1	5.55	11.97	10.15	6.29	3.52	2.83
P_2	5.73	9.15	9.27	7.91	7.89	3.36
P_3	4.74	8.22	7.38	3.01	1.80	1.35
P_4	4.59	8.84	8.17	5.27	3.26	3.19
ϕ	—	9.55	8.74	5.63	4.11	2.68

6.2.4　从定位到跟踪

由定位算法获得的位置信息在一个时间段上可用，即可以观察到这段时间内的位置变化时，跟踪成为可能。与单个位置的纯粹定位相比，通过引入额外的边界条件，如移动用户的限定速度可提高跟踪精度。然而，在定位系统中需要解决的首要问题是应向用于进行位置估计的算法提供有效数据（如时间差）。应探测到来自 NLoS 情况的信号，以排除这些信号，因为其包含时偏。一个可行的方法是观察通过位置预估的离散微分算法得出的速度。我们将在下面讨论可用于改善跟踪结果的方法。

1. 接收机自主完好性监测

由脉冲飞行时间延迟造成的偏移是位置估计过程中的一个主要误差来源。然而，如果在特定测量期间可使用的接收机多于规定的最小值，则可以利用冗余来进行误差监测。为此，可以使用不同的接收机自主完好性监测（RAIM）算法。

下面详细说明该范围比较法（RCM）[201]。在该方法中，可使用包含 4 个 BS（三维定位所需的最少数量）的子集进行多个位置估计。如果接收机总数为 $N > 4$，就有 $\binom{N}{4}$ 个位置计算的可能性。随后，可通过依次纳入最初未使用的接收机和计算的新位置估计来改进子集。在随后的步骤中计算使用原始子集和改进子集进行的定位解算间的差异（剩余误差）。这有两种不同的情况：

（1）初始计算中涉及一个错误的接收机。假若这样，预计将会出现一个无效的位置估计。因此，无论未使用的接收机是否有效，它们的剩余误差较大。在这种情况下，无法根据剩余误差识别无效接收机。

（2）初始计算中未涉及错误的接收机。在这种情况下，位置估计是精确的。未使用的有效接收机的剩余误差依旧较小，而未使用的无效接收机的剩余误差则较大。

为得到这两种情况的差别，至少需要未使用接收机的两个剩余误差。因此，共需要 $N \geqslant 6$ 个接收机。与区别于卫星导航系统的其他 RAIM 算法（如最小二乘方剩余法和等价空间法）相比，该方法的主要优势是其可以在多个基站受到时偏影响的情况下保持稳定性，其主要原因是在 RCM 中缺少关于所有接收机的初始位置计算。

2. 速度滤波

在进行 RAIM 和计算定位解后，可以应用现场特定参数。应根据将要使用该 UWB 定位系统的场景，明确定义所有移动目标的最大允许速度。如果一个目标需要以较高的速度从之前预估的位置移动到现在位置，则出现错误的最终位置记录的概率很高。可以根据下列方法，根据计算位置 $\hat{\boldsymbol{r}}_S$ 推导出此类速度：

$$|\boldsymbol{v}_k| = \frac{\left\|\hat{\boldsymbol{r}}_{S,k} - \hat{\boldsymbol{r}}_{S,k-1}\right\|}{t_k - t_{k-1}} \tag{6.14}$$

式中：k−1 为最后一个有效位置的时间点；运算符 $\hat{x}$ 为 x 的预估值。

如果发现一个位置无效，则应该在进一步的计算中忽略该位置，并使用最后的有效位置，这种方法称为速度滤波，其原理如图 6.36 所示，其中位置估计 $\boldsymbol{r}_{S,3}$ 是不正确的。调整随后的速度滤波所需的阈值，以包含这两个可能的距离变化。在该实例中，应根据位置 $\boldsymbol{r}_{S,2}$ 和 $\boldsymbol{r}_{S,4}$ 计算速度 $|\boldsymbol{v}_4|$。根据阈值法进行有效和无效位置分类，由此将允许的不同的最大值分配给垂直和水平速度。

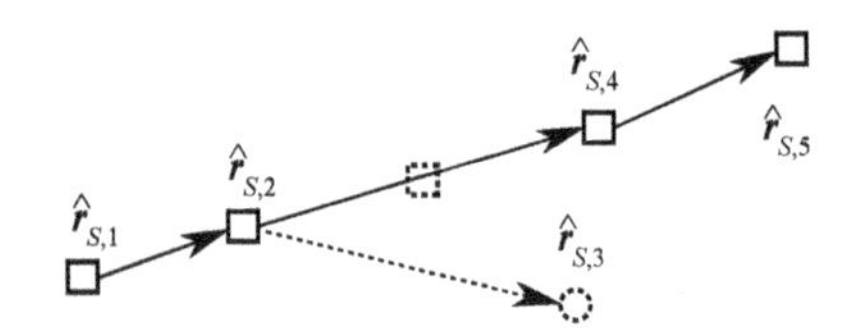

图 6.36　速度滤波原理（箭头长度与预估的速度相对应，到达计算位置 $\boldsymbol{r}_{S,3}$ 所需的速度（虚线箭头）大于允许速度，满足速度滤波器限制条件的真位置 $\boldsymbol{r}_{S,3}$ 以虚线圆圈表示）（© 2010 IEEE，经许可转载自文献[201]）

3. 混合跟踪系统

在跟踪应用位于建筑物内时，来自基站的无线电信号的接收通常会受到妨碍。如果“可得到的”基站的数量小于 4（用于一个 TDoA 系统），则不可能通过使用独立的 UWB 定位/跟踪系统进行定位解算。在此条件下，建议合并该 UWB 系统与基于其他技术的另一个定位系统，如惯性测量。惯性导航系统（INS）的已知缺点是其对传感器噪声敏感，因此，只有短期稳定度[20]。可以在不能进行 UWB 定位时使用该短期稳定度，以桥接时间，或使用测量的时间差（单独的时间差不能被用于定位（例如，一个或两个差异）），从而支持 INS 解决方案（紧密耦合集成）[195]。

6.3　UWB 雷达

超宽带可为雷达和传感器，尤其是短程室内应用，提供一些有吸引力的特性。提供的实例包括隐藏目标的探测与精确定位、医疗异常的探测（详见 6.5 节），以及反射目标的特性描述。与传统的窄带传感，例如红外线和超声波不同，这些应用具有较大的带宽，并可以生成较高的时间分辨率，所以这些应用是非常有吸引力的。超宽带雷达的其他知名应用有反步兵地雷的探测以及呼吸与心跳控制等。时域超宽带雷达的硬件实现也具有一些低成本特性。

标准雷达方程式

$$P_{\mathrm{Rx}}=\frac{P_{\mathrm{Tx}}G_{\mathrm{Tx}}}{\left(4\pi R^{2}\right)^{2}}\cdot\sigma\cdot A_{\mathrm{Rx\,eff}} \tag{6.15}$$

是在窄带情况下使用的；在超宽带雷达中，应考虑组件的频率相关性，尤其是接收天线的传输增益 G_{TX} 和有效面积 $A_{\mathrm{Rx\ eff}}$。此外，传输信号的功率谱密度 p_{TX} 在频率范围内通常不是恒定的。这些频率相关性要求在工作频率范围内积分与频率有关的数值。对于恒定的天线增益，这可简化为有效区域 $A_{\mathrm{Rx\ eff}}$ 的频率相关性的积分。一种可能性为

$$P_{\mathrm{Rx}}=\int_{f_{\mathrm{c}}-B/2}^{f_{\mathrm{c}}+B/2}p_{\mathrm{Rx}}\mathrm{d}f=\int_{f_{\mathrm{c}}-B/2}^{f_{\mathrm{c}}+B/2}p_{\mathrm{Tx}}G_{\mathrm{Tx}}G_{\mathrm{Rx}}\left(\frac{\lambda}{4\pi R^{2}}\right)^{2}\mathrm{d}f \tag{6.16}$$

假设该积分与 UWB 中心频率 f_{c} 对称。

从系统角度来看，超宽带频域雷达应用与标准雷达应用相似。如果辐射信号的群延迟严重偏离线性，会出现一些小问题，但在这种情况下，可以轻易地探测到反射信号。我们不再对此进行详述。

在时域中，因为脉冲的辐射、反射和散射间的相互作用会造成信号失真，所以 UWB 雷达应用将面对全新的问题。可以通过保真度来描述该问题。信号保真度 F 是指信号形状与参考信号之间的比。

6.3.1 UWB 信号保真度

在几乎所有超宽带天线中，激励信号引起的电流分布随频率变化。因此，在频率范围内，在不同方向上辐射的电场和磁场不同。在频域中，除了辐射特性发生变化外，该问题并没有造成严重影响。但在时域中，这将是一项严重问题，因为不同方向上的辐射脉冲波形均发生变化。图 6.37 所示为 88PS 高斯脉冲激励一个单锥天线的辐射情况。随着辐射方向的变化，辐射出的脉冲的形状也有所不同。该特性可通过将辐射信号和参考信号关联的保真度 F 来衡量。保真度是根据信号失真 d 推算的，推算场景如图 6.38 所示。方向 2 上的保真度是根据与参考方向 1 相关的失真 d 推算的：

$$d=\min_{\tau}\left\{2\cdot\left[1-\int_{-\infty}^{\infty}\frac{u_{2}(t+\tau)}{\left\|u_{2}(t)\right\|}\cdot\frac{u_{1}(t)}{\left\|u_{1}(t)\right\|_{2}}\mathrm{d}t\right]\right\}=\min_{\tau}\{2\cdot[1-F]\} \tag{6.17}$$

参数 d 是指在综合考虑不同传播时间的情况下，信号 $u_2(t)$与 $u_1(t)$相比的信号失真。根据 d 的结果可以获得保真度 F：

$$F=\int_{-\infty}^{\infty}\frac{u_2(t+\tau)}{\left\|u_2(t)\right\|}\cdot\frac{u_1(t)}{\left\|u_1(t)\right\|_2}\mathrm{d}t \tag{6.18}$$

保真度最大值是 1，这与参考方向对应。对于雷达应用，推荐使用一个保真度 F，

$$0.8<F<1 \tag{6.19}$$

否则，很难关联接收信号和传输信号以进行时间延迟计算。可以在三维空间内确定保真度，以指定雷达覆盖范围。目标也有保真度，因为其表面电流具有类似宽度的带宽，且反射信号失真与天线的失真相似。但人们尚未对该问题进行适当研究。

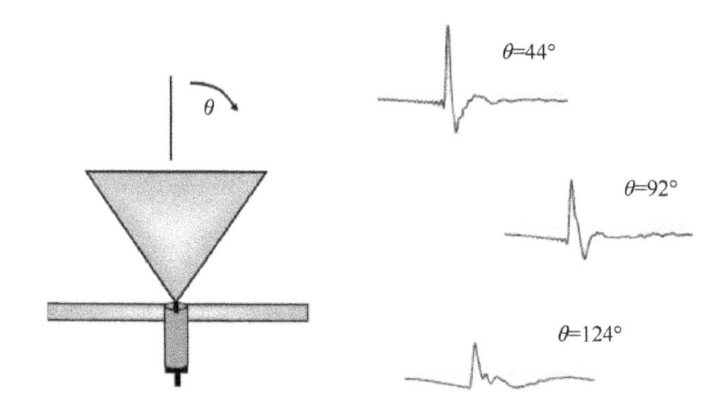

图 6.37　88ps 高斯脉冲激励一个单锥天线的辐射情况

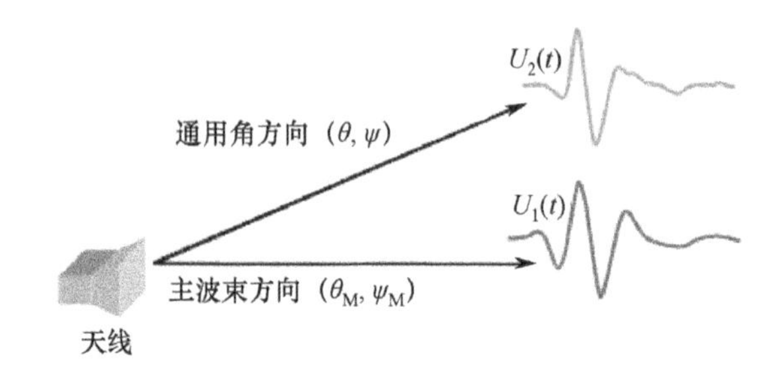

图 6.38　用于推算信号失真的场景

6.3.2　UWB 脉冲雷达测量方案

关于雷达应用，我们的愿景是发射和接收信号无失真和无干扰的。为了识别干扰信号，我们需要对极化脉冲雷达测量机制的框图进行分析，如图 6.39

所示。

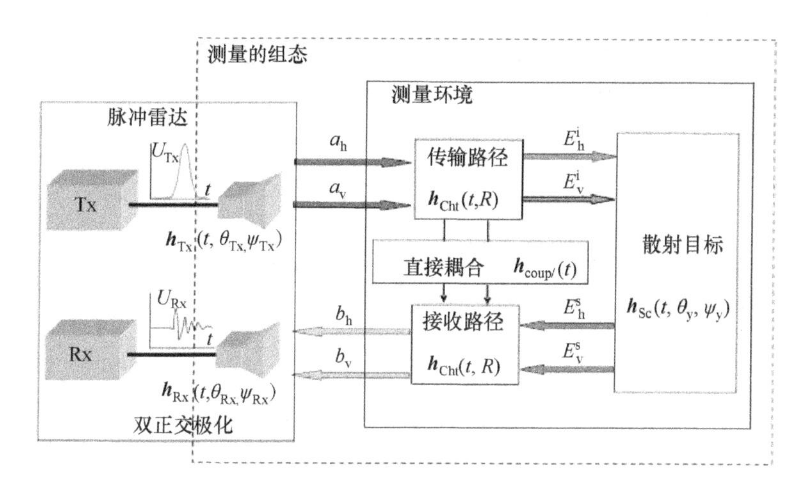

图 6.39　极化脉冲雷达测量体制的框图（©2009 EuMA，经许可转载自文献[126]）

除了图 6.39 中显示的波形之外，还会出现多路径特性，且只能通过选通技术在时域或通过角抵消在空间域中消除该特性。对于所有其他干扰信号，校准是设计精准、可靠 UWB 雷达的一个方法。在下面将展示 UWB 雷达在时域和频域中的全极化校准[123]。

6.3.3　极化超宽带雷达校准

因为需要考虑目标的距离（取决于成像类型）、方位和俯仰位置，所以未校准的单极化超宽带雷达只能提供有限的信息。校准的超宽带雷达可通过对目标反射特性的判定改善这些特征。此外，通过全极化的 UWB 雷达可以显著提高信息化，并使用目标的极化特征描述目标。对象通常按照目标尺寸、形状、材料和组成部分，并根据特异性极化的指定方向上的工作频率散射信号波。极化散射的判定可获得详细的对象特征，以作为极化函数。

可使用 2×2 雷达有效截面矩阵表达物体在极化、单站或准单站超宽带雷达应用中的雷达有效截面。

$$\boldsymbol{\sigma}=\begin{bmatrix}\sigma_{\mathrm{hh}} & \sigma_{\mathrm{hv}}\\ \sigma_{\mathrm{vh}} & \sigma_{\mathrm{vv}}\end{bmatrix} \tag{6.20}$$

将其扩展至 4 个复量的矩阵后，式（6.15）中的σ将变成全极化。在上述方程式中，第二个指数表示的是物体入射波的极化，第一个是指反射波极化。根据式（6.15）可知，雷达有效截面σ与功率相关。

对于（极化）UWB 雷达，根据任务，可以适用于时域以及频域应用。因此，下面展示 RCS σ 和散射 $\boldsymbol{S}$ 与已知瞬态响应 $\boldsymbol{h}$（t）和传递函数 $\boldsymbol{H}$（f）之间的关系。因为将在下面讨论极化形式，我们在此处使用的是组件的矩阵形式。散射 $\boldsymbol{S}$ 与场强度成正比例，而 RCS σ 与功率成正比例，由此可获得：

$$\sigma = 4 \cdot \pi \begin{bmatrix} S_{\text{hh}}^2 & S_{\text{hv}}^2 \\ S_{\text{vh}}^2 & S_{\text{vv}}^2 \end{bmatrix} \tag{6.21}$$

根据该定义，可以通过 $\boldsymbol{S}$（f）$=\boldsymbol{H}$（f）直接推断复极化散射矩阵 $\boldsymbol{S}$ 与频域中的传播函数之间的关系：

$$\begin{bmatrix} S_{\text{hh}}(f) & S_{\text{hv}}(f) \\ S_{\text{vh}}(f) & S_{\text{vv}}(f) \end{bmatrix} = \begin{bmatrix} H_{\text{hh}}(f) & H_{\text{hv}}(f) \\ H_{\text{vh}}(f) & H_{\text{vv}}(f) \end{bmatrix} \tag{6.22}$$

可通过傅里叶变换实现从频域到时域的转变：

$$\boldsymbol{h}(t) = \begin{bmatrix} h_{\text{hh}}(t) & h_{\text{hv}}(t) \\ h_{\text{vh}}(t) & h_{\text{vv}}(t) \end{bmatrix} = \text{IFT}\{\boldsymbol{H}(f)\} \tag{6.23}$$

根据该方程式可推导出与雷达散射截面 σ 的关系：

$$\boldsymbol{\sigma}(t) = 4 \cdot \pi \begin{bmatrix} h_{\text{hh}}^2(t) & h_{\text{hv}}^2(t) \\ h_{\text{vh}}^2(t) & h_{\text{vv}}^2(t) \end{bmatrix} \tag{6.24}$$

2×2 散射矩阵 $\boldsymbol{S}$ 以两个正交极化为基础。其中，可推导出水平和垂直极化的校准，但也可以推导出右侧和左侧圆极化的校准。在上述方程式中，相同极化 RCS 和散射系数的下标为 vv 和 hh，而正交极化的下面为 hv 和 vh，均在频域和时域内。

1. 频域 UWB 雷达信道

为了充分了解问题和生成的解决方案，在图 6.40 中展示了完整的频域准单站雷达系统标校方案。发射机–接收机设置为准单站。为了减少 Tx-Rx 耦合，与目标距离相比，它们通常被分隔开一小段距离。通过发射天线 $\boldsymbol{H}_{\text{Tx}}$（$f,\theta_{\text{Tx}},\psi_{\text{Tx}}$），信号 U_{Tx}（f）被传输到前方传输信道 $\boldsymbol{H}_{\text{Chf}}$（$f,R$）中的发射体处。物体散射信号 $\boldsymbol{H}_{\text{Sc}}$（$f,\theta_{\text{Sc}},\psi_{\text{Sc}}$），并将其反馈到返回信道 $\boldsymbol{H}_{\text{Chr}}$（$f,R$）中，然后通过接收天线 $\boldsymbol{H}_{\text{Rx}}$（$f,\theta_{\text{Rx}},\psi_{\text{Rx}}$）反馈到接收机 U_{Rx}（f）中。在式（6.25）中给出了完整的信号传播链，其中包括耦合 Tx-Rx $\boldsymbol{H}_{\text{coupl}}$（$f,\theta_{\text{Tx}},\psi_{\text{Tx}}$）和背景反射。耦合与背景反射被包含在附加耦合项中，因为它们均与目标无关：

$$\frac{U_{\mathrm{Rx}}(f)}{\sqrt{Z_{\mathrm{Rx}}^{\mathrm{C}}}}=\boldsymbol{H}_{\mathrm{Rx}}^{\mathrm{T}}(f,\theta_{\mathrm{Rx}},\psi_{\mathrm{Rx}})\cdot\left\{\boldsymbol{H}_{\mathrm{coupl}}(f)+\boldsymbol{H}_{\mathrm{Chr}}(f,R)\boldsymbol{H}_{\mathrm{Sc}}(f,\theta_{\mathrm{Sc}},\psi_{\mathrm{Sc}})\boldsymbol{H}_{\mathrm{Chf}}(f,R)\right\}\cdot\boldsymbol{H}_{\mathrm{Tx}}(f,\theta_{\mathrm{Tx}},\psi_{\mathrm{Tx}})\cdot\frac{\partial}{\partial t}\frac{U_{\mathrm{Tx}}(f)}{\sqrt{Z_{\mathrm{Tx}}^{\mathrm{C}}}} \tag{6.25}$$

上面所列方程式中的矩阵都是 2×2 型（如式（6.22））。根据测量的传递函数 $\boldsymbol{H}_{\mathrm{m}}$ 可获得相关性（$f,\theta_{\mathrm{Tx}},\psi_{\mathrm{Tx}}$），为了简单化，该相关性可被忽略：

$$\begin{bmatrix} H_{\mathrm{m}}^{\mathrm{hh}} & H_{\mathrm{m}}^{\mathrm{hv}} \\ H_{\mathrm{m}}^{\mathrm{vh}} & H_{\mathrm{m}}^{\mathrm{vv}} \end{bmatrix}=\begin{bmatrix} H_{\mathrm{Rx}}^{\mathrm{hh}} & H_{\mathrm{Rx}}^{\mathrm{hv}} \\ H_{\mathrm{Rx}}^{\mathrm{vh}} & H_{\mathrm{Rx}}^{\mathrm{vv}} \end{bmatrix}\cdot\left\{\begin{bmatrix} H_{\mathrm{coupl}}^{\mathrm{hh}} & H_{\mathrm{coupl}}^{\mathrm{hv}} \\ H_{\mathrm{coupl}}^{\mathrm{vh}} & H_{\mathrm{coupl}}^{\mathrm{vv}} \end{bmatrix}+\begin{bmatrix} H_{\mathrm{Ch}}^{\mathrm{hh}} & H_{\mathrm{Ch}}^{\mathrm{hv}} \\ H_{\mathrm{Ch}}^{\mathrm{vh}} & H_{\mathrm{Ch}}^{\mathrm{vv}} \end{bmatrix}\begin{bmatrix} H_{\mathrm{Sc}}^{\mathrm{hh}} & H_{\mathrm{Sc}}^{\mathrm{hv}} \\ H_{\mathrm{Sc}}^{\mathrm{vh}} & H_{\mathrm{Sc}}^{\mathrm{vv}} \end{bmatrix}\begin{bmatrix} H_{\mathrm{Ch}}^{\mathrm{hh}} & H_{\mathrm{Ch}}^{\mathrm{hv}} \\ H_{\mathrm{Ch}}^{\mathrm{vh}} & H_{\mathrm{Ch}}^{\mathrm{vv}} \end{bmatrix}\right\}\cdot\begin{bmatrix} H_{\mathrm{Tx}}^{\mathrm{hh}} & H_{\mathrm{Tx}}^{\mathrm{hv}} \\ H_{\mathrm{Tx}}^{\mathrm{vh}} & H_{\mathrm{Tx}}^{\mathrm{vv}} \end{bmatrix} \tag{6.26}$$

在该方程中，以及在下面方程（如需要）中，上标是极化指数，下标是系统参考指数。全极化校准可引起总共 24 个校准项，这通常可以通过 6 个校准目标判定。因为时域和频域的硬件校准程序相似，所以在下面只对时域雷达信道进行解释。

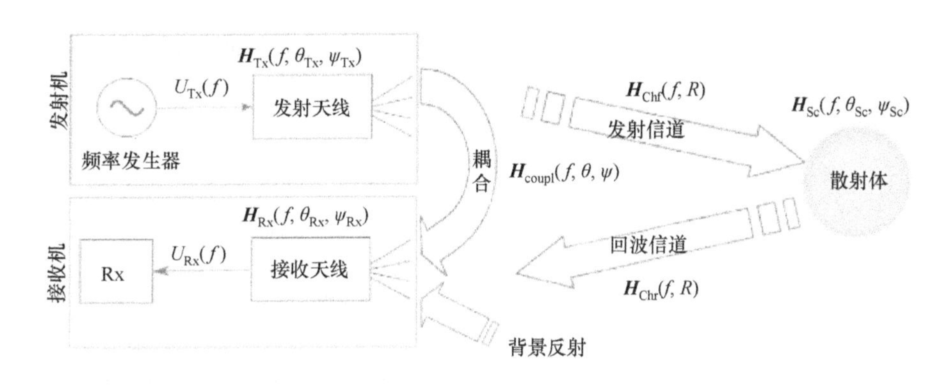

图 6.40　频域准单站雷达系统标校方案

2. 时域 UWB 雷达信道

时域的系统组件与频域组态直接对应，如图 6.41 所示的时域准单站雷达标校方案。在下面方程中表示生成的瞬态响应：

$$\frac{u_{\mathrm{Rx}}(f)}{\sqrt{Z_{\mathrm{Rx}}^{\mathrm{C}}}}=\boldsymbol{h}_{\mathrm{Rx}}^{\mathrm{T}}\left(f,\theta_{\mathrm{Rx}},\psi_{\mathrm{Rx}}\right) * \left\{\boldsymbol{h}_{\mathrm{coupl}}(f)+\boldsymbol{h}_{\mathrm{Chr}}(f,R) * \boldsymbol{h}_{\mathrm{Sc}}\left(f,\theta_{\mathrm{Sc}},\psi_{\mathrm{Sc}}\right) * \boldsymbol{h}_{\mathrm{Chf}}(f,R)\right\} * \boldsymbol{h}_{\mathrm{Tx}}\left(f,\theta_{\mathrm{Tx}},\psi_{\mathrm{Tx}}\right) * \frac{\partial}{\partial t}\frac{u_{\mathrm{Tx}}(f)}{\sqrt{Z_{\mathrm{Tx}}^{\mathrm{C}}}} \tag{6.27}$$

可通过下列卷积表达生成的测量瞬态响应 $\boldsymbol{h}_{\mathrm{m}}(t)$（为了简化，忽略了相关性 $(f,\theta_{\mathrm{Tx}},\psi_{\mathrm{Tx}})$）：

$$\boldsymbol{h}_{\mathrm{m}}=\boldsymbol{h}_{\mathrm{Rx}}^{\mathrm{T}} * \left\{\boldsymbol{h}_{\mathrm{coupl}}+\boldsymbol{h}_{\mathrm{Ch}} * \boldsymbol{h}_{\mathrm{Sc}} * \boldsymbol{h}_{\mathrm{ch}}\right\} * \boldsymbol{h}_{\mathrm{Tx}} \tag{6.28}$$

或写成 2×2 型矩阵：

$$\begin{bmatrix} h_{\mathrm{m}}^{\mathrm{hh}} & h_{\mathrm{m}}^{\mathrm{hv}} \\ h_{\mathrm{m}}^{\mathrm{vh}} & h_{\mathrm{m}}^{\mathrm{vv}} \end{bmatrix}=\begin{bmatrix} h_{\mathrm{Rx}}^{\mathrm{hh}} & h_{\mathrm{Rx}}^{\mathrm{hv}} \\ h_{\mathrm{Rx}}^{\mathrm{vh}} & h_{\mathrm{Rx}}^{\mathrm{vv}} \end{bmatrix} * \left\{\begin{bmatrix} h_{\mathrm{coupl}}^{\mathrm{hh}} & h_{\mathrm{coupl}}^{\mathrm{hv}} \\ h_{\mathrm{coupl}}^{\mathrm{vh}} & h_{\mathrm{coupl}}^{\mathrm{vv}} \end{bmatrix}+\begin{bmatrix} h_{\mathrm{Ch}}^{\mathrm{hh}} & h_{\mathrm{Ch}}^{\mathrm{hv}} \\ h_{\mathrm{Ch}}^{\mathrm{vh}} & h_{\mathrm{Ch}}^{\mathrm{vv}} \end{bmatrix} * \begin{bmatrix} h_{\mathrm{Sc}}^{\mathrm{hh}} & h_{\mathrm{Sc}}^{\mathrm{hv}} \\ h_{\mathrm{Sc}}^{\mathrm{vh}} & h_{\mathrm{Sc}}^{\mathrm{vv}} \end{bmatrix} * \begin{bmatrix} h_{\mathrm{Ch}}^{\mathrm{hh}} & h_{\mathrm{Ch}}^{\mathrm{hv}} \\ h_{\mathrm{Ch}}^{\mathrm{vh}} & h_{\mathrm{Ch}}^{\mathrm{vv}} \end{bmatrix}\right\} * \begin{bmatrix} h_{\mathrm{Tx}}^{\mathrm{hh}} & h_{\mathrm{Tx}}^{\mathrm{hv}} \\ h_{\mathrm{Tx}}^{\mathrm{vh}} & h_{\mathrm{Tx}}^{\mathrm{vv}} \end{bmatrix} \tag{6.29}$$

在这些和下面的方程中假设发射信道 $\boldsymbol{h}_{\mathrm{Chf}}$ 和回波信道 $\boldsymbol{h}_{\mathrm{Chr}}$ 是相同的 $\boldsymbol{h}_{\mathrm{Ch}}$。该假设在双站测量中无效，但上述推导在双站测量中有效。

时域中的结构与频域中的结构相同，应通过引用目标来确定上述方程式右侧的 24 个未知数。这在实践中并不重要，因为这些组件中的一些是相同的，且可以通过距离选通测定或消除其他几个组件。

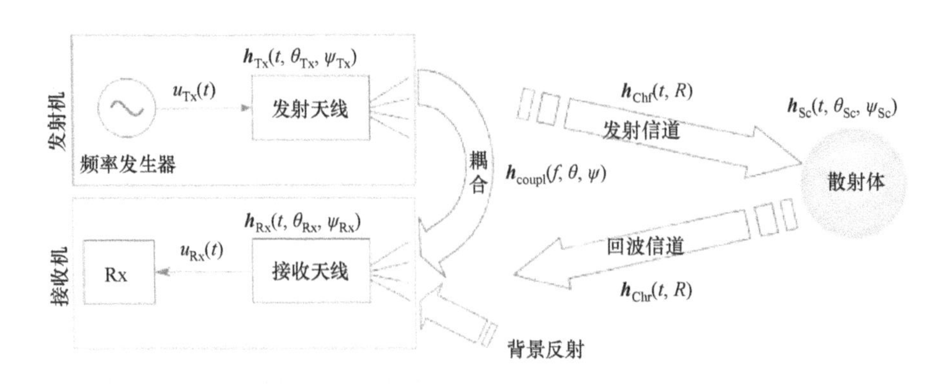

图 6.41 UWB 时域准单站雷达标校方案

6.3.4　校准步骤

超宽带雷达系统的校准最好是在微波暗室中进行，但是这不是强制性的，因为可以通过控制门消除不需要的反射。校准目标要求如下：

（1）非临界对准；

（2）较高雷达散射截面；

（3）精确计算的 RCS；

（4）平坦 RCS 与频率的关系；

（5）宽频率范围；

（6）宽横截面模式；

（7）相同极化和正交极化的目标。

对于 UWB 还有一个额外要求，即只能有一个散射中心。

1. 天线校准

第一步是天线的双站校准。天线被面对面放置，且相同极化和正交极化被激励。在每传输一个单极化时，需要测量接收端的相同极化和正交极化。

2. 空白空间校准

式（6.25）～式（6.29）表明频域和时域成分 $\boldsymbol{H}_{\text{coupl}}$ 和 $\boldsymbol{h}_{\text{coupl}}$ 在即使没有目标的情况下也可以生成接收信号。因此，下一步应在没有目标，即空白空间内对准单站排列（天线并排）进行评估。这可以对极化耦合和背景反射进行判定：

$$\begin{bmatrix} h_{\text{m}}^{\text{hh}} & h_{\text{m}}^{\text{hv}} \\ h_{\text{m}}^{\text{vh}} & h_{\text{m}}^{\text{vv}} \end{bmatrix} = \begin{bmatrix} h_{\text{Rx}}^{\text{hh}} & h_{\text{Rx}}^{\text{hv}} \\ h_{\text{Rx}}^{\text{vh}} & h_{\text{Rx}}^{\text{vv}} \end{bmatrix}^{\text{T}} * \begin{bmatrix} h_{\text{coupl}}^{\text{hh}} & h_{\text{coupl}}^{\text{hv}} \\ h_{\text{coupl}}^{\text{vh}} & h_{\text{coupl}}^{\text{vv}} \end{bmatrix} * \begin{bmatrix} h_{\text{Tx}}^{\text{hh}} & h_{\text{Tx}}^{\text{hv}} \\ h_{\text{Tx}}^{\text{vh}} & h_{\text{Tx}}^{\text{vv}} \end{bmatrix} \tag{6.30}$$

根据之前的计算可知，天线传递函数和瞬时响应在频域和时域中是已知的，可带入上述方程式，以测定 Tx-Rx 耦合参数。

3. 信道、相同极化和极化耦合校准

为了测定信道和极化耦合情况，需要设置只能反射相同极化的目标：

$$\boldsymbol{S} = \begin{bmatrix} S_{\text{hh}} & 0 \\ 0 & S_{\text{vv}} \end{bmatrix}, S_{\text{hh}} = S_{\text{vv}} \tag{6.31}$$

例如，一个球体或圆形平面，这两个目标的散射如下所示。

球体：

$$S_{\text{hh}} = S_{\text{vv}} = \sum_{n-1}^{\infty} (-\text{j}) \cdot \frac{n(n+1)}{2} \cdot \left(A_{\text{n}} - \text{j}B_{\text{n}}\right) \tag{6.32}$$

式中：A_{n} ～B_{n} 为 Mie 系数。

圆形平面：

$$\sigma_{hh} = \sigma_{vv} = \frac{4r^4\pi^3}{\lambda^2} \tag{6.33}$$

方形平面：

$$\sigma_{hh} = \sigma_{vv} = \frac{4\pi a^2 b^2}{\lambda^2} \tag{6.34}$$

平面的位置应与 Tx-Rx 天线的中心正相交；方形平面的边缘应该是垂直和水平的。

计算目标的散射系数，并在将来应用中测量数值进行校准：

$$\hat{\boldsymbol{h}}_{m} = \boldsymbol{h}_{Chr} * \boldsymbol{h}_{Sc} * \boldsymbol{h}_{Chf} \Rightarrow \hat{\boldsymbol{h}}_{m} = \boldsymbol{C} * \boldsymbol{h}_{Sc} \tag{6.35}$$

还应注意球体的延迟行波，以及尤其是未对准时平面的边缘散射。根据这些测量，可确定矩阵 $\boldsymbol{C}$，并使系统准备好进行精确相同极化测量。

4. 正交极化校准

在进行正交极化校准时通常会出现一些重大问题。其中，目标的放置方法应确保其在第一次测量时只反射相同极化，而在第二次测量时只反射正交极化（图 6.42），这可获得最佳结果。该校准的一个最优目标是二面角。例如，将其垂直放置在相同极化中，则可以通过最后步骤–球体或平面的相同极化校准精确的测定该二面角的散射。二面角 RCS 为

$$\sigma_{Di} = \frac{8\pi a^2 h^2}{\lambda^2} \tag{6.36}$$

$$\sigma_{co\text{-}pol} = |\sigma_{Di}| \cdot \begin{bmatrix} 1 & 0 \\ 0 & -1 \end{bmatrix}, \sigma_{cross\text{-}pol} = |\sigma_{Di}| \cdot \begin{bmatrix} 0 & 1 \\ 1 & 0 \end{bmatrix} \tag{6.37}$$

如果在下一步中将该二面角旋转 45°，该二面角将只反射正交极化，但幅度保持不变。通过这两项测量，可以测定式（6.26）和式（6.29）中的剩余未知数。关于这方面的更多详细信息，可参考文献[123]。

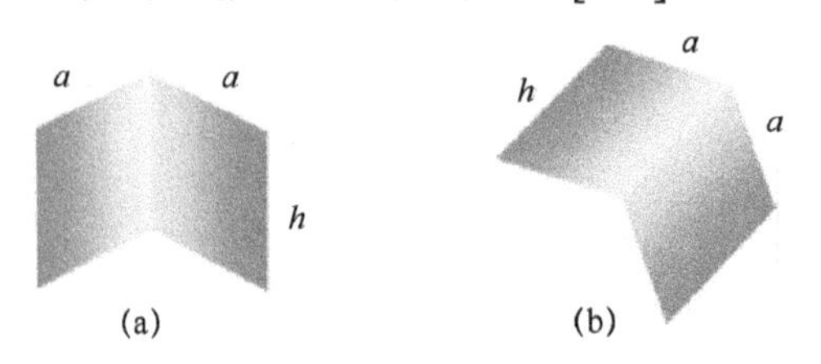

图 6.42　二面角

（a）只有相同极化 σ_{hh} 和 σ_{vv}；（b）只有正交极化 σ_{hv} 和 σ_{vh}。

极化 UWB 雷达校准部分到此结束。对于精确的极化 UWB 时域雷达应用来说，该校准是强制性的。从系统角度来说，超带宽频域雷达应用于标准雷达应用相似。只有在辐射信号的群延迟的线性偏离严重时才会出现小问题，但在这种情况下，可以很好地探测到反射的信号，在此不再做进一步说明。在时域中，因脉冲的辐射、反射和散射会造成信号失真，所以 UWB 雷达应用将面临全新问题。这些交互作用会使信号畸变。可以使用保真度 F 对其进行描述，该保真度将给定方向中，或交互作用后的辐射信号与在主波束方向上或在交互作用之前的参考信号相关联。

6.4 UWB 成像

6.4.1 UWB 成像概述

一般说来，微波成像应用在日常生活中是非常重要的。与其他可选技术，例如使用 X 射线断层扫描成像技术（CT）（电离辐射）和使用强磁场的磁共振成像（MRI）技术相比，微波成像技术具有非电离辐射、低成本和低系统复杂性的特性，是一个有前途的成像技术。因此，微波成像技术被广泛应用于遥感、场景分析、材料特性描述、医疗诊断等方面。微波成像系统可以是有源或无源系统。无源系统的实例是微波辐射测量和温度仪[1]。有源微波成像系统包括 X 射线断层摄影术、全息照相术和雷达成像[115]。因信号本身的较高分辨率，UWB 技术在微波成像中的应用可以为使用雷达传感器的物体探测领域提供新的可能性。目前的主要研究领域是医用微波成像，但因为 UWB 信号具有较高的穿透能力，UWB 信号也可用于穿墙探测、地面穿透和室内导航[8,145,167,193]。

UWB 成像可分为时域和频域技术[187]。时域技术以具有一个 UWB 频谱的超短脉冲（在皮秒范围内）的传播为基础。通过测量散射和接收脉冲的时间延迟来测定目标的距离。因为 UWB 信号具有巨大带宽，所以可实现对应几厘米的良好时间分辨率。频域技术通常以一个扫过整个 UWB 频带，并在可以实现系统最高动态范围的时间点上，在一个非常窄的频带上测量信号的系统为基础。因为成像质量主要取决于测量准确度和系统动态范围[187]，频率扫描方法被普遍应用于 UWB 成像。可以通过一个快速傅里叶逆变换（IFFT）将在频域中获得的信号转换成时域中的信号，以进行图像处理。

为获得关于目标的更多信息，通常采用一个极化相关测量系统进行微波成像。可通过一个成像雷达（星载 SAR），使用目标的极化特性对目标进行分类。通常，物体会通过不同的路径向每个极化散射电磁波。该信息可用于描述它们的表面、形状和介电性质等。此外，一些物体只在正交极化中散射波，这使单极传感器无法探测到它们（如 45°旋转二面角）。可使用这些极化特性进行物体的识别与分类（详见 6.3 节）。

我们将在之后的章节详细讨论配有双正交极化天线的 UWB 室内成像系统（全极化 UWB 室内成像系统），以说明其功能。首先将介绍成像系统和图像重建算法。然后，使用不同的室内场景，并通过二维和三维成像对成像系统进行评估。

6.4.2 全极化 UWB 室内成像系统的测量设置

全极化 UWB 室内成像系统的测量设置如图 6.43 所示。其通过 Tx 天线辐射 UWB 信号，并通过 Rx 天线接收反射信号。如需更详细的天线信息，详见文献[4]。可在频域中使用商业矢量网络分析仪（VNA）收集来自场景中的相应响应。为进行全极化成像，应使用 RF 开关以获得 E 和 H 极化中的辐射和接收波。然后，在频率范围 2.5～12.5GHz 内，以 12.5MHz 的步长，测量系统的传递函数 S_{21}（f）四次，以获得所有的 Tx 和 Rx 极化组合。可使用 IFFT，根据 S_{21} 计算系统脉冲响应，然后将系统脉冲响应用于图像重现（另请参阅 6.4.3 节）。

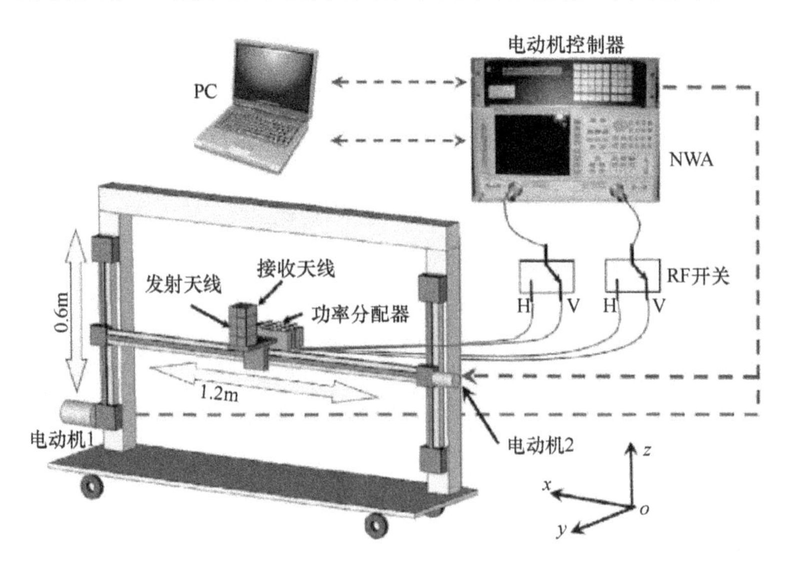

图 6.43 全极化 UWB 室内成像系统的测量设置（©2010 IEEE，经许可转载自文献[91]）

测量设置允许对场景进行二维或三维成像。为进行二维成像，应在一定高度上进行扫描。在这种情况下，使用了一个 4×1 的垂直扩展天线阵[6]。生成的辐射器在水平面上的波束宽度较宽，但在垂直平面上的宽度较窄。水平面上的较宽波束宽度可确保已处理图像在水平方向上具有较高的方位角分辨率，而垂直平面上的较窄波束宽度可将辐射信号限制到一定高度。为生成三维图像，应在 x-z 平面上进行一次扫描。在这种情况下，应使用单个双正交极化天线，以确保水平和处置平面中的图像属性相同。

天线的传播函数可影响 S_{21}，并最终影响系统脉冲响应[159]。辐射器的相位中心在频率范围内恒定不变，这可保证天线生成有利的短脉冲响应。相位中心的位置在两个极化中是相同的，这可保证每个极化态中的辐射条件相同。天线在整个频率范围内的极化去耦较好，超过 20 dB，这足以进行全极化操作。E 和 H 平面中的波束宽度具有几乎相等的数据，这可确保水平和垂直平面中的成像性能相似。单天线的波束能够成功抑制天线阵在较宽频率范围内的无用光栅波瓣。由此可知，与典型应用（如通信）相比，成像应用对天线的要求较严格。

6.4.3 图像重建算法

通过数据处理，可从接收到的信号中获得该场景的视觉影像。数据处理框图如图 6.44 所示。应从没有物体的测量场景（空白空间测量）中获得参考数据，以从原始数据中减去背景反射和天线耦合（详见 6.3 节）。对微波设备（例如：RF 开关、RF 电缆等）的影响进行调整。为了改善时域分辨率和旁瓣抑制，对数据进行补零以及在频域加汉明窗[91]。可根据图像算法，使用已处理数据重建测量场景的图像。

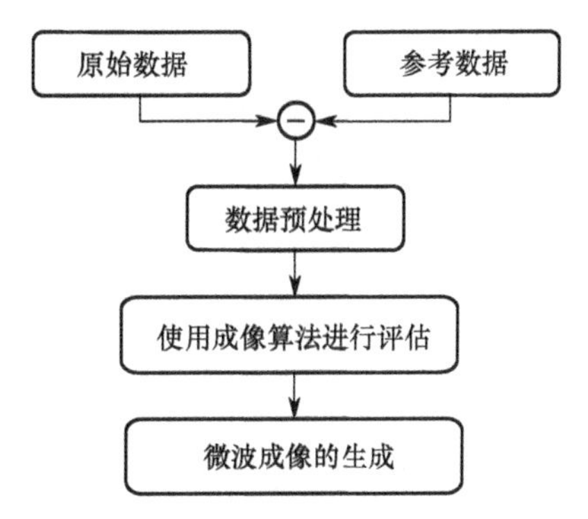

图 6.44 数据处理框图（©2010 IEEE，经许可转载自文献[91]）

图像重建的一种方法是克希霍夫移位，这是时域内的一种成像算法。应用克希霍夫移位的先决条件是均匀介质的传播速度已知。图像聚焦技术以传感器移动和同步数据收集为基础[61,62,145]。我们将在下列段落详细讨论该算法。

图 6.45 所示的克希霍夫移位图解展示了天线测量场景。天线沿着扫描轨迹，在水平方向上移动的同时，所有位置的脉冲响应 $h_n(t)$ 都被记录下来（n 表示天线（传感器）位置）。因物体和天线位置间的距离不同，峰值的到达时间也不同。

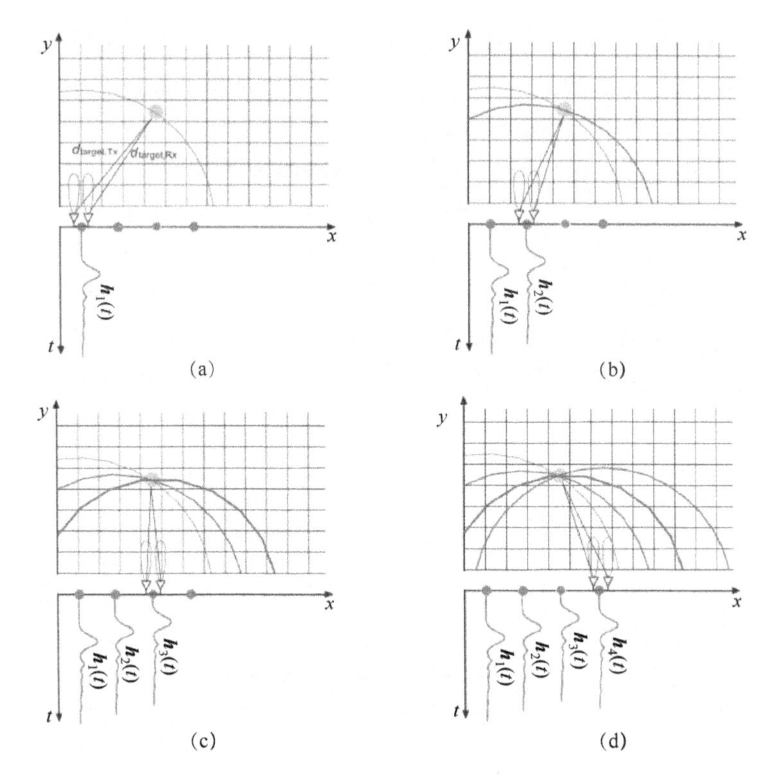

图 6.45 克希霍夫移位图解

（a）天线位置 1；（b）天线位置 2；（c）天线位置 3；（d）天线位置 4。

因为发射机和接收机非常靠近位置控制仪，该测量系统是一个准单站天线系统。另一方面，目标必须位于天线的远场中。因此，发射机到目标的距离 $d_{\text{target,Tx}}$ 大约与接收机到目标间的距离 $d_{\text{target,Rx}}$ 相等（参考图 6.45（a））。可根据下列公式计算电磁波的传播时间：

$$\Delta t = \frac{d_{\text{target,Tx}} + d_{\text{target,Rx}}}{c_0} \approx \frac{2d_{\text{target,Tx}}}{c_0} \tag{6.38}$$

式中：c_0 为介质的传播速度，假设为光速。

关于二维成像，应生成一个坐标方格 o（x,y）[188]，这是不同位置上的脉冲响应在二维照明平面上的投影。可使用以下公式计算网格单元的密度：

$$o(x,y) = \sum_{n-1}^{N} h_n(2t_n) = \sum_{n-1}^{N} h_n\left(\frac{2r_n}{c_0}\right) \tag{6.39}$$

式中

$$r_n = \sqrt{(x-x_n)^2 + (y-y_n)^2} \tag{6.40}$$

（x_n, y_n）为天线位置，h_n（t）对应的系统脉冲响应。

应计算每个天线位置的网格值 o（x, y），并将这些数值加在一起。在图 6.45 展示了不同天线问题的克希霍夫移位方法。然后，该算法将生成与目标位置和反射率相对应的高密度图像光斑。随着在不同位置记录的脉冲响应数量的增加，图像对比度逐渐变大。同样，可通过修改式（6.40）将图像重建拓展至三维图像。可使用此方法获得每个极化组态 HH、HV、VH、VV 的图像。

6.4.4　全极化 UWB 成像系统的性能

我们将根据测量设置和图像重建算法介绍不同室内场景的成像效果。首先将提供简单形状，例如金属线，以及较复形状的二维成像，以研究成像系统在探测能力、图像分辨率和极化分集方面的性能。然后，使用三维成像显示对石膏板后隐藏物体的探测，以展示 UWB 信号的穿透能力以及三维成像系统的探测能力。

1. 二维成像

因为很多室内物体包含朝向不同方向的钢筋或金属丝（如水管或电线），所以它们是二维 UWB 成像论证的理想目标。正如之前所述，使用一个 4×1 的垂直扩展天线阵扫描特定高度上的目标，如图 6.43 所示。测量设置和首要目标的照片如图 6.46 所示。两条细金属线被正交固定在一个聚苯乙烯泡沫塑料夹具上。两条金属线的直径和长度分别为 0.25mm 和 0.3m。水平金属线位于水平聚苯乙烯泡沫塑料后面，且两条金属线间的距离为 0.16m。垂直金属线被放置在距离天线 2.25m 远的位置处。水平金属线被略微倾斜地固定在天线轨道上，并在水平金属线的高度上进行扫描。因为金属线的直径较小，来自金属线的反射比较弱，所以在天线微波暗室中进行测量，这样可以将背景反射减到最小。

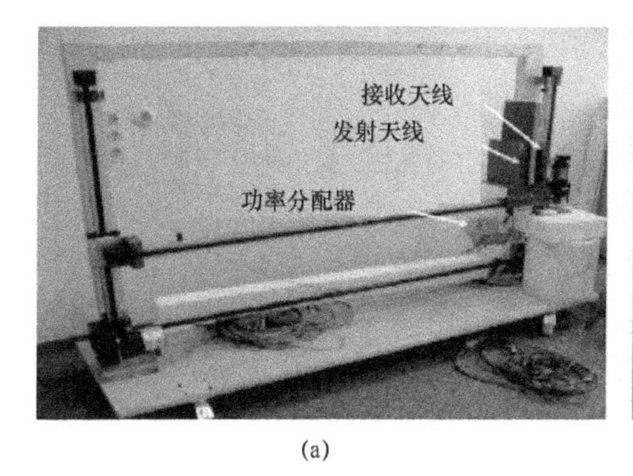

(a)

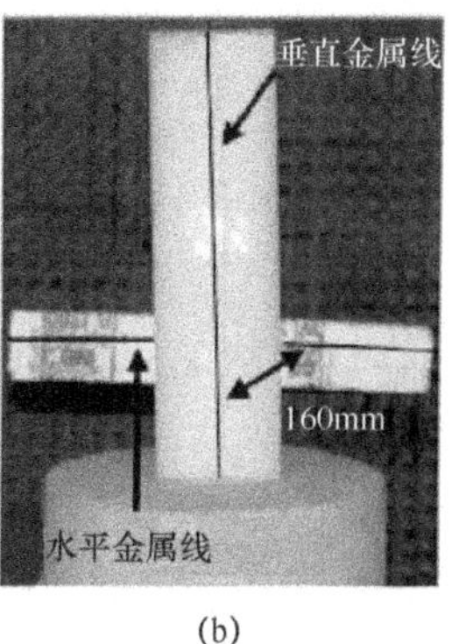

(b)

图 6.46　测量设置照片（©2010 IEEE，经许可转载自文献[91]）

（a）测量设置；（b）两条细金属线。

两条正交朝向的细金属线在每个极化信道（HH、HV、VV 和 VH）的成像结果如图 6.47 所示。图像显示分别在距离 2.25m 和 2.40m 的位置处探测到垂直和水平金属线，但它们位于不同的极化组态中。由此可见，垂直金属线只反射垂直极化 EM 波，并只具有垂直极化。通过观察水平极化的相应行为可知，横向金属线的反射较强，而竖向金属线的反射较弱。此外，还检测到相对于天线轨迹，水平金属线的方向稍微倾斜。因此，通过使用成像系统中的极化分集，可根据极化信息确定细金属线的方向，使用只有一个极化的雷达成像技术无法实现该结果。

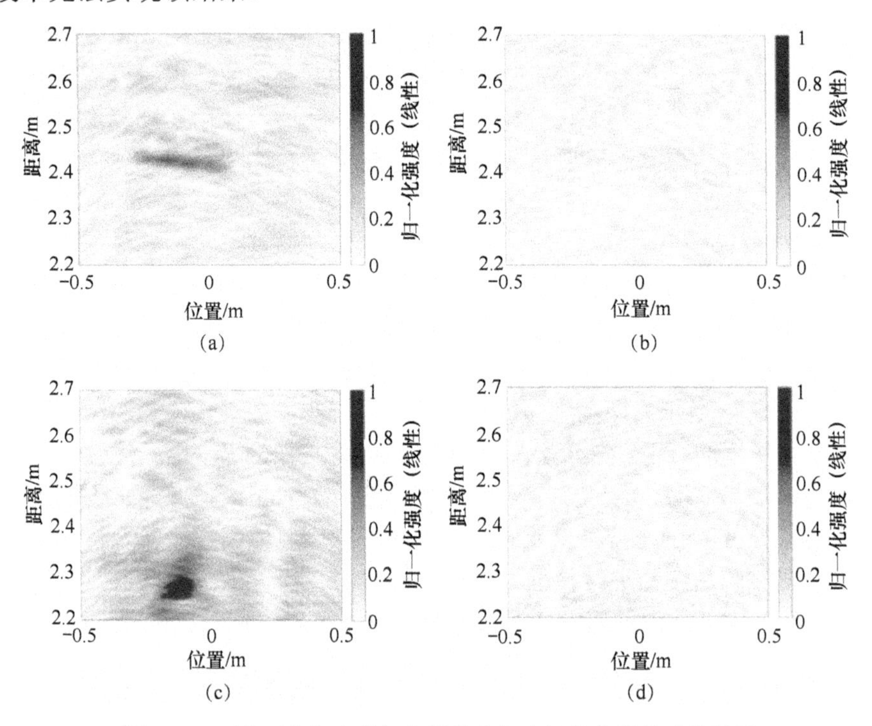

图 6.47　两条正交朝向的细金属线在每个极化信道的成像结果

（© 2010 IEEE，经许可转载自文献[91]）

（a）HH；（b）VH；（c）VV；（d）HV。

关于较复杂形状的二维成像，应按照固定距离，将 5 个覆盖铝箔的目标（盒子）线性排列（详见图 6.48）。4 个盒子反射相同极化入射波（HH 和 VV），而 45°翻转的二面角只反射横向极化的组件（HV 和 VH）。根据图 6.49 所示的处理成像结果可知，所有这 5 个目标在方位角上的分辨较清晰，这证明其具有高方位分辨率。正如所预料的，可通过 HH 和 VV 极化探测前 4 个盒子，但只有在 HV 和 VH 组态中才可以清晰地看到 45°翻转的二面角。此外，由观察可知，在 HH 和 VV 组件中看到的点位于相同距离上，具有相似形状。

HV 和 VH 提供的关于 45°翻转二面角的结果相似。这证明天线阵列两个极化（H 和 V）在增益、相位中心和脉冲响应方面具有相同辐射特征[90,91]。

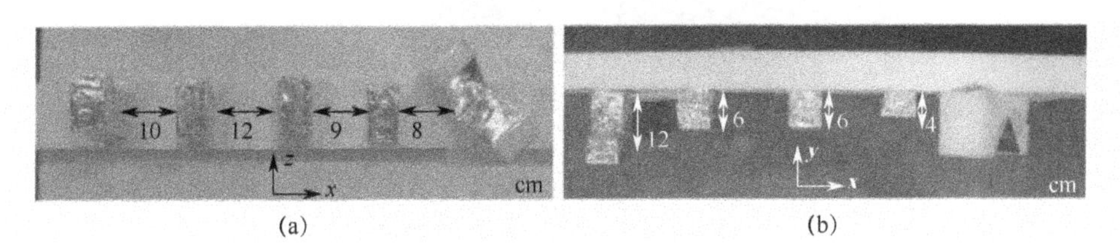

(a)　　(b)

图 6.48　目标排列照片（©2010 1HHH，经许可转载自文献[91]）

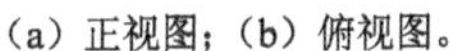

（a）正视图；（b）俯视图。

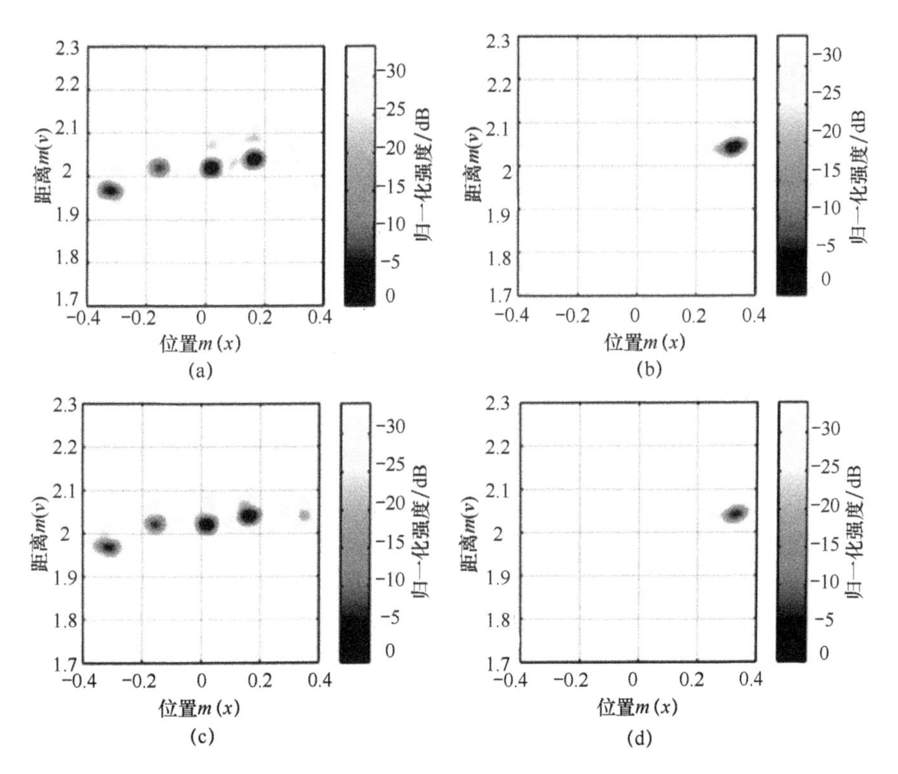

(a)　(b)　(c)　(d)

图 6.49　图 6.48 所示目标的成像结果（© 2010 IEEE，经许可转载自文献[91]）

（a）HH；（b）VH；（c）VV；（d）HV。

2. 三维成像

为了证明将该方法扩展至三维情况的可能性，在图 6.50 中提供了一个新的场景。将两层厚度为 1cm 的石膏板放置在木质橱柜前。然后将 5 个物体放置在橱柜中 3 个维度上的不同位置上：金属球体、金属盒子、竖向二面角、45°翻转二面角和一瓶清洁剂。*x*、*y*、*z* 轴分别表示天线的位置、距离和高度。

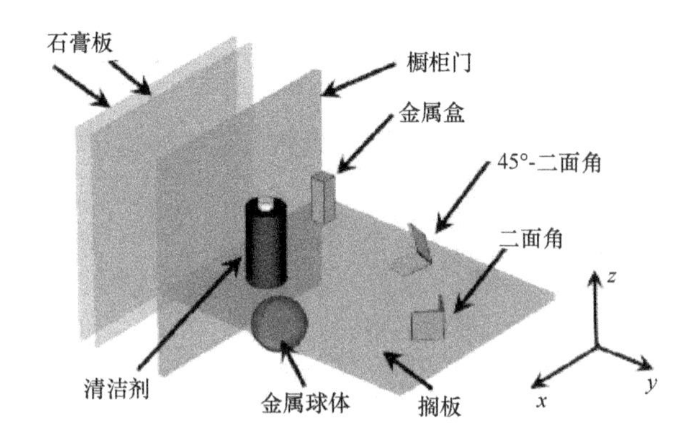

图 6.50　三维场景草图：石膏板和装有物体的橱柜（©2010 IEEE，经许可转载自文献[91]）

正如所预期的，在 HH 和 VV 组态中可清楚地识别出石膏板以及装有物体的橱柜（详见图 6.51）。此外，还正确展示了所有物体在橱柜内的位置。金属盒、二面角和清洁剂的反射较强，但球体的反射较弱，因为球体的入射 EM 波被散射到不同的方向。但在 HH 和 VV 组态中不能探测到 45°翻转二面角，而在正交极化组态中可以清楚地识别该二面角。

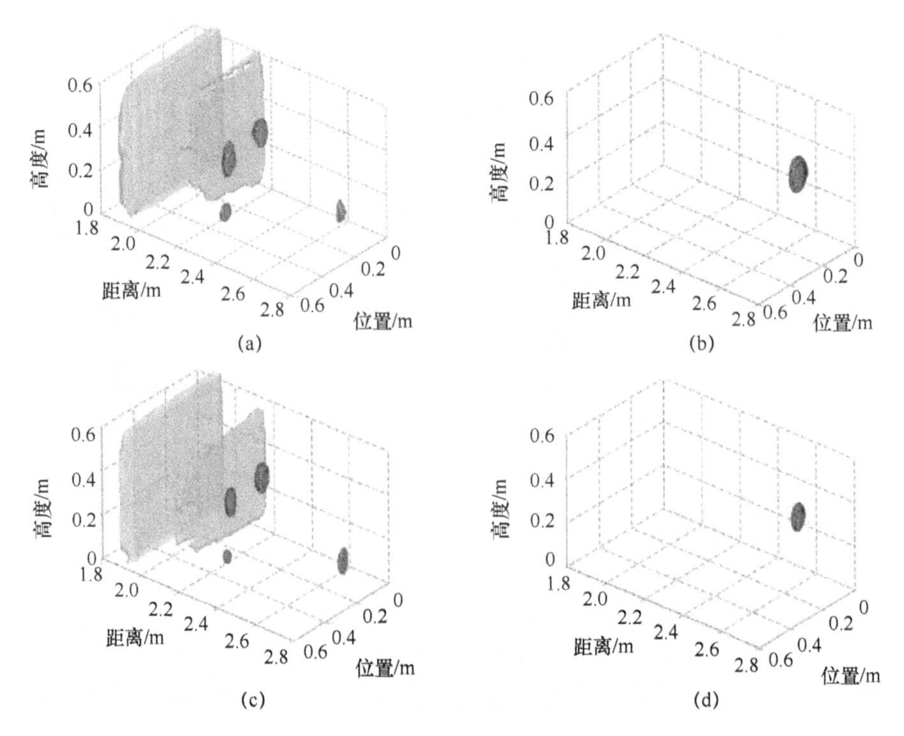

图 6.51　石膏板和装有物体的橱柜的成像结果（©2010 IEEE，经许可转载自文献[91]）

（a）HH；（b）VH；（c）VV；（d）HV。

通过 UWB 成像测量，尤其是通过极化分集，即使该物体很小，也可以清楚地识别和区别具有不同反射特性的物体。因为 UWB 信号具有较强的穿透能力，该方法甚至可以探测隐藏的物体。

6.5 UWB 医疗应用

人们对 UWB 技术为基础的医疗应用的科学研究越来越感兴趣[167]。与超声波、X 射线断层摄影术相比，UWB 信号具有非电离效应和较好的穿透能力，是一项非常有吸引力的肺部或脑部成像替代技术。UWB 提供了研发低成本、超高分辨率或高数据速率的新医疗设备的潜力，以供不同医疗应用[18]。本节将讨论 UWB 在医疗领域的 4 项重要应用。

1. 人体生命机能监测

心电图（ECG）被广泛用于记录心脏电子信号和筛查心血管疾病。其通常要求在人体上放置很多电极。随着生物医学 UWB 雷达的使用，生命机能的连续无线监测成为可能。该技术可以通过探测胸部和心肌的连续运动来分辨呼吸和心率[70]。因此，UWB 雷达的应用可避免在患者周围使用很多电线，这可以将患者干扰减少到最低[130]。最重要的应用可能是生命体征的监测，如重症监护室（ICU）内病人的呼吸频率、心跳和动作。特别是三度烧伤受害者可从非接触 UWB 解决方案中受益。在文献[89]中列出了以一个相关接收机为基础，使用 UWB 雷达监控生命体征的实例。

2. 乳腺癌检测

在欧洲，已有 45000 多名女性被诊断患有乳腺癌[47]。乳腺癌检测的目标是在极早期识别癌症，以避免出现将要扩大，并将扩散到胸部以外的症状[175]。可通过早期检测拯救成千上万名女性的生命。通常通过比较健康和不健康组织在微波范围内的介电性能识别疾病，例如乳腺癌。UWB 成像可发现恶性肿瘤和正常乳腺组织在 UWB 范围内的明显电介质差异，因为该差异会导致较强的散射[18]。据预估，电解质对比应该大于 2:1，远高于通过 X 射线摄影术获得的放射线摄片黑度中百分之几的对比。因此，尽管有源微波成像不提供与 X 射线摄像术一样高的空间分辨率，但其可以提供更好的灵敏度和特异性。此外，有源微波成像是非电离和非侵入形态，且不需要进行乳腺触诊[93]。在文献[77,93,115]内提出了关于用 UWB 雷达设置进行微波乳房成像的建议。

3. 积水检测

对于患有如心脏衰竭或尿失禁引起的肺水肿等疾病的人来说，该应用是非常重要的。在德国，大约有一千万人患有尿失禁，每年的治疗费用超过十亿欧元[50]。在泌尿学中，神经疾病会使膀胱丧失判定液位的能力（例如截瘫患者），所以必须进行排尿间隔的外部测定，且通常会使患者需要插入永久性导管。因此，使用 UWB 雷达对膀胱内的积水进行监测对患有此类疾病（如尿失禁）的人们有很大的帮助。与其他技术相比，该技术通过监测患者膀胱内的尿液，可识别出一个长时间空膀胱。这可以为因不能感知口渴而患有脱水症的老年人提供帮助。在文献[92]中提出了使用脉冲无线电超宽带（IR-UWB）预估人体内（如膀胱）积水量的雷达概念。因为水与不同活组织（如脂肪或肌肉）的介电常数不同，所以该项探测是可行的。此类应用需要较高的分辨率，UWB 可根据其巨大带宽提供所需的分辨率。

4. 中风检测

一般来说，中风是指血流对大脑的干扰造成的大脑功能丧失。其可以被分成两大类：缺血性和出血性中风[59]。这两类中风均要求立即采取相反的措施，所以，不仅需要探测中风，还应在中风发生后立即区别这两种类型的中风[132]。中风探测被认为是医疗领域的一个难题。传统成像技术，例如磁共振成像（MRI）技术和计算机断层扫描技术（CT），被广泛应用于中风的探测和分类。然而，除其成本较高之外，这些技术都有一个重要问题，即不能在急救车上使用。因此，不能在发生中风后立即使用这些技术。世界上的一些研究小组最近开始考虑可作为替代技术的 UWB 信号微波医疗成像[59,71]。因其具有系统复杂度较低、成本低和非电离信号特征，UWB 成像技术在特殊情况下（如急救情况、医疗实践）具有很大潜力，可作为传统成像系统的补充。

主要缩略语

ACR	自相关接收机
AF	阵列因子
AIR	天线的脉冲响应
AoA	到达角
AoD	偏离角
BAN	体域网
BBH	宽带喇叭天线
BJT	双极结型晶体管
BPSK	二相相移键控
CDF	累积密度函数
CPW	共面波导
CR	相关接收机
CSL	耦合槽线
DCO	数控振荡器
DLL	延迟锁相环
DoA	到达方向
DoD	偏离方向
DoP	精度因子
DS	延迟扩展
EIRP	等效全向辐射功率
ESD	静电放电
FBW	分数带宽
FIR	有限脉冲响应
FR	闪烁接收机
FWHM	半高全宽
GDOP	几何精度因子
HDOP	水平精度因子
HPIB	帕卡德休利特互连总线
IFFT	快速傅里叶逆变换
lhc	左旋圆

IIR	无限脉冲响应
INS	惯性导航系统
IR-UWB	脉冲无线电超宽带
ISI	符号间干扰
LMS	最小均方
LoS	视距
LPDA	对数周期偶极子阵
LTI	线性时变
LUT	查表
MAC	多路存取
MBM	基于测量数据模型
ML	最大长度
MOSFET	金属氧化物半导体场效应晶体管
MRI	磁共振成像
MU	移动单元
NESP	归一化有效信号功率
NLoS	非视距
OFDM	正交频分复用
OOK	开关键控
OPM	正交脉冲调制
PDF	概率密度函数
PDP	功率延迟分布
PG	脉冲发生器
PGA	可编程增益放大器
PGC	可编程增益控制
PGEN	脉冲发生器
PLL	锁相环
PN	伪噪声
PPM	脉冲位置调制
PRF	脉冲重复频率
PSD	功率谱密度
PVT	电源电压和温度
RAIM	接收机自主完好性监测
RCM	距离比较法
RCS	雷达散射截面

RFID	射频识别
rhc	右旋圆
RMS	均方根
RSS	接收信号强度
SER	符号误码率
SIB	系统互连总线
SISO	单输入单输出
SPI	串行外设接口
SRD	阶跃恢复二极管
STR	信号门限比
SVR	支持向量回归
TDC	时间数字转换器
TDMA	时分多址
TDoA	到达时差
TEM	横向电磁波
TH	跳时
ToA	到达时间
ToF	飞行时间
TR	发射参考
TTD	真延时
TWR	双向测距
UWB	超宽带
VCO	压控振荡器
VDOP	垂直精度因子
VGA	可变增益放大器
VNA	向量网络分析仪
VSWR	电压驻波比
WBAN	无线体域网
WLAN	无线局域网

参考文献

[1] M.M. Abdul-Razzak, B. A. Hardwick, G. L. Hey-Shipton, P. A. Matthews, J. R. T. Monson, and R. C. Kester, "Microwave thermography for medical applications," *Physical Science, Measurement and Instrumentation, Management and Education – Reviews, IEE Proceedings A*, vol. 134, no. 2, pp. 171-74, February 1987.

[2] acam-messelectronic GmbH, "TDC-GPX: Ultra-high Performance 8 Channel Time-to- Digital Converter," http://www.acam.de/fileadmin/Dovvnload/pdf/English/DB-GPX-e.pdr, 2007.

[3] G. Adamiuk, *Methoden zur Realisierung von dual-orthogonal, linear polarisierten Anlennen für die UWB-Technik*, ser. Karlsruher Forschungsberichte aus dem Institut für Hochfrequenztechnik und Elektronik; 61, Karlsruhe: KIT Scientific Publishing, 2010. [Online]. Available: http://digbib.ubka.uni-karlsruhc.dc/volltcxtc/ 1000019874.

[4] G. Adamiuk, S. Beer, W. Wiesbeck, and T. Zwick, "Dual-orthogonal polarized antenna for UWB-IR technology," *IEEE Antennas and Wireless Propagation Letters*, vol. 8, pp. 981 – 84, 2009.

[5] G. Adamiuk, C. Heine, W. Wiesbeck, and T. Zwick, "Antenna array system for UWB-monopulse-radar," *in International Workshop on Antenna Technology, iWAT*, March 2010.

[6] G. Adamiuk, M. Janson, T. Zwick, and W. Wiesbeck, "Dual-polarized UWB antenna array," in *International Conference on Ultra- Wideband, ICUWB*, September 2009.

[7] G. Adamiuk, M. Pauli, and T. Zwick, "Principle for the realization of dual-orthogonal linearly polarized antennas for UWB techniques," *International Journal of Antennas and Propagation*, 2011.

[8] G. Adamiuk, J. Timmermann, C. Roblin, W. Dullaert, P. Gentner, K. Witrisal, T. Fügen, O. Hirsch, and G. Shen, "Chapter 6: RF Aspects in Ultra-WideBand Technology," in *Verdone, R. and Zanella, A.: Pervasive Mobile and Ambient Wireless Communications, COST Action 2100*. Springer, 2012, pp. 249–300.

[9] G. Adamiuk, J. Timmermann, W. Wiesbeck, and T. Zwick, "A novel concept of a dual-orthogonal polarized ultra wideband antenna for medical applications," in *3rd European Conference on Antennas and Propagation, EuCAP*, March 2009.

[10] G. Adamiuk, W. Wiesbeck, and T. Zwick, "Multi-mode antenna feed for ultra wideband technology," in *IEEE Radio and Wireless Symposium, RWS*, January 2009.

[11] G. Adamiuk, T. Zwick, and W. Wiesbeck, "Dual-orthogonal polarized Vivaldi antenna for ultra wideband applications," in *17th International Conference on Microwaves, Radar and Wireless Communications, MIKON*, May 2008.

[12] G. Adamiuk, T. Zwick, and W. Wiesbeck, "Compact, Dual-Polarized UWB-Antenna, Embedded in a Dielectric," *IEEE Transactions on Antennas and Propagation*, vol. 58, pp. 279–86, February 2010.

[13] G. Adamiuk, T. Zwick, and W. Wiesbeck, "UWB antennas for communication systems," *Proceedings of the IEEE*, vol. 100, pp. 2308–21, 2012.

[14] G. Adamiuk, L. Żwirełło, S. Beer, and T. Zwick, "Omnidirectional dual-orthogonal polarized UWB antenna," in *European Microwave Week, EuMW*, September 2010.

[15] Agilent Technology, "Advanced Design System (ADS), "http://www.home.agilent.com/en/pc-1297113/advanced-design-system-ads, 2009.

[16] B. Ahmed and M. Ramon, "Coexistence between UWB and other communication systems-tutorial review,"

International Journal Ultra Wideband Communications and Systems, vol. 1, no. 1, pp. 67–80, 2009.

[17] O. Albert and C. Mecklenbräuker, "An 8-bit programmable fine delay circuit with step size 65 ps for an ultrawideband pulse position modulation testbed," in *15th European Signal Processing Conference*, September 2007.

[18] B. Allen and M. Dohler, *Ultra-wideband antennas and propagation for communications, radar and imaging*. Arizona State University: Wiley, 2007.

[19] M. Anis and R. Tielert, "Design of UWB pulse radio transceiver using statistical correlation technique in frequency domain," in *Advances in Radio Science–An Open Access Journal of the U.R.S.I. Landesausschuss in der Bundesrepublik Deutschland e. V,* pp. 297–304, 2007.

[20] C. Ascher, L. Żwirełło, T. Zwick, and G. Trommer, "Integrity monitoring for UWB/INS tightly coupled pedestrian indoor scenarios," in *International Conference on Indoor Positioning and Indoor Navigation, IPIN,* September 2011.

[21] S. Bagga, L. Zhang, W. Serdijin, J. Long, and E. Busking, "A quantized analog delay for an IR-UWB quadrature downconversion autocorrelation receiver," in *IEEE International Conference on Ultra-Wideband, ICU,* September 2005

[22] P. Bahl and V N. Padmanabhan, "RADAR: an in-building RF-based user location and tracking system," *IEEE 19th Annual Joint Conference of the IEEE Computer and Communications Societies*, vol. 2, pp. 775–84, 2000.

[23] C. Balanis, *Advanced Engineering Electromagnetics*. New York: Wiley, 1989.

[24] C. Balanis, *Antenna Theory: Analysis and Design*. Wiley-Interscience, 2005.

[25] N. S. Barker and G. M. Rebeiz, "Distributed MHMS true-time delay phase shifters and wide-band switches," *IEEE Transactions on Microwave Theory and Techniques*, vol. 46, issue 11, part 2, pp. 1881–90, 1998.

[26] N. Behdad and K. Sarabandi, "A compact antenna for ultrawide-band applications," *IEEE Transactions on Antennas and Propagation*, vol. 53, pp. 2185-92, July 2005.

[27] H. Booker, "Slot aerials and their relation to complementary wire aerials (Babinet's principle)," *Journal of the Institution of Electrical Engineers–Part III A: Radiolocation*, vol. 93, pp. 620–26, 1946.

[28] B. H. Burdine, "The spiral antenna," Massachusetts Institute of Technology, Research Lab. Tech. Rep., April 1955.

[29] M. Cavallaro, E. Ragonese, and G. Palmisano, "An ultra-wideband transmitter based on a new pulse generator," in *IEEE Radio Frequency Integrated Circuits Symposium, RFIC*, April 2008.

[30] S. Chang, "CMOS 5th derivative Gaussian impulse generator for UWB application," Master's thesis, Graduate School of University of Texas, Arlington, December 2005.

[31] S. Chang, S. Jung, S. Tjuatja, J. Gao, and Y. Joo, "A CMOS 5th derivative impulse generator for an IR-UWB," in *49th International Midwest Symposium on Circuits and Systems (MWSCAS)*, August 2006.

[32] Y. Chao and R. Scholtz, "Optimal and suboptimal receivers for ultra-wideband transmitted reference systems," in *IEEE Global Telecommunications Conference, GLOBECOM*, December 2003.

[33] Z. Chen and Y. Zhang, "A modified synchronization scheme for impulse-based UWB," in *6th International Conference on Information, Communications and Signal Processing*, December 2007.

[34] C. C. Chong, F. Watanabe, and H. Inamura, "Potential of UWB technology for the next generation wireless communications," in *IEEE Ninth International Symposium on Spread Spectrum Techniques and Applications*, pp. 422–29, August 2006.

[35] A. Christ, A. Klingenböck, and N Kuster, "Exposition durch koerpernahe Sender im Rumpfbereich, Arbeitspaket I: Bestandsaufnahme," Foundation for Research on Information Technologies in Society, Swiss Federal of Technology, ETHZ, Zurich, Tech. Rep., 2004.

[36] D. C. Daly, P. P. Mercier, M. Bhardwaj, A. L. Stone, Z. N. Aldworth, T. L. Daniel, J. Voldman, J. G. Hildebrand, and A. P. Chandrakasan, "A pulsed UWB receiver SoC for insect motion control," *IEEE Journal of Solid-State Circuits*, vol. 45, pp. 153-66,2010.

[37] P. K. Datta, X. Fan, and G. Fischer, "A transceiver front-end for ultra-wide-band applications," *IEEE Transactions on Circuits and Systems II: Express Briefs*, vol. 54, pp. 362-66, 2007.

[38] A. De Angelis, M. Dionigi, A. Moschitta, R. Giglietti, and P Carbone, "Characterization and modeling of an experimental UWB pulse-based distance measurement system," *IEEE Transactions on Instrumentation and Measurement*, vol. 58, pp. 1479 86, May 2009.

[39] G. Deschamps, "Impedance properties of complementary multiterminal planar structures," *IRE Transactions on Antennas and Propagation*, vol. 7, pp. 371-78, December 1959.

[40] S. Duenas, "Design of a DS-UWB transmitter," Master's thesis, KTH Stockholm, March 2005.

[41] H. Dunger, "World-wide regulation and standardisation overview," in *Integrated Project EUWB*, http://www.euwb.eu/deliverables/EUWB_D9.1_v 1.0_2008-09-15.pdf, September 2009.

[42] J. Dyson, "The equiangular spiral antenna," *IRE Transactions on Antennas and Propagation*, vol. 7, pp. 181-87, April 1959.

[43] M. Eisenacher, "Optimierung von Ultra-Wideband-Signalen (UWB)," PhD dissertation, Forschungsberichte aus dem Institut für Nachrichtentechnik der Universität Karlsruhe (TH), August 2006.

[44] European Commission, "Commission decision on allowing the use of the radio spectrum for equipment using ultra-wideband technology in a harmonised manner in the community," *Official Journal of the European Union*, vol. 55, February 2007.

[45] E. G. Farr and C. E. Baum, "Time domain characterization of antennas with TEM feeds," *Sensor and Simulation Notes*, vol. 426, pp. 1-16,October 1998.

[46] Federal Communications Commission and others, "Revision of part 15 of the commission's rules regarding ultra-wideband transmission systems," *ET Docket 98-153. FCC 02-48*, 2002.

[47] J. Ferlay, P. Autier, M. Boniol, M. Heanue, M. Colombet, and P. Boyle, "Estimates of the cancer incidence and mortality in Europe in 2006," *Ann Oncol.*, vol. 18, no. 3, pp. 581- 92, 2007.

[48] G. Fischer, O. Klymenko, D. Martynenko, and H. Luediger, "An impulse radio UWB transceiver with high-precision TOA measurement unit," in *International Conference on Indoor Positioning and Indoor Navigation, IPIN*, September 2010.

[49] A. Fort, C. Desset, P. De Doncker, P. Wambacq, and L. Van Biesen, "An ultra-wideband body area propagation channel model-from statistics to implementation," *IEEE Transactions on Microwave Theory and Techniques*, vol. 54, pp. 1820-26, June 2006.

[50] R. E. Fromm, J. Varon, and L. Gibbs, "Congestive heart failure and pulmonary edema for the emergency physician," *Journal of Emergency Medicine*, vol. 13, pp. 71-87, 1995.

[51] T. Fügen, J. Maurer, T. Kayser, and W. Wiesbeck, "Capability of 3-D ray tracing for defining parameter sets for the specification of future mobile communications systems," *IEEE Transactions on Antennas and Propagation*, vol. 54, pp. 3125-37, November 2006.

[52] C. Gabriel, S. Gabriel, and E. Corthout, "The dielectric properties of biological tissues: I. Literature survey," *Phys. Med. Biol.*, vol. 41, pp. 2231-49, November 1996.

[53] S. Gabriel, R. W. Lau, and C. Gabriel, "The dielectric properties of biological tissues: II. Measurements in the frequency range 10 Hz to 20 GHz," *Phys. Med. Biol.*, vol. 41, pp. 2251-69, November 1996.

[54] S. Gabriel, R. W. Lau, and C. Gabriel, "The dielectric properties of biological tissues: III Parametric models for

the dielectric spectrum of tissues," *Phys. Med. Biol.*, vol. 41, pp. 2271-93, November 1996.

[55] N. Geng and W. Wiesbeck, *Planungsmethoden für die Mobilkommunikation – Funknetz - planung unter realen physikalischen Ausbreitungsbedingungen.* Springer, 1998.

[56] S. Gezici, "A survey on wireless position estimation," *Wireless Personal Communications*, vol. 44, pp. 263-82, 2007.

[57] S. Gezici, Z. Tian, G. Giannakis, H. Kobayashi, A. Molisch, H. Poor, and Z. Sahinoglu, "Localization via ultra-wideband radios: a look at positioning aspects for future sensor networks," *IEEE Signal Processing Magazine*, vol. 22, pp. 70-84, July 2005.

[58] E. Gschwendtner and W. Wiesbeck, "Ultra-broadband car antennas for communications and navigation applications," *IEEE Transactions on Antennas and Propagation*, vol. 51, pp. 2020-27, August 2003.

[59] M. Guardiola, L. Jofre, and J. Romeu,"3D UWB tomography for medical imaging applications," in *IEEE Antennas and Propagation Society International Symposium, APSURSI*, July 2010.

[60] M. Hamalainen, A. Taparugssanagorn, R. Tesi, and J. Iinatti, "Wireless medical communications using UWB," in *IEEE International Conference on Ultra-Wideband (ICUWB)*, September 2009.

[61] S. Hantscher, "Comparison of UWB target identification algorithms for through-wall imaging applications," in *3rd European Radar Conference, EuRAD*, September 2006.

[62] S. Hantscher, A. Reisenzahn, and C. Diskus, "Analysis of imaging radar algorithms for the identification of targets by their surface shape," in *IEEE International Conference on Ultra-wideband ICUWB*, October 2006.

[63] C. Harrison, and C. Williams, "Transients in wide-angle conical antennas," *IEEE Transactions on Antennas and Propagation*, vol. 13, pp. 236-46, March 1965.

[64] J. Hightower and G. Borriello, "Location systems for ubiquitous computing," *Computer*, vol. 34, pp. 57-66, August 2001.

[65] Hittite, "Wideband LNA module HMC-C022," http://www.hittite.com/content/documents/ data_sheet/hmc-c022.pdf, 2012.

[66] R. Hoctor and H. Tomlinson, "Delay-hopped transmitted-reference RF communications," in *IEEE Conference on Ultra Wideband Systems and Technologies*, 2002.

[67] *IEEE Std 149-1979: IEEE Standard Test Procedures for Antennas*, IEEE, Institute of Electrical and Electronics Engineers, 1979.

[68] *IEEE Std 145-I993: IEEE Standard Definitions of Terms for Antennas*, IEEE, Institute of Electrical and Electronics Engineers, 1993.

[69] IHP, "http://www.ihp-microelectronics.com/en/services/mpw-prototyping/sigec-bicmos- technologies.html," 2013.

[70] I. Immoreev and T. H. Tao, "UWB radar for patient monitoring," *IEEE Aerospace and Electronic Systems Magazine*, vol. 23, pp. 11-18, November 2008.

[71] M. Jalilvand, T. Zwick, W. Wiesbeck, and E. Pancera, "UWB synthetic aperture-based radar system for hemorrhagic head-stroke detection," *in Radar Conference (RADAR)*, May 2011.

[72] M. Janson, J. Pontes, T. Fuegen, and T. Zwick, "A hybrid deterministic-stochastic propagation model for short-range MIMO-UWB communication systems," *FREQUENZ*, vol. 66, no. 7-8, pp. 193-203, 2012.

[73] A. Jha, R. Gharpurey, and P. Kinget, "A 3 to 5-GHz UWB pulse radio transmitter in 90 nm CMOS," in *IEEE Radio Frequency Integrated Circuits Symposium, RFIC*, April 2008.

[74] E. B. Joy and D. T. Paris, "A practical method for measuring the complex polarization ratio of arbitrary antennas," *IEEE Transactions on Antennas and Propagation*, vol. 21, pp. 432-35, March 1973.

[75] T. Kaiser, F. Zheng, and E. Dimitrov, "An overview of ultra-wide-band systems with MIMO," *Proceedings of the*

IEEE, vol. 97, pp. 285-312, February 2009.

[76] P. Keranen, K. Maatta, and J. Kostamovaara, "Wide-range time-to-digital converter with 1-ps single-shot precision," *IEEE Transactions on Instrumentation and Measurement*, vol. 60, no. 9, pp. 3162-72, September 2011.

[77] M. Klemm, I. Craddock, J. Leendertz, A. Preece, and R. Benjamin, "Radar-based breast cancer detection using a hemispherical antenna array - experimental results," *IEEE Transactions on Antennas and Propagation*, vol. 57, pp. 1692-704, June 2009.

[78] O. Klymenko, G. Fischer, and D. Martynenko, "A high band non-coherent impulse radio UWB receiver," in *IEEE International Conference on Ultra- Wideband, ICUWB*, 2008.

[79] J. Kolakowski, "Application of ultra-fast comparator for UWB pulse time of arrival measurement," in *IEEE International Conference on Ultra-Wideband, ICUWB*, September 2011.

[80] T. Kürner, M. Jacob, R. Piesiewicz, and J. Schöbel, "An integrated simulation environment for the investigation of future THz communication systems," in *International Symposium on Performance Evaluation of Computer and Telecommunication Systems (SPECTS)*, July 2007.

[81] A. Kuthi, M. Behrend, T. Vernier, and M. Gundersen, "Bipolar nanosecond pulse generation using transmission lines for cell electro-manipulation," in *26th International Power Modulator Symposium*, May 2004.

[82] D. H. Kwon, "Effect of antenna gain and group delay variations on pulse-preserving capabilities of ultrawideband antennas," *IEEE Transactions on Antennas and Propagation*, vol. 54, pp. 2208-15, August 2006.

[83] D. Lachartre, B. Denis, D. Morche, L. Ouvry, M. Pezzin, B. Piaget, J. Prouvee, and P. Vincent, "A 1. lnJ/b 802.15.4a-compliant fully integrated UWB transceiver in 0.13μ m CMOS," in *IEEE International Solid-State Circuits Conference - Digest of Technical Papers, ISSCC*, 2009.

[84] R. Lakes, H. S. Yoon, and J. L. Katz, "Ultrasonic wave propagation and attenuation in wet bone," *Journal of Biomedical Engineering*, vol. 8, pp. 143-48, April 1986. [Online]. Available: http://www.sciencedirect.com/science/article/pii/014154258690049X.

[85] A. Lambrecht, P. Laskowski, S. Beer, and T. Zwick, "Frequency invariant beam steering for short-pulse systems with a Rotman lens," *International Journal of Antennas and Propagation*, 2010.

[86] J. D. D. Langley, P. S. Hall, and P. Newham, "Novel ultrawide-bandwidth Vivaldi antenna with low crosspolarisation," *Electronic Letters*, vol. 29, no. 23, 1993.

[87] A. Lecointre, D. Dragomirescu, and R. Plana, "Channel capacity limitations versus hardware implementation for UWB impulse radio communications," *CoRR*, vol. abs/1002.0574, 2010. [Online]. Available: http://dblp.uni-trier.de/db/journals/corr/ corr 1002.html#abs-1002-0574.

[88] W. Lee, S. Kunaruttanapruk, and S. Jitapunkul, "Optimal pulse shape design for UWB systems with timing jitter," *IEICE Transactions on Communications*, vol. R91-B, no. 3, pp. 772-83, March 2008.

[89] M. Leib, W. Menzel, B. Schleicher, and H. Schumacher, "Vital signs monitoring with a UWB radar based on a correlation receiver," in *IEEE European Conference on Antennas and Propagation, EuCAP*, April 2010.

[90] X. Li, "Anwendung von dual-orthogonal polarisierten Antennen in UWB - Imaging - Systemen," Master's thesis, Karlsruhe Institute of Technology, May 2009.

[91] X. Li, G. Adamiuk, M, Janson, and T. Zwick, "Polarization diversity in ultra-wideband imaging systems," in *International Conference on Ultra Wideband ICUWB*, September 2010.

[92] X. Li, G. Adamiuk, E. Pancera, and T Zwick, "Physics-based propagation characterisations of UWB signals for the urine detection in human bladder," *International Journal on Ultra Wideband Communications and Systems*, vol. 2, pp. 94-103, December 2011.

[93] X. Li, S. K. Davis, S. C. Hagness, D. W. van der Weide, and B. D. Van Veen, "Microwave imaging via space-time

beamforming: experimental investigation of tumor detection in multilayer breast phantoms," *IEEE Transactions on Microwave Theory and Techniques*, vol. 52, pp. 1856-65, August 2004.

[94] X. Li, L. Żwirełło, M. Jalilvand, and T. Zwick, "Design and near-field characterization of a planar on-body UWB slot-antenna for stroke detection," in *IEEE International Workshop on Antenna Technology, iWAT*, March 2012.

[95] G. Lim, Y. Zheng, W. Yeoh, and Y. Lian, "A novel low power UWB transmitter IC," in *IEEE Radio Frequency Integrated Circuits (RFIC) Symposium*, June 2006.

[96] S. Lin and T. Chiuch, "Performance analysis of impulse radio under timing jitter using M-ary bipolar pulse waveform and position modulation," in *IEEE Conference on Ultra Wideband Systems and Technologies*, November 2003.

[97] H. Liu, H. Darabi, P. Banerjee, and J. Liu, "Survey of wireless indoor positioning techniques and systems," *IEEE Transactions on Systems, Man, and Cybernetics, Part C: Applications and Reviews,* vol. 37, pp. 1067-80, November 2007.

[98] D. Lochmann, *Digitale Nachrichtentechnik.* Verlag Technik Berlin, 1995.

[99] D. Martynenko, G. Fischer, and O. Klymenko, "A high band impulse radio UWB transmitter for communication and localization," in *IEEE International Conference on Ultra-Wideband, ICUWB*, 2009.

[100] "Maxima, a Computer Algebra System," http://maxima.sourceforge.net, 2012.

[101] P. Mayes, "Frequency-independent antennas and broad-band derivatives thereof," *Proceedings of the IEEE*, vol. 80, pp. 103-12, January 1992.

[102] C. Mensing and S. Plass, "Positioning algorithms for cellular networks using TDOA," in *IEEE International Conference on Acoustics, Speech and Signal Processing, ICASSP*, May 2006.

[103] P. P. Mercier, D. C. Daly, and A. P. Chandrakasan, "A 19pJ/pulse UWB transmitter with dual capacitively-coupled digital power amplifiers," in IEEE Radio Frequency Integrated Circuits Symposium, RFIC, April 2008.

[104] S. M. Metev and VP. Veiko, *Laser Assisted Microtechnology*, 2nd ed. Berlin, Germany: Springer, 1998.

[105] R. Meys, "A summary of the transmitting and receiving properties of antennas," *IEEE Antennas and Propagation Magazine*, vol. 42, pp. 49-53, June 2000.

[106] E.K. Miller and F.J. Deadrick, "Visualizing near-field energy flow and radiation," *IEEE Antennas and Propagation Magazine*, vol. 42, pp. 46-54, December 2000.

[107] W. Mitchell, "Avalanche transistors give fast pulses," in *Electronic Design*, 1968.

[108] A. F. Molisch, Wireless communications, 2nd ed. Chichester: Wiley, 2011.

[109] A. Molisch, K. Balakrishnan, D. Cassioli, C. Chong, S. Emami, A. Fort, J. Karedal, J. Kunisch, H. Schantz, U. Schuster, and K. Siwiak, "IEEE 802.15.4a channel model - final report," IEEE 802.15-04-0662-00-0004a, San Antonio, Texas, USA, Tech. Rep., November 2004.

[110] A. F. Molisch, J. R. Foerster, and M. Pendergrass, "Channel models for ultrawideband personal area networks," *IEEE Wireless Communications*, vol. 10, pp. 14-21, December 2003.

[111] C. Müller, S. Zeisberg, H. Seidel, and A. Finger, "Spreading properties of time hopping codes in ultra wideband systems," in *IEEE 7th Symposium on Spread-Spectrum Techniques and Applications*, September 2002.

[112] S. A. Z. Murad, R. K. Pokharel, A. I. A. Galal, R. Sapawi, H. Kanaya, and K. Yoshida, "An excellent gain flatness 3.0-7.0 GHz CMOS PA for UWB applications," *Microwave and Wireless Components Letters, IEEE*, vol. 20, no. 9, pp. 510-12, 2010.

[113] Y. Mushiake, "Self-complementary antennas," *IEEE Antennas and Propagation Magazine*, vol. 34, pp. 23−29, December 1992.

[114] M. Neinhus, S. Held, and K. Solobach, "FIR-filter based equalization of ultra wideband mutual coupling on

linear antenna arrays," in *2nd International ITG Conference on Antennas, INICA*, 2007.

[115] N. K. Nikolova, "Microwave imaging for breast cancer," *IEEE Microwave Magazine*, vol. 12, pp. 78-94, December 2011.

[116] R. Nilavalan, I. J. Craddock, A. Preece, J. Leendertz, and R. Benjamin, "Wideband Microstrip Patch Antenna Design for Breast Cancer Tumour Detection," *IET Antennas Propagation Microwaves*, vol. 1,no. 2, pp. 277-81, April 2007.

[117] T. Norimatsu, R. Fujiwara, M. Kokubo, M. Miyazaki, A. Maeki, Y. Ogata, S. Kobayashi, N. Koshizuka, and K. Sakamura, "A UWB-IR transmitter with digitally controlled pulse generator," *IEEE Journal of Solid-State Circuits,* vol. 42, pp. 1300-09, June 2007.

[118] U Onunkwo, "Timing jitter in ultra wideband (UWB) systems," PhD dissertation, School of Electrical and Computer Engineering, Georgia Institute of Technology, May 2006.

[119] A. Oppenheim, *Discrete-Time Signal Processing*. Prentice Hall, Inc., 1989.

[120] I. Oppermann, M. Hämäläinen, and J. Iinatti, *UWB Theory and Applications*. J. Wiley & Sons, 2006.

[121] J. Padgett, J. Koshy, and A. Triolo, "Physical-layer modeling of UWB interference effects," Wireless Systems and Networks Research, Telcordia Technologies Inc., Arlington, Tech. Rep., 2003.

[122] K. Pahlavan, X. Li, and J. Mäkelä, "Indoor geolocation science and technology," *IEEE Communications Magazine*, vol. 40, no. 2, pp. 112-18, February 2002.

[123] E. Pancera, *Strategies for time domain characterization of UWB components and systems*, ser. Karlsruher Forschungsberichte aus dem Institut für Hochfrequenztechnik und Elektronik; 57. Karlsruhe: Universitätsverlag, 2009. [Online]. Available: http://digbib.ubka. Uni - karlsruhe. de/volltexte/1000012414.

[124] E. Pancera and W. Wiesbeck, "Correlation properties of the pulse transmitted by UWB antennas," in *International Conference on Electromagnetics in Advanced Applications, ICEAA*, September 2009.

[125] E. Pancera, T. Zwick, and W. Wiesbeck, "Correlation properties of UWB radar target impulse responses," in *IEEE Radar Conference, RadarCon*, May 2009,

[126] E. Pancera, T. Zwick, and W. Wiesbeck, "Full polarimetric time domain calibration for UWB radar systems," in *European Radar Conference, EuRAD 2009*, October 2009.

[127] E. Pancera, T. Zwick, and W. Wiesbeck, "Spherical fidelity patterns of UWB antennas," *IEEE Transactions on Antennas and Propagation*, vol. 59, pp. 2111-19, June 2011.

[128] R. Pantoja, A. Sapienza, and F. Filho, "A microwave printed planar log-periodic dipole array antenna," *IEEE Transactions on Antennas and Propagation*, vol. 35, pp. 1176—78, October 1987.

[129] S. Paquelet, L. Aubert, and B. Uguen, "An impulse radio asynchronous transceiver for high data rates," in *Conference on Ultrawideband Systems and Technologies*, September 2004.

[130] C. N. Paulson, J.T. Chang, C. E. Romero, J. Watson, F. J. Pearce, and N. Levin, "Ultrawideband radar methods and techniques of medical sensing and imaging," in *SPIE International Symposium on Optics*, October 2005.

[131] C. Peixeiro, "Design of log-periodic dipole antennas," IEE Proceedings Microwaves, Antennas and Propagation, vol. 135, pp. 98-102, April 1988.

[132] M. Persson, "UWB in medical diagnostics and treatment," in *IEEE-A PS Topical Conference on Antennas and Propagation in Wireless Communications, APWC*, September 2011.

[133] A. Phan, J. Lee, V Krizhanovskii, Q. Le, S.-K. Han, and S.-G. Lee, "Energy-efficient lowcomplexity CMOS pulse generator for multiband UWB impulse radio," *IEEE Transactions on Circuits and Systems I: Regular Papers*, vol. 55, pp. 3552-63, December 2008.

[134] M. Porebska, G. Adamiuk, C. Sturm, and W. Wiesbeck, "Accuracy of algorithms for UWB localization in NLoS

scenarios containing arbitrary walls," in *The Second European Conference on Antennas and Propagation, EuCAP,* November 2007.

[135] M. Porebska, T. Kayser, and W. Wiesbeck, "Verification of a hybrid ray-tracing/FDTD model for indoor ultra-wideband channels," in *European Conference on Wireless Technologies*, October 2007.

[136] D. Pozar, *Microwave Engineering*. John Wiley, second edition, ISBN 0-471-17096-8, 1998.

[137] P. Prasithsangaree, P. Krishnamurthy, and P. Chrysanthis, "On indoor position location with wireless LANs," in *13th IEEE International Symposium on Personal Indoor and Mobile Radio Communications*, September 2002.

[138] S. Promwong and J. Takada, "Free space link budget estimation scheme for ultra wideband impulse radio with imperfect antennas," *IEICE Electronics Express*, vol. 1, pp. 188-92, 2004.

[139] A. Rabbachin, "Low complexity UWB receivers with ranging capabilities," PhD dissertation, Faculty of Technology, Department of Electrical and Information Engineering, Centre for Wireless Communications, University of Oulu, Finland, March 2008.

[140] A. Rabbachin, J. Montillet, P. Cheong, G. De Abreu, and I. Oppermann, "Non-coherent energy collection approach for TOA estimation in UWB systems," in *14th 1ST Mobile and Wireless Communications Summit*, June 2005.

[141] J. Reed, *An Introduction to Ultra Wideband Communication Systems*. Prentice Hall Communications Engineering and Emerging Technologies Series, 2005.

[142] J. Reed, *An Introduction to Ultra Wideband Communication Systems*, 1st ed. Upper Saddle River, NJ, USA: Prentice Hall Press, 2005.

[143] A. Reisenzahn, "Hardwarekomponenten für Ultra-Wideband Radio," Master's thesis, Institut für Nachrichtentechnik/lnformationstechnik, University of Linz, Austria, 2003.

[144] H. Rohling, Ed., *OFDM: Concepts for Future Communication Systems.* Wiesbaden: Springer, 2011.

[145] Z. Rudolf, S. Juergen, and T. Reiner, "Imaging of propagation environment by channel sounding," in *XXⅧth General Assembly of URSI*, October 2005.

[146] V. Rumsey, *Frequency independent antennas*. Electrical science series. Academic Press, 1966.

[147] Z. Sahinoglu, S. Gezici, and I. Güvenc, *Ultra-wideband Positioning Systems: Theoretical Limits, Ranging Algorithms, and Protocols*. Cambridge University Press, 2008.

[148] S. Sato and T. T. Kobayashu, "Path-loss exponents of ultra wideband signals in line-of-sight environments," in *In Proceedings of the IEEE 8th International Symposium on Spread Spectrum Techniques and Applications*, pp. 488-92, September 2004.

[149] H. G. Schantz, "A brief history of UWB antennas," *IEEE Aerospace and Electronic Systems Magazine*, vol. 19, pp. 22-26, April 2004.

[150] D. Schaubert, E. Kollberg, T. Korzeniowski, T. Thungren, J. Johansson, and K. Yngvesson, "Endfire tapered slot antennas on dielectric substrates," *IEEE Transactions on Antennas and Propagation*, vol. 33, pp. 1392—1400, December 1985.

[151] B. Scheers, M. Acheroy, and A. V. Vorst, "Time-domain simulation and characterisation of TEM horns using a normalised impulse response," *IEE Proceedings - Microwaves, Antennas Propagation*, vol. 147, pp. 463-68, December 2000.

[152] B. Schleicher, J. Dederer, M. Leib, I. Nasr, A. Trasser, W. Menzel, and H. Schumacher, "Highly compact impulse UWB transmitter for high-resolution movement detection," in *IEEE International Conference on Ultra-Wideband, ICUWB*, September 2008.

[153] I. Sharp, K. Yu, and Y. J. Guo, "GDOP analysis for positioning system design," *IEEE Transactions on Vehicular*

Technology, vol. 58, pp. 3371-82, September 2009.

[154] A. Shlivinski, E. Heyman, and R. Kastner, "Antenna characterization in the time domain," *IEEE Transactions on Antennas and Propagation*, vol. 45, pp. 1140-49, July 1997.

[155] B. Sklar, *Digital Communications - Fundamentals and Applications*, 2nd ed. Prentice Hall, ISBN 0-13-084788-7, 2000.

[156] M. I. Skolnik, *Introduction to Radar Systems*. New York: McGraw-Hill, 1980.

[157] A. A. Smith, "Received voltage versus antenna height," *IEEE Transactions on Electromagnetic Compatibility*, vol. EMC-11, pp. 104-11, August 1969.

[158] W. Sörgel, *Charakterisierung von Antennen für die Ultra - Wideband - Technik, ser*. Forschungsberichte aus dem Institut für Höchstfrequenztechnik und Elektronik der Universität Karlsruhe (TH); 51. IHE, 2007. [Online]. Available: http: // digbib. ubka. uni-karlsruhe. de/volltexte/1000007210.

[159] W. Sörgel and W. Wiesbeck, "Influence of the antennas on the ultra-wideband transmission," *EURASIP Journal on Advances in Signal Processing*, pp. 296-305, 2005.

[160] E. Staderini, "UWB radars in medicine," *IEEE Aerospace and Electronic Systems Magazine*, vol. 17, pp. 13-18, January 2002.

[161] L. Stoica, "Non-coherent energy detection transceivers for ultra wideband impulse radio systems," PhD dissertation, Faculty of Technology, Department of Electrical and Information Engineering, University of Oulu, 2008, ISBN 978-951-42-8717-6.

[162] L. Stoica and I. Oppermann, "Modelling and simulation of a non-coherent IR UWB transceiver architecture with TOA estimation," in *17th IEEE International Symposium on Personal, Indoor and Mobile Radio Communications (PIMRC)*, September 2006.

[163] ML. Stowell, B. J. Fasenfest, and D. A. White, "Investigation of radar propagation in buildings: A 10-billion element cartesian-mesh FDTD simulation," *IEEE Transactions on Antennas and Propagation*, vol. 56,no. 8, pp. 2241-50, 2008.

[164] A. Tamtrakarn, H. Ishikuro, K. Ishida, M. Takamiya, and T. Sakurai, "A 1-V 299(μ W flashing UWB transceiver based on double thresholding scheme," in *Symposium on VLSI Circuits, Digest of Technical Papers*, 2006.

[165] J.-Y. Tham, B. L. Ooi, and M. Leong, "Diamond-shaped broadband slot antenna," in *IEEE International Workshop on Antenna Technology: Small Antennas and Novel Metamaterials, IWAT*, March 2005.

[166] J. Y. Tham, B. L. Ooi, and M. S. Leong, "Novel design of broadband volcano-smoke antenna," in *IEEE Antennas and Propagation Society International Symposium*, July 2005.

[167] R. S. Thomä, H.-I. Willms, T. Zwick, R. Knöchel, and J. Sachs, Eds., *UKoLoS Ultra-Wideband Radio Technologies for Communications, Localization and Sensor Applications*. Intech, September 2012.

[168] J. Timmermann, *Systemanalyse und Optimierung der Ultrabreitband-Übertragung*, ser. Karlsruher Forschungsberichte aus dem Institut für Hochfrequenztechnik und Elektronik; 58. Karlsruhe: KIT Scientific Publishing, 2010. [Online], Available: http: // digbib. ubka. uni-karlsruhe.de/volltexte/1000014984.

[169] J. Timmermann, P. Walk, A. Rashidi, W. Wiesbeck, and T. Zwick, "Compensation of a non-ideal UWB antenna performance," *Frequenz, Journal of RF-Engineering and Telecommunications*, vol. 63, pp. 183-86, 2009.

[170] Ubisense Group, "Ubisense series 7000 IP rated sensor," http://www.ubisense.net/en/media/ pdfs/factsheets-pdf/56505-ubisense-series-7000-ip-rated-sensor-en090624. pdf, 2009.

[171] N. Van Helleputte and G. Gielen, "A 70 pJ/pulse analog front-end in 130nm CMOS for UWB impulse radio receivers," *IEEE Journal of Solid-State Circuits*, vol. 44, pp. 1862—71, 2009.

[172] M. Verhelst and W. Dehaene, "Analysis of the QAC IR-UWB receiver for low energy, low data-rate

communication," *IEEE Transactions on Circuits and Systems I: Regular Papers, vol. 55, pp. 2423-32*, September 2008.

[173] H. J. Visser, *Array and Phased Array Antenna Basics*. John Wiley & Sons, 2005.

[174] X. Wang, A. Young, K. Philips, and H. de Groot, "Clock accuracy analysis for a coherent IR-UWB system," in *IEEE International Conference on Ultra- Wideband (ICUWB)*, 2011.

[175] D. Ward, "No more breast cancer campaign," http://www.nomorebreastcancer.org.uk/ index. html, 2008.

[176] X. Wei, K. Saito, M. Takahashi, and K. Ito, "Performances of an Implanted Cavity Slot Antenna Embedded in the Human Arm," *IEEE Transactions on Antennas and Propagation,* vol. 57, no. 4, pp. 894-99, April 2009.

[177] Wentzloff, "Pulse-based ultra-wideband transmitters for digital communication," Department of Electrical Engineering and Computer Science, Massachusetts Institute of Technology (MIT), Tech. Rep., June 2007.

[178] D. Werner, R. Haupt, and P. Werner, "Fractal antenna engineering: the theory and design of fractal antenna arrays," *IEEE Antennas and Propagation Magazine,* vol. 41, pp. 37-58, October 1999.

[179] W. Wiesbeck, G. Adamiuk, and C. Sturm, "Basic properties and design principles of UWB antennas," *Proceedings of the IEEE*, vol. 97, pp. 372-85, February 2009.

[180] W. Wiesbeck and F. Jondral, *Ultra-Wide-Band Kommunikationssysteme - Skriptum zum CCG Seminar DK 2.15.* University of Karlsruhe, 2006.

[181] M. Win and R. Scholtz, "Ultra-wide bandwidth time-hopping spread-spectrum impulse radio for wireless multiple-access communications," *IEEE Transactions on Communication*, vol. 48, pp. 679-89, April 2000.

[182] Z. Wu, F. Zhu, and C. R. Nassar, "High performance ultra-wide bandwidth systems via novel pulse shaping and frequency domain processing," in *IEEE Conference on Ultra Wideband Systems and Technologies*, pp. 53-58, 2002.

[183] Z. Xiao, G. H. Tan, R. F. Li, and K.C. Yi, "A joint localization scheme based on IR-UWB for sensor network," in *International Conference on Wireless Communications, Networking and Mobile Computing, WiCOM*, September 2011.

[184] L. Yang and G. Giannakis, "Ultra-wideband communications: An idea whose time has come, 21(6)," in *IEEE Signal Processing Magazine*, pp. 26-54, December 2004.

[185] T. Yang, S. Y. Suh, R. Nealy, W. A. Davis, and W. L. Stutzman, "Compact antennas for UWB applications," *IEEE Aerospace and Electronic Systems Magazine*, vol. 19, pp. 16-20, May 2004.

[186] R. Ye and H. Liu, "UWB TDOA localization system: Receiver configuration analysis," in *International Symposium on Signals Systems and Electronics, ISSSE*, September 2010.

[187] X. Zeng, A. Fhager, M. Persson, P. Linner, and H. Zirath, "Accuracy evaluation of ultrawideband time domain systems for microwave imaging," *IEEE Transactions on Antennas and Propagation*, vol. 59, pp. 4279-85, November 2011.

[188] R. Zetik, J. Sachs, and R. S. Thomä, "UWB short-range radar sensing," *IEEE Instrumentation and Measurement Magazine*, vol. 10, pp. 39-45, April 2007.

[189] F. Zhang, A. Jha, R. Gharpurey, and P. Kinget, "An agile, ultra-wideband pulse radio transceiver with discrete-time wideband-IF," *IEEE Journal of Solid-State Circuits*, vol. 44, pp. 1336-51, 2009.

[190] K. Zhang and D. Li, *Electromagnetic Theory for Microwaves and Optoelectronics*, 2nd ed. Tsinghua University, Beijing: Springer, 2007.

[191] S. Zhao, "Pulsed ultra-wideband: Transmission, detection, and performance," PhD dissertation, Oregon State University, 2007.

[192] Y. Zheng, M. A. Arasu, K. W. Wong, Y. J. The, A. P. H. Suan, D. D. Tran, W. G. Yeoh, and D. L. Kwong, "A 0.18

μm CMOS 802.15.4a UWB transceiver for communication and localization," in *IEEE International Solid-State Circuits Conference, ISSCC*, 2008.

[193] X. Zhuge and A. G. Yarovoy, "A sparse aperture MIMO-SAR-based UWB imaging system for concealed weapon detection," *IEEE Transactions on Geoscience and Remote Sensing*, vol. 49, pp. 509-18, January 2011.

[194] T. Zwick, C. Fischer, and W. Wiesbeck, "A stochastic multipath channel model including path directions for indoor environments," *IEEE Journal on Selected Areas in Communications*, vol. 20, no. 6, pp. 1178-92, 2002.

[195] L. Żwirełło, C. Ascher, G. Trommer, and T. Zwick, "Study on UWB/INS integration techniques," in *8th Workshop on Positioning Navigation and Communication, WPNC*, April 2011.

[196] L. Żwirełło, M. Harter, H. Berchtold J. Schlichenmaier, and T. Zwick, "Analysis of the measurement results performed with an ultra-wideband indoor locating system," in *7th German Microwave Conference, GeMiC*, March 2012.

[197] L. Żwirełło, C. Heine, X. Li, T. Schipper, and T. Zwick, "SNR performance verification of different UWB receiver architectures," in *European Microwave Conference, EuMC*, October 2012.

[198] L. Żwirełło, C. Heine, X. Li, and T. Zwick, "An UWB correlation receiver for performance assessment of synchronization algorithms." in *IEEE International Conference on Ultra- Wideband, ICUWB*, September 2011.

[199] L. Żwirełło, M. Hesz, L. Sit, and T. Zwick, "Algorithms for synchronization of coherent UWB receivers and their application," in *IEEE International Conference on Ultra- Wideband, ICUWB*, September 2012.

[200] L. Żwirełło, M. Janson, C. Ascher, U. Schwesinger, G. Trommer, and T. Zwick, "Localization in industrial halls via ultra-wideband signals," in *7th Workshop on Positioning Navigation and Communication, WPNC*, March 2010.

[201] L. Żwirełło, M. Janson, C. Ascher, U. Schwesinger, G. F. Trommer, and T. Zwick, "Accuracy considerations of UWB localization systems dedicated to large-scale applications," in International Conference on Indoor Positioning and Indoor Navigation, IPIN, September 2010.

[202] L. Żwirełło, M. Janson, and T. Zwick, "Ultra-wideband based positioning system for applications in industrial environments," in *European Wireless Technology Conference. EuWIT*, September 2010.

[203] L. Żwirełło, L. Reichardt, X. Li, and T. Zwick, "Impact of the antenna impulse response on accuracy of impulse-based localization systems," in *6th European Conference on Antennas and Propagation*, March 2012.

[204] L. Żwirełło, T. Schipper, M. Harter, and T. Zwick, "UWB localization system for indoor applications: Concept, realization and analysis," *Journal of Electrical and Computer Engineering*, 2012.

[205] L. Żwirełło, J. Timmermann, G. Adamiuk, and T. Zwick, "Using periodic template signals for rapid synchronization of UWB correlation receivers," in *COST 2100 TD(09)848*, May 2009.

编 著 者

Grzegorz Adamiuk
阿斯特里姆有限公司，德国

Gunter Fischer
莱布尼茨创新微电子研究所，德国

Xuyang Li
罗伯特博世有限公司，德国

Christoph Scheytt
帕德博恩大学，德国

Jens Timmermann
阿斯特里姆有限公司，德国

Werner Wiesbeck
卡尔斯鲁厄理工学院，德国

Thomas Zwick
卡尔斯鲁厄理工学院，德国

Łukasz Żwirełło
卡尔斯鲁厄理工学院，德国

感　谢

作者要感谢在这本书的写作之前和整个写作过程中用自己的想法和研究项目支持他们的所有人。特别是，感谢所有通过研究和论文项目对本书做出重大贡献的本科、硕士和博士生。2004—2012 年在 UKoLoS 项目上，特别感谢德国科学基金会（Deutsche Forschungsgemeinschaft）对我们的超宽带的研究工作的持续支持。没有他们的资助和鼓励，不可能达到这一科学研究的强度和广度。在 UKoLoS 项目中，我们与伊尔默瑙大学、柏林大学、埃朗根-纽伦堡大学、杜伊斯堡埃森大学、汉诺威大学和乌尔姆大学的同事进行了特别富有成果的交流。在项目协调者伊尔默瑙大学的 Rainer Thomä 教授（工程学博士、获得大学授课资格）的领导下，UKoLoS 取得了真正的成功，我们非常看重其先进的领导能力。

我们要感谢 Grzegorz Adamiuk、Li Xuyang 和 Jens Timmermann 在卡尔斯鲁厄理工学院所做的工作。

还要感谢与我们合作的伙伴在开发专用超宽带应用的组件和系统方面的支持。我们处于非常幸运的位置，能够依赖与德国工业的密切联系，我们的确承认这种支持绝不是理所当然的。在这里，可能没有提及所有的赞助者、接触者和构思者。尽管如此，还是要感谢本书的所有读者，他们自己以这样或那样的方式做出了贡献。

工程学博士 Thomas Zwick 教授

工程学博士、多个名誉博士 Werner Wiesbeck 教授

工程学博士 Jens Timmermann 教授

工程学博士 Grzegorz Adamiuk 教授